國際市場行銷
International Marketing

主編 曾海
副主編 胡錫琴、功勛、倪彩霞、羅瑞珍、陶紅、寇熙正

崧燁文化

前言

伴隨經濟全球化浪潮，國際經濟發展日新月異，國際分工協作日益深化，國際市場競爭愈加激烈。國際化經營企業既面臨關稅和非關稅壁壘等傳統問題，又面臨跨境電商、綠色行銷等新生力量的崛起。企業迫切需要提高國際行銷決策水準，運用新的行銷理念識別機遇、規避威脅，把握國際市場和消費需求新動向，制定卓有成效和具有前瞻性的國際行銷決策。

國際市場行銷學作為行銷學的重要分支，近幾年得到了長足的發展，除了將市場行銷學的基本原理、策略、方法和技巧在國際市場加以運用外，更借助於國際市場環境及市場要素的複雜性、多樣性而創新出富於國際行銷學特色的策略、方法和技巧。本教材以經濟全球化和新經濟格局為背景，以當前國際環境變化和國際行銷理論發展為前提，借鑑國內外有關國際行銷學方面的最新研究成果，結合跨國公司從事國際行銷活動的實踐經驗，力求全面、準確、科學、系統地闡述國際行銷的基本理論、方法和策略，旨在國際行銷專業素養和國際視野的複合型國際行銷人才。既能滿足國際經濟與貿易類和市場行銷類人才培養的要求，又能幫助和啓迪外向型企業開拓國際市場、制定科學合理的行銷策略以及提高跨國企業行銷人員的綜合素質。

本教材定位於應用型教育，突出國際行銷實踐技能的培養。按照國際行銷的基本內容進行架構，強調理論與實踐相結合，特別引入國內外近幾年較為前沿的一些理論觀點和實踐經驗。本教材分為四大部分，共十二章。

第一部分：國際行銷基礎認知，包括第一～第二章，主要介紹國際行銷基本理論、發展背景、發展歷程以及行銷主體等。這是本教材的基礎環節，以理論為主，也穿插關

於國際市場發展障礙和進入模式的實際問題分析和實際操作說明。

第二部分:國際行銷的環境分析,包括第三~第八章,篇幅較多,是本教材的重點及特色章節,著重闡述國際行銷與國內行銷的主要差異。本部分首先介紹國際行銷環境的基本特徵和變化趨勢,然後重點就經濟、政治、法律、文化、自然與科技環境進行詳細分析與說明,包括各種環境的差異、對國際行銷的影響以及在不同的環境中的行銷思路等。知識量大而豐富,說明詳細而具體,其中還涉及大量的案例和分析,具有很強的實用性和指導性。

第三部分:國際行銷組合策略,包括第九~第十一章,主要介紹產品、定價、渠道與促銷策略,涉及國際行銷基本操作。對於策略的分析,重點針對企業面臨不同的國際環境而進行策略調整,並結合國內外新形勢和國際行銷的新發展探索新的策略組合。此部分理論與實踐並重,實用性較強。

第四部分:國際行銷的延伸與展望,包括第十二章,主要探討國際行銷的發展趨勢、新的行銷理念與方式、互聯網對國際行銷的作用與影響、綠色行銷和網路行銷的趨勢和狀況等。篇幅雖然不多,但啓發意義明顯。本部分強調隨著社會經濟的不斷發展,行銷活動也應與時俱進,理論認知、方式策略都應順勢而為,相機抉擇。 國際行銷是一個充滿活力和變化的領域,需要我們關注其未來的發展。

本教材是多名國際行銷領域的專業教師和學者在多年教學成果與研究經驗的基礎上,精心策劃與編寫而成的。內容緊扣時代發展要求,章節結構緊湊合理,每章均有明確的學習要點及導入案例,重在激發學生的學習興趣。每章均有章節小結、關鍵術語和思考題,重在幫助學生梳理章節主要內容,提高思考能力。本教材呈現兩方面的主要特點:

1. 特色鮮明

本教材與其他同類教材在內容設置上有明顯差異,突出對國際行銷環境的分析,強調環境的差異是國際行銷的主要特徵。

2. 前沿,實用

本教材突出以企業在國際行銷中的實例來說明和印證國際行銷管理的原理和方法。一方面探討最新的行銷理念及方法,選取最新的案例,體現其前沿性;另一方面又保留了傳統的重要認識和經典案例,保證學科知識的連貫性和統籌協調。

本教材可作為國際經濟與貿易、市場行銷等經管類專業的教科書;由於其注重可讀性和實用性,也可供企業相關管理人員培訓和操作指導使用;另外由於本教材涉及大量知識性和趣味性的案例,還可供非專業人士閱讀。

本書在編寫過程中參考和借鑑了國內外同類著作、報刊和網站資料,在此向這些作者表示最誠摯的感謝! 由於國際行銷理論與實踐一直處於不斷發展過程中,加之作者水準有限,書中難免有錯誤、疏漏與不妥之處,敬請各位專家、學者和廣大讀者批評和指正。

編者

目錄

第一章	導論	1
第一節	國際市場行銷的含義	2
第二節	國際市場行銷的形成背景及發展歷程	9
第三節	國際市場行銷的理論基礎	18

第二章	國際市場行銷主體	27
第一節	企業從事國際市場行銷的原因	29
第二節	中國企業在國際市場行銷中存在的問題	36
第三節	中小企業如何發展國際市場行銷	47
第四節	國際市場機會的分析與開拓	53
第五節	進入國際市場的方式分析	61
第六節	國際市場進入方式的選擇	70

第三章	國際市場行銷環境	76
第一節	國際市場行銷環境概述	77
第二節	國際市場行銷微觀環境的構成	82
第三節	環境的融合	86

第四章	經濟環境		92
第一節	全球與區域的經濟環境		93
第二節	東道國的經濟環境		100
第三節	市場環境		107

第五章	政治環境		115
第一節	政治環境概述		117
第二節	母國的政治環境		118
第三節	東道國的政治環境		118
第四節	政治風險的評價與應對		123

第六章	法律環境		130
第一節	法律環境概述		132
第二節	東道國的法律環境		134
第三節	國際商務爭議的解決		140

第七章	文化環境		147
第一節	文化概述		148
第二節	文化構成與差異		149
第三節	文化的變化		159
第四節	不同國家與地區商務習慣介紹		160

第八章	自然與科技環境		168
第一節	自然環境		169
第二節	科學技術環境		181

第九章　國際市場產品策略　193

第一節　國際產品整體的概念及其適應性改變　194
第二節　國際產品組合及其調整策略　198
第三節　國際產品生命週期及其適應性改變　201
第四節　國際市場新產品開發及其適應性改變　203
第五節　品牌國際化發展　205

第十章　國際市場定價策略　213

第一節　國際行銷定價目標與方法　215
第二節　國內企業的常見國際定價問題　223
第三節　傾銷與反傾銷　230

第十一章　國際市場渠道及促銷策略　237

第一節　國際分銷渠道策略　238
第二節　國際促銷策略　249

第十二章　國際市場行銷的發展與展望　270

第一節　國際市場行銷的未來發展　271
第二節　綠色行銷　275
第三節　網路行銷　280

第一章　導論

本章要點

- 國際市場行銷的含義與特點
- 國際市場行銷的發展
- 國際市場行銷的理論基礎

開篇案例

華為的國際行銷策略

　　華為技術有限公司是一家總部位於中國廣東深圳市的生產銷售電信設備的員工持股的民營科技公司，於1988年成立。華為實施全球化的經營戰略，華為信息通信設備已覆蓋全球170多個國家和地區，服務全球用戶超過30億。2013財年，華為實現銷售收入人民幣2,390億元，約合395億美元，同比增長8.5%，淨利潤為人民幣210億元，約合34.7億美元，同比增長34.4%。其中約65%的銷售收入來自海外，達到1,550億元。那麼華為是如何一步步發展壯大的呢？這是由於其決策者為了把控行銷環境採取了一系列開拓國際市場的策略。簡單來講，主要有：華為在建立初期就確定了全球化的經營戰略，西歐和北美市場是通信設備最主要的市場，但歐美市場上有思科、愛立信等全球領先的移動通信設備商，於是，華為的創始人任正非先生決定走一條「農村包圍城市」的道路。首先把自己的目標市場定位為通信設備領域比較落後的亞非拉等國家。事實證明華為是正確的，雖然國際化的道路很

艱難，但是華為一直在堅持，屢敗屢戰，從未間斷，最終拿下了亞非市場。但是華為進擊歐美市場的腳步並沒有停下，它選擇從歐美市場的邊緣俄羅斯開始，一步步地實施自己的全球化戰略。與此同時，華為也在不斷地進行技術的研發與創新，終於在2001年憑藉自身的實力有所收穫，與俄羅斯的電信部簽訂了上千萬的合同，就此打開歐美市場。

資料來源：王自須. 華為的國際行銷策略［J］. 中外企業家, 2014（26）.

章節正文

第一節　國際市場行銷的含義

一、國際市場行銷的概念

　　國際行銷活動是國內行銷活動的延伸和發展。國際市場行銷是在普通行銷的基礎之上產生和發展起來的，是普通行銷學的重要分支。要全面系統地認識和學習國際市場行銷，首先應該從瞭解市場行銷著手。國內外眾多學者對市場行銷的定義有不同的方法和角度，社會實踐中人們對市場行銷的理解也是仁者見仁智者見智。其中比較權威的定義有兩個：美國市場行銷學會（American Marketing Association, AMA）的定義，行銷是計劃和執行關於商品、服務的構想、定價、促銷和分銷，以創造符合個人和組織目標的交換過程；美國西北大學凱洛格管理學院教授、世界著名的市場行銷學權威菲利普•科特勒（Philip Kotler）教授認為，市場行銷是個人或組織通過創造並同他人交換產品以滿足其需求的一種社會性經營管理活動。市場行銷源自英語單詞Marketing一詞，最初被譯為「市場學」，後來逐漸被「市場行銷學」代替。Marketing既指企業的市場行銷活動，也指市場行銷學。從實質上來說，市場行銷指的是一種經營管理活動。它廣泛存在於各種內容、各種形式、各種主體之間的交換活動中，因此市場行銷從實質上講是一種社會性的經營管理活動。

　　20世紀初，市場行銷學從經濟學科中分離出來，成為一門獨立的學科。隨著企業行銷活動的頻繁開展，市場行銷得以廣泛應用。從企業的角度來說，市場行銷是企業最核心的一項經營管理活動，甚至可以說是企業眾多經營管理職能中最顯著、最獨特、最核心的職能。這是因為，現代市場行銷貫徹「行銷圍著顧客走，企業繞著行銷轉」的指導思想，企業財務管理、人力資源管理、生產管理、技術管理、供應管理等都是為行銷活動提供後勤服務的。通俗地說，市場行銷就是做買賣，就是企業圍繞產品銷售而展開的一系列運籌與謀劃活動。因此，從本質上來說，市場行銷是一種商品交換活動。市場行銷就是以滿足人們各種需要和慾望為目的，變潛在

第一章　導論

交換為現實交換的一系列管理活動。人們（包括自然人與法人）為了滿足自己的需要，必須獲得能滿足這種需要的產品，可以通過四種方式實現，即自行生產、強制取得、乞討及交換。當人們決定以交換方式來滿足需要或慾望時，市場行銷就出現了。所以可以將市場行銷概括為：市場行銷是指計劃和執行關於商品、服務和創意的觀念、定價、促銷和分銷，以符合個人和組織目標、滿足消費者的過程。

從歷史和邏輯的路徑來考察，企業的市場行銷首先是從國內市場開始的。在市場經濟發展的早期，社會生產水準較低，企業生產的產品只能滿足國內市場或者國內較小區域市場的需要，跨越一國邊界的交換只是偶然行為。隨著18世紀以蒸汽機為標誌的第一次工業革命的出現，社會生產實現了突飛猛進的發展，一國企業的產品開始超越了本國的邊界，實現了經常性、大規模的國際交換，真正意義上的國際市場行銷就產生了。隨著社會經濟的繼續發展，發生了以電力為標誌的第二次工業革命，國際市場行銷繼續發展。第二次世界大戰以後國際政治經濟新秩序的建立，以及20世紀中期以電子技術為標誌的第三次工業革命，促進了經濟全球化趨勢的形成。在新技術革命浪潮的推動下，新興工業和信息產業獲得了快速發展，世界經濟和國際分工隨之發生了巨大變化，世界貿易總額不斷攀升，國際市場更加多樣化，大量跨國公司的出現及其迅猛發展加速了商品、服務、資本全方位的國際流動。在國際市場競爭日趨激烈的背景下，現代市場行銷理論被不斷地運用到國際市場行銷活動之中。20世紀60年代，國際市場行銷理論體系逐漸形成。

由於國際市場行銷是在國內市場行銷的基礎之上產生的，因此美國著名行銷學家菲利普・科特勒（Philip Kotler）在《國際市場行銷學》一書中指出：「國際市場行銷（International Marketing）是指企業跨越國界的行銷活動，具體來說，就是引導企業的商品和勞務提供給一個以上國家消費者或用戶以滿足其需求，實現企業盈利目標的整體行銷活動。」換言之，國際市場行銷是指一國的企業跨越了本國國界，以其他國家和地區作為目標市場，對產品和服務的設計、生產、定價、分銷、促銷活動進行管理，通過主動交換以滿足需求、獲取利潤的行為和過程。因此，可以將國際市場行銷定義為：國際市場行銷是指企業根據目標市場國消費者的消費習慣和需求，把生產的產品和服務提供給國外的消費者的跨越國界的行銷行為。國際市場行銷的實質是企業通過為國際市場上的消費者提供滿足其需要的產品和服務從而獲得利潤的經營活動。國際市場行銷和國內市場行銷並無本質區別，當然也不能就此將二者簡單地等同起來。

具體來說，國際市場行銷的概念包括以下幾個方面：

（一）國際市場行銷的主體

國際市場行銷的主體是各種類型的國際化經營企業，包括跨國公司、國際性服務公司、進出口商等，其中跨國公司在現代國際行銷中發揮著最積極、最重要的作用。關於國際市場行銷主體的內容將在後面章節詳細介紹。

國際市場行銷

(二) 國際市場行銷的客體

國際市場行銷的客體是產品和服務。隨著科技進步以及市場經濟的發展，產品和服務的範圍越來越廣泛，一切實體產品、資本、技術以及其他服務都屬於國際市場行銷的範疇。

(三) 國際市場行銷的對象

與國內行銷相比，國際行銷更加複雜、多變，有更多的不確定性和風險性，由此導致國際市場行銷在研究方法和研究對象方面也產生了一些變化。概括來說，國際市場行銷的研究對象就是企業為實現其經營目標而組織的超越國境的行銷活動及其規律性，國際市場行銷的核心就是滿足國際消費者的需求。由於各國的社會文化、經濟發展水準存在較大差別，國際消費者的需求比國內消費者也更加複雜多樣。

(四) 國際市場行銷的目的

國際市場行銷的根本目的是獲得最大化的利潤。當然，在具體的操作中，圍繞利潤最大化的目的，國際化經營企業在不同的情況下會選擇市場佔有率最大、產品質量最優等具體目標。

(五) 國際市場行銷的任務

國際市場行銷學的任務是企業使用其決策中的可控因素去適應客觀環境中的不可控因素，以達到行銷的目的。對企業可控因素和不可控因素進行有機組合、綜合運用，是企業行銷獲得成功的全部秘密。在國際市場行銷中，企業可控因素通常包括產品、價格、分銷渠道和促銷。企業在國際市場上要把商品或勞務提供給消費者，生產一種適銷對路的產品，為其制定產需雙方都能接受的價格，選擇一種或幾種銷售產品的通道並配以有效的促銷手段。這些因素的組合併不是一成不變的，可以根據不斷變化的市場環境和企業的目標進行及時調整。

企業的不可控因素（外部因素）則比可控因素複雜得多。國際市場行銷中企業所面臨的不可控因素至少有兩個層次。第一個層次的不可控因素是來自本國的不可控因素，包括本國的政治因素、競爭格局和經濟環境。這些因素對企業經營活動有直接影響。例如，企業所在國家的國內政策，以及其與目標市場所在國的政治關係等，對企業國際市場行銷有極大的影響。美國在國際貿易中依據「301法案」，對任何拒絕向美方開放國內市場的國家動輒予以制裁，致使企業所在國與美國的經濟關係惡化。同時，一旦本國經濟形勢發生變化，如經濟形勢惡化，本國政府就可能對國外投資和購買外國產品施加種種限制以發展本國經濟，從而使得企業國際市場行銷中的外部環境改變。

第二個層次的不可控因素是目標市場所在國的不可控因素。對於一個要開展國際行銷的企業來說，其擁有的國際市場越多，所面臨的不可控因素就越多、越複雜；另外，通常A國的外部環境與B國大相徑庭，企業不可把解決A國的辦法照搬到B國。對於在國內開展業務的企業來說，預測本國的外部環境及其趨勢並相應採取措施，無疑比預測、分析國外環境要容易得多。同時，在若干個國家開展行銷活動又

第一章　導論

加劇了這種不可控因素的複雜性。企業在開展國際行銷活動中應對目標市場所在國的不可控因素投入更多的注意力。為完成國際市場行銷的任務，企業必須開展一系列活動，這些活動將在本書後面章節介紹。

二、國際市場行銷的特點

國際市場行銷與國內市場行銷在原理上是一樣的，即建立市場行銷目標、選擇目標市場並摸清目標市場需求、採取市場行銷策略組合和執行市場行銷控制等。但國際市場行銷仍然有許多與國內市場行銷不同的地方，有其自己的特殊性。

一是國際市場行銷與國內市場行銷面臨著完全不同的不可控因素。所謂不可控因素，即市場行銷的環境因素。它包括：國際貿易體系，如關稅、進口限制、禁運物品、各種經濟聯盟、雙邊或多邊優惠協定等；經濟環境，如工業結構、國民收入分配情況、人口等；政治法律環境，如國際購買的態度、政治穩定性、金融政策、貨幣管理、政府官員的辦事效率、各種經濟法規等。而且這些因素在不同的國家和地區又會表現出許多不同的特點。

二是由於國際市場的需求千差萬別，國際市場行銷的可控因素，即產品、價格、分銷渠道、促銷和公共關係等在各國、各地區市場上也都有其不同特點，因此，要取得國際市場行銷的成功，必須因地制宜選用恰當的行銷策略。

三是國際市場行銷需要統一協調和控制。當一個企業與許多國家有行銷業務時，就需要進行統一的協調和控制。只有這樣，才能貫徹執行全球性行銷策略，使整體效益大於局部效益的總和。

四是國際市場行銷的目標市場在國外；它的產品（或服務）應該滿足國外客戶的需要；建立良好的信譽往往要比在國內市場上做出更大的努力；它有比國內市場更遠的運輸距離和更為複雜的銷售渠道；它的交換價值應採用國際價值標準，而不是國內價值標準；它的支付手段和結算方式也與國內市場截然不同；它的競爭對手是國際性的；它比國內的市場行銷有更大的風險等。

總之，國際市場行銷的這種跨國性，與國內市場行銷相比，大大增加了它的複雜性、多變性和不確定性。因此，要想在競爭激烈的國際市場上取得某種優勢，就必須牢固地樹立起市場行銷觀念，掌握國際市場信息，確保產品的可信性，增強法律意識，樹立出口商品的聲譽；同時，要有承受風險的能力，要認真研究和學習國際市場行銷的理論、策略和方法。

三、國際市場行銷與相關概念的比較

（一）國際市場行銷與國內市場行銷的比較

從本質上來說，國際市場行銷與國內市場行銷並無根本的不同，國際市場行銷是市場行銷職能從國內到國際的延伸，行銷的基本理論、行銷手段與行銷內容基本

國際市場行銷

相同，行銷的基本原則和技巧對二者是適用的。具體而言，國際市場行銷和國內市場行銷都要進行環境分析、選擇目標市場，都要做出行銷決策，完成商品和勞務的交換，實現商品從生產者到消費者的轉移。但是，國際市場行銷和國內市場行銷畢竟處於兩個不同的行銷地域，國際行銷是跨國界、異國性、多國性的行銷。國際市場行銷的核心和實質是分析和掌握國際市場多種多樣的市場行銷環境，並在此基礎上採取有針對性的各種經營戰略、手段和技巧。因此，在具體的行銷過程中，國際市場行銷又有不同於國內市場行銷的操作層面。國際市場行銷與國內市場行銷的區別主要表現在以下幾個方面：

一是行銷環境的差異性。企業在進行國際市場行銷活動時，必須對各國的商業政策和市場特點進行充分調研，行銷決策應因地制宜，尊重各國的文化特點。企業制訂國際市場行銷戰略計劃及進行行銷管理，既要考慮國際市場需求，又要考慮企業決策中心對計劃和控制承擔的責任，進而使企業在國際市場行銷中取得有利的地位。

二是行銷系統的複雜性。國際市場行銷的範圍是本國以外一國乃至全球市場，其環境必然有其複雜性。構成國際行銷系統的參與者既有來自本國的，又有來自東道國的，還有來自第三國的。國際市場交易對象多種多樣，各國商品標準、度量衡制度、貨幣制度、貿易法規、海關制度、商業習慣多有不同，這使國際市場行銷比國內市場行銷複雜。例如，各國特定的社會文化、政治法律和技術經濟環境不同，社會文化不同表現在語言障礙、風俗習慣、社會制度、宗教信仰不同等，造成市場調查、瞭解貿易對手、交易溝通和接洽諸多方面的不便；政治法律不同表現在治理體制、海關制度及有關貿易法規不同等；技術經濟環境不同表現在居民收入水準不同、經濟發展水準不同、經濟體制不同等。企業面對這些複雜的環境，必須準確地找準自己的目標定位，與競爭夥伴共同發展。行銷的要求是合作，行銷的目的是盈利。企業與競爭夥伴之間一定要合作發展，實現雙贏。

三是行銷過程的風險性。由於國際市場行銷進行跨國界的交易活動，環境的差異大，國際行銷人員無法確切地把握國外市場的各種情況，不確定因素較多，難以開展有效的行銷活動。其產生的風險如信用風險、匯兌風險、運輸風險、政治風險、商業風險等，要遠遠大於國內市場行銷。這要求企業必須對目標市場進行充分的調研和開發，把握目標市場的動態，針對國際市場行銷環境，制定國際市場行銷組合策略，參與國際競爭，努力在市場上建立持久的競爭地位，並且對自己的行銷人員進行充分培訓，使企業的國際市場行銷人員具有更豐富的經驗以面對紛繁複雜的國際市場環境，從而使企業的發展更進一步。

四是行銷管理的特殊性。由於國際市場的需求千差萬別，行銷、生產、管理以及策劃都很可能不同，國際市場行銷的產品、價格、分銷渠道和促銷等在國際市場上也都有其不同的特點，所以，要取得國際市場行銷的成功，就必須因地制宜，強調目標市場所在國的特殊性，在國際行銷活動中需要對各國的行銷業務進行統一的

第一章　導論

規劃、控制與協調，使母公司與分散在全球各國的子公司的行銷活動成為一個整體，實現總體利益最大化。

五是行銷競爭的激烈性。進入國際市場的都是各國實力強大的企業，國際競爭比國內市場的競爭更為激烈。在國際市場上，世界各國的行銷參與者與國內也有很大不同，除國內市場競爭的常規參與者外，政府、政黨、有關團體也往往介入行銷活動。政治力量的介入使國際市場的競爭更加微妙，競爭的激烈程度也比國內市場大為提高。對於發展中國家的企業來說，參與國際競爭必然要承受巨大的競爭壓力。在國際市場行銷中，除經濟手段外，政治、行政、法律手段等競爭手段同樣至關重要，競爭形勢更加激烈。

（二）國際市場行銷與國際貿易的比較

國際市場行銷是伴隨著國際貿易的產生而產生、發展而發展的。國際貿易與國際市場行銷都借助市場的大舞臺，相得益彰，共同促進世界經濟的發展。由於把國際市場行銷界定為國際貿易的企業行為，說明國際市場行銷與國際貿易這兩個範疇既有聯繫又有區別。國際市場是通過國際貿易聯繫起來的各國市場總體，因而國際市場行銷與國際貿易存在密切聯繫。二者涉及的都是跨國界的貿易活動，從總體上看都屬於國際貿易範疇，從企業運作看則屬於國際市場行銷範疇。換言之，國際市場行銷與國際貿易事實上是一個問題的兩個方面，是從不同角度和視野看跨國界的商品交易活動。兩者同屬於現代國際經濟體系中以商品為核心的主要交換形式，兩者之間存在著一些共性：

首先，國際貿易是國際市場行銷的先導。在初期，國際市場行銷活動是同出口貿易緊密聯繫的。國際貿易活動在先，國際市場行銷活動在後。人類在開展國際貿易活動的實踐中，形成了比較成熟的國際貿易理論，其中，國際分工理論、貿易國家區域化理論、比較成本理論、生產要素禀賦論、人力資本論、技術差距論和偏好相似論等理論是對貿易實踐經驗的總結與昇華。它們不僅對人類貿易活動有指導作用，而且對人類的國際市場行銷活動同樣有指導作用。正是在這一理論和此後產生的市場行銷理論指導下，國際市場行銷活動才在世界範圍內廣泛地開展起來，形成了燎原之勢，經久不息。

其次，企業的國際市場行銷是一國國際貿易的組成部分。在當代國際市場行銷中，跨國公司是主力軍，跨國公司在國外設立了子公司，利用當地的資源就地生產和銷售，包括返銷一部分產品回母國。跨國公司的母公司與各子公司之間關係密切，母公司除在其所在國家組織生產、銷售和出口外，還要協調各子公司就地生產、銷售和出口。跨國公司的母公司和各子公司的出口部分，分別屬於所在國出口貿易的組成部分，當然也是世界貿易的主要組成部分。對於母公司來說，子公司的行銷活動屬於它的國際市場行銷活動。

最後，國際市場行銷活動和國際貿易活動相互影響。在共同的市場範圍內，國際貿易發生的重大變化會給國際市場行銷帶來很大影響。例如，一個國家某種產品

國際市場行銷

進口的增加，促使生產相關產品的企業產生開展行銷活動的慾望。同樣，國際市場行銷活動也會給國際貿易帶來變化。例如，某產品在一個國家的行銷活動帶動了消費、擴大了需求，也可能引起該產品進口貿易量的增加。

當然，二者也存在著以下明顯的區別：

一是角度不同。國際貿易從跨國界交易活動的總體來研究國與國之間的貿易關係，如對外貿易理論與政策、國際貿易慣例與法規以及外貿實務等。國際市場行銷則站在企業的角度，從微觀上研究企業跨國界的商品交換問題，如行銷環境分析、制定行銷組合策略等。國際貿易涉及商品交易的兩個方面，即涉及本國產品向外國的銷售和本國購買外國的產品這一賣一買的兩個方面，涉及兩個流向的商品交易；而國際市場行銷注重的多是本國產品如何向國際市場的銷售這一單一流向的交易。國際貿易的對象是外國廠商或政府，一般不涉及最終購買者；國際市場行銷的對象則是外國的最終消費者。

二是範圍不同。國際貿易涉及的是國際商品流通或商品交易的問題；而國際市場行銷涉及的則是這種跨國界的商品交易的具體策略以及與此相關的問題，如市場預測、產品開發、售後服務等。就國際貿易而言，產品和勞務必須是跨越國界的交換，即參加交換的產品和勞務必須從一國轉到另一國；而國際市場行銷是指其活動的跨國界，不見得一定要有產品和勞務從一國跨向另一國，有些行銷活動，如組裝業務、合同製造、許可證貿易、海外設廠生產等都沒有產品和勞務從一國到另一國的轉移。國際市場行銷也不同於進出口業務，進出口業務涉及進出口中的具體業務規範，例如，如何開具信用證、如何報關、如何投保、如何製造單證等，這些都是開展對外業務中不可缺少的、程序性的操作知識。而國際市場行銷則是從戰略高度出發，運用自己的資源在複雜的國際市場中制定出能戰勝競爭對手，獲得對外經營成功的戰略與策略。當然，國際市場行銷人員也應瞭解進出口的實物、單證的流程，以便更好地開展行銷活動。

三是主體不同。針對某個國家的貿易行為通常都是由一國政府根據其國家利益來規範和引導的，大多數是由政府來制定和策劃的，有時會出於國家的利益限制某些貿易行為，如設置貿易壁壘等；而在一個目標國家的國際市場行銷行為往往是一個企業為了企業自身的利益而做出的。可能企業在開展行銷的過程中未必注意其他方面的利害關係，而以企業利益為優先要素加以考慮。在市場經濟國家裡，國際貿易和國際市場行銷行為的執行主體大多為企業。從行為目的的角度來分析，國際貿易必須考慮國家利益，服從於國家的總體發展要求，在此基礎上追求企業利益；有時甚至在沒有利潤的情況下也要進行貿易。而國際市場行銷行為，就是企業為了獲得更多的利潤而開展的行銷活動。

四是對象不同。國際貿易的對象是外國廠商或政府，一般不涉及最終購買者；國際市場行銷的對象則是外國的最終消費者。前者從總體上來把握交易的對象，後者則從具體的行銷手段來把握行銷的對象。

第一章　導論

 第二節　國際市場行銷的形成背景及發展歷程

一、國際市場行銷的形成背景

（一）經濟全球化

經濟全球化應該是國際市場行銷形成和發展的最主要動力。所謂經濟全球化，是指世界各國經濟在生產、交換、分配及消費四大環節的全球一體化，是資源與生產要素在全球範圍進行配置，使各國經濟彼此之間的聯繫及相互依賴日益加強，任何一個國家或地區都不能與世界經濟脫節而單獨生存和發展。經濟全球化，有利於資源和生產要素在全球的合理配置，有利於資本和產品的全球性流動，有利於科技的全球性擴張，有利於促進不發達地區經濟的發展，是人類發展進步的表現，是世界經濟發展的必然結果。

100年前的世界經濟大約只涉及全球10%的人口，第二次世界大戰後，也只覆蓋25%；而今的全球經濟正在把全世界人口捲入其中。在相當長一段時間，尤其是20世紀五六十年代至20世紀80年代末，世界市場仍是不完善、不統一，甚至是被分隔的。世界上長期存在兩類性質不同的市場：一類是市場經濟國家的市場，另一類是中央計劃經濟國家的市場。兩類市場是分離的，市場的運行機制和規則都不同，所以長期以來，世界市場是不統一的，市場的容量也受到了限制。20世紀80年代末90年代初，蘇聯解體和東歐劇變以後，實行了中央計劃經濟向私有化和市場經濟過渡的改革。自1978年中國改革開放以來，大力推進中國特色市場經濟的改革，並於1992年明確提出了建立社會主義市場經濟體制的目標。這就為全球範圍內的市場經濟體系的形成創造了條件。世界經濟一體化程度愈高，國家經濟的重要性就愈小，個人與企業對經濟的貢獻則愈重要。今天，後發展的國家都有一個共同點，那就是各國都義無反顧地全力推行市場經濟，也都願意進行推動市場經濟發展所必需的結構性改革，如民營化、貿易自由化、稅制改革、建立資本市場與必要的金融仲介體系。經濟增長地區的政府施政觀念也逐漸接近市場，承認能夠創造經濟機會的是企業和個人而非政府命令。這一認識再發展一步，就是要在全球範圍內實現具有普遍意義的均質的市場經濟。這一切都引導今天企業決策層所考慮的市場絕非僅限於本國市場，而是廣闊得多的國際市場乃至全球市場。進入冷戰結束後的20世紀90年代起一直到今天，全球企業界正進行著一場重大的跨國產業結構和服務結構的革命，範圍遍及銀行、計算機、通信、汽車、化工、鋼鐵、製藥等多個行業。其目的是增強企業在國際上的競爭能力。作為工業實力象徵的德國奔馳公司與日本的三菱集團在1990年邁出了聯合經營的第一步。這兩家年銷售額達2,500億美元的巨型公司在轎車、航空航天、電子等領域向美國企業的壟斷地位提出了強烈的挑戰。美國的

9

國際市場行銷

IBM、日本的東芝和德國的西門子在1992年7月宣布成立戰略聯盟，共同投資發展超級記憶晶片，真正走上了全球化研究、開發和生產的道路。而經濟蓬勃發展的東亞和東南亞市場也成了國際競爭的焦點。大批的美國公司以驚人的速度和膽略進入這個市場以尋求發展的機會並與日本相抗衡，德國則制訂了以中國為中心的亞洲發展計劃，想以後來居上的姿態與日本、美國分庭抗禮。

全球化使得國際化經營企業對產品的環境敏感性重視程度提高。環境敏感性是指產品必須根據不同國家市場的具體需要進行修改的程度。對跨國經營企業來說，所在行業產品相對於環境的敏感性越強，就有必要花費越多的時間和代價去瞭解公司的產品對世界各國的政治、經濟、文化、自然和傳統環境的適應性。相反，如果跨國企業擁有更多的對環境不敏感的產品，在對各國市場進行行銷決策時，那不需要花費太多的時間和代價，因為產品對世界各國基本上是普遍適用的。當然，在實際操作中可能會出現更加複雜的局面。

全球化使人們對產品標準化與差異化策略有了新的認識。國際產品的標準化策略是指企業向全世界不同國家或地區的所有市場都提供相同的產品。實施產品標準化策略的前提是市場全球化。美國哈佛大學著名教授西奧多·萊維特（Theodore Levitt）1988年發表了《市場全球化》的論文。萊維特認為，自20世紀60年代以來，社會、經濟和技術的發展已使世界具有越來越多的共同性，從消費者的興趣和偏好來看，相似的需求已構成了一個統一的世界市場。因此，企業可以生產全球標準化產品以獲取規模經濟效益。例如，在北美、歐洲及日本3個市場出現了一個新的客戶群，他們具有相似的受教育程度、收入水準、生活方式及休閒追求等，企業可將不同國家相似的細分市場作為一個總的細分市場，向其提供標準化產品或服務，如可口可樂、麥當勞快餐、好萊塢電影等的消費者遍及世界各地。如果說產品標準化策略是由於國際消費者存在某些共同的消費需求的話，那麼產品差異化策略則是為了滿足不同國家或地區的消費者因不同的經濟、政治、文化及法律等環境尤其是文化環境的差異而形成的對產品的千差萬別的個性需求。企業必須根據國際市場消費者的具體情況改變原有產品的某些方面，以適應不同的消費需求。如中國菜的烹飪在歐洲、美洲等地已按當地消費者的口味、營養和保健等需求做了大量的改變，以至於許多中國留學生都認為那不是「正宗」的中國菜，而正是這種非正宗的中國菜能滿足歐美消費者的需求。

全球化使人們對產品的生命週期有了新的認識。當人們把國內市場擴展到國際市場時，同一產品生命週期的各個階段在不同國家的市場上出現的時間是不一致的。這種由科技進步及經濟發展水準等方面的差別而形成的同一產品在各國開發、生產、銷售和消費上的時間差異，稱為國際產品生命週期。國際產品的生命週期一般呈現以下運行規律：發達國家率先研發出某種新產品，並在國內市場銷售，然後逐步向其他發達國家、發展中國家出口，接著再轉向對其他新產品的開發，同時從其他國家進口原產品來滿足國內市場需求；一些發展中國家則是先引進新產品進行生產和

第一章 導論

消費，最後又將產品出口到產品的原產國。

經濟全球化的基礎是企業經營的全球化，而跨國公司是企業經營全球化的主角。跨國公司通過跨國界直接投資，使生產與銷售在全世界範圍內進行，從而使多種生產要素諸如資金、技術、信息、管理等在國際流動，推進經濟全球化；跨國公司通過其投資方式的多樣化及投資範圍的廣泛性來促進經濟的全球化。在其投資形式上，一方面，通過直接投資，促進資金在全球範圍內的優先配置；另一方面，通過間接投資，如股票和債券以及發展跨國銀行，為世界範圍的國家和企業進行融資，促進全球經濟的發展。在其投資範圍方面，從原來主要集中於發達國家逐漸向新興工業化國家及相對進步的發展中國家擴展，跨國公司還通過其數量和規模的發展來推動經濟的全球化。

現代技術革命是推動當今經濟全球化的根本動力。現代技術革命的中心是信息技術革命，信息技術革命將世界帶入了一個信息時代。由於信息技術的特點及現代經濟的開放性，信息產業一開始便成為全球化的產業經濟。當今，包括集成電路、微電子計算機、個人電腦、軟件、光導纖維等在內的高科技信息產業正在改造或取代傳統產業，從而在更深層次上推動經濟全球化的發展。互聯網的建立和發展，使全球經濟的聯繫更廣泛和快捷，使各國貿易和國際投資獲得更多的機會，使經濟信息的傳播與應用無國界，從而使全球經濟聯成一體。

（二）區域經濟一體化

世界經濟走向區域經濟一體化是歷史發展的必然趨勢，也是當代世界經濟的一個重要特徵。所謂的區域經濟一體化是指世界區域性的國家和地區，為了各自的及共同的經濟利益，在經濟聯繫日益緊密的基礎上，相互採取比區域外國家更加開放、更加自由的政策，在體制框架、調節機制上結合成經濟聯合組織或區域經濟集團。區域經濟集團是指地理位置毗鄰、人文傳統相近和歷史交往密切的國家構成的自然地區。據世界貿易組織統計，全球共有各類經濟與貿易組織100餘個，其中大多是20世紀90年代後建立的。這說明區域經濟一體化已成為世界經濟格局中不可忽視的力量，其發展將對世界經濟產生重大影響。區域經濟一體化具有許多經濟方面的優點：根據比較優勢的原理，通過加強專業化提高生產效率；通過擴大市場規模達到規模經濟，提高生產水準；國際談判實力增強有利於得到更好的貿易條件；增強的競爭力帶來更高的經濟效率；技術的改進帶來生產數量的增加和質量的提高；生產要素跨越國境；貨幣金融政策的合作；就業充分、經濟高速增長和更好的收入分配。

（三）國際市場的發展和國際市場競爭更加激烈

以電力的發明和使用為代表的第二次科學技術革命的發生，極大地提高了生產的社會化程度。伴隨著資本主義世界經濟體系的形成，國際市場得到了進一步發展。第三次科學技術革命的發生和以核電力、電子技術、石油化工為代表的新型工業部門的建立，使國際市場到了前所未有的發展高度，使得國際市場規模擴大化和國際

11

國際市場行銷

市場內容多元化。而國際市場佔有率不平衡和世界經濟多極化的趨勢，也使國際市場的競爭日益加劇，表現為競爭的規模擴大。競爭的主體已由原來的企業演變為政府。許多國家的政府現已不同程度地捲入國際競爭，它們制定出有利於本國企業在海外競爭的法令、政策。它們利用強大的國家機器，對外貿企業予以積極扶植，加強其在國際市場上的競爭能力，並成為這些企業在政治與經濟上的堅強後盾。競爭的規模擴大還體現在跨國公司的大量出現並捲入競爭。跨國公司的規模一般都比較大，實力強勁，大都處於壟斷或寡頭壟斷地位，在國際市場上處於有利地位。跨國公司同國內公司的一個重大區別在於其國際化經營，即面向國際市場，在全球尋求資源的合理配置，降低成本、增加利潤，實行高度集中的管理體制。跨國公司大量出現並捲入國際市場競爭也擴大了競爭的範圍。目前，跨國經濟已在國際市場上占主導地位，跨國公司捲入競爭，並使競爭規模日益擴大。在今後很長一段時間裡，跨國公司都將是國際市場中最為活躍的因素。

　　與傳統競爭不同，決定競爭優勢地位的核心因素是管理技術水準，而不再是傳統的生產要素——土地、勞動力，即使是貨幣，也由於其具有跨國性而隨處可得。因此，不再存在一種可以在國際市場上帶來競爭優勢的生產要素了。行銷競爭已成為在市場上取勝的重要方面。當今的國際市場上，最成功的競爭者取勝的關鍵在於有效地運用了行銷戰略與策略。價格競爭雖然存在，但決定競爭勝負的因素遠非此一項，綜合運用各項行銷策略成了競爭成敗的關鍵。同時，價格競爭越來越讓位於非價格競爭，產品質量競爭的重要性越來越大，顧客寧願多花一些錢購買高品質的商品。商品包裝越來越受消費者重視。商品包裝除了要保護商品、方便使用外，還需要美觀漂亮，以刺激銷售。銷售服務的要求更加廣泛。顧客不僅要求銷售服務時間延長、範圍擴大，還希望它能獨特化。此外，改變支付方式與促銷方式、提高產品質量等各種競爭手段紛紛出現，使國際市場越加風雲變幻，機遇與挑戰並存。

　　（四）企業之間的併購活動頻繁

　　企業併購是一家企業以現金、證券或其他形式購買其他企業的部分或全部資產或股權，以取得對該企業的控制權的一種經濟行為。在激烈的市場競爭中，企業只有不斷地發展壯大，才能在競爭中求得自身的生存。企業發展壯大的途徑一般有兩條：一是靠企業內部資本的累積，實現漸進式的成長；二是通過企業併購，迅速擴大資本規模，實現跳躍式發展。美國著名經濟學家施蒂格勒在考察美國企業成長路徑時指出：「沒有一家美國大公司不是通過某種程度、某種形式的兼併收購而成長起來的，幾乎沒有一家大公司主要靠內部擴張成長起來。」

　　自20世紀90年代中期起，國際上許多巨型公司和重要產業都捲入了跨國併購。美國的許多大企業在歐洲和亞洲大量進行同業收購，如美國得克薩斯公司收購英國能源集團、美國環球影城公司收購荷蘭的波利格來姆公司等。而歐洲企業收購美國公司也同樣出現了前所未有的大手筆和快節奏，如德國的戴姆勒收購了美國的克萊斯勒、英國石油對美國阿莫科石油的併購。發生在歐洲和亞洲內部的跨國併購之風

第一章 導論

也出現了空前未有的增長勢頭,如英國制藥企業收購瑞典的制藥企業、法國的石油公司收購比利時的煉油廠、菲律賓黎刹水泥公司與印尼錦石水泥廠的合併等。與此同時,全球企業的強強併購幾乎涉及所有的重要行業,併購金額也不斷創出新高。1998年4月6日起,在短短7天的時間內,美國連續發生了6家大銀行的合併;其中,美國花旗銀行和旅行者集團的合併涉及金額高達725億美元,創下銀行業併購價值的最高紀錄。這兩家企業合併後的總資產額高達7,000億美元,並形成了國際性超級金融市場,業務覆蓋100多個國家和地區的1億多客戶。2000年1月,英國制藥集團葛蘭素威康和史克必成宣布合併計劃,新公司市值逾1,150億英鎊,營業額約200億英鎊,根據市場佔有率計算,合併後的葛蘭素史克制藥集團將成為全球最大制藥公司。2000年1月10日,美國在線公司和時代華納公司的合併,組建美國在線—時代華納公司,新公司的資產價值達3,500億美元。2000年2月4日,全球最大的移動電話營運商英國沃達豐公司以1,320億美元收購德國老牌電信和工業集團曼內斯曼,成為當時全球最大併購案。企業併購單位規模的不斷擴大,表明企業對國際市場的爭奪已經到了白熱化階段。這種強強合併對全球經濟的影響十分巨大,它極大地衝擊了原有的市場結構,刺激了更多的企業為了維持在市場中的競爭地位而不得不捲入更加狂熱的併購浪潮。

導讀:吉利汽車的跨國併購

二、國際市場行銷的發展歷程

國際市場行銷的歷史不像國際貿易那樣源遠流長。在19世紀中葉以前,國際市場行銷還無從談起。20世紀初,隨著國際貿易體系的改善、國際貨幣體系的確立、世界局勢的主流轉向和平與發展等,跨國公司所面臨的主要問題從如何尋找產品原料,轉向如何開拓產品銷售市場。在以收購、合作、兼併等方式建立海外機構的資本轉移過程中,開始注意將某些行銷手段融入這種早期的國際市場行銷活動。但儘管如此,這時的國際市場行銷的整體水準還處於較低的層次上,其行銷活動的內容是比較簡單的,有關市場分析、推銷等手段的應用也是淺層次的。國際市場行銷得到較快發展,是第二次世界大戰結束後的20世紀50年代,這與世界貿易體系的改善、國際貨幣體系的建立、和平的國際局勢、通信及交通運輸的發展有著很大的關係。如今,許多企業立足於全球的高度來規劃企業的市場行銷活動,使企業的國際

國際市場行銷

市場行銷發展到了全球行銷階段。將企業國際市場行銷活動進行歸納和總結，我們就不難發現，國際市場行銷的發展過程包括國內行銷、出口行銷、跨國行銷和全球行銷四個不同階段。

(一) 國內行銷階段

在此階段，企業行銷是立足於本國市場的國內行銷，企業的目標市場主要在國內，企業尚未主動在國界之外招攬客戶，其內部未設專業的出口機構，不主動面向國際市場，只是在外國企業或本國外貿企業購貨時才進入國際市場，企業的產品或通過貿易公司以及其他找上門來的國外客戶，或不經意地通過國內的批發商或分銷商，或通過網上不請自來的訂單銷往國外。在該階段，企業持有典型的本國中心論理念，認為企業的目標市場是國內市場，進入國際市場是一種偶然行為。企業因為生產水準和需求的變化發生暫時性產品過剩，從而計劃出口。當國內需求增加，吸收了過剩產品，就會撤回對外銷售活動。

(二) 出口行銷階段

這是國際市場行銷的初級階段。在此階段內，企業的生產能力大幅度提高，遠遠超出國內市場需求容量，除滿足國內市場供應外，所生產的產品可源源不斷地提供給國際市場。在需求特徵上，外國市場與母國市場是基本相同的，產品的外銷市場不過是國內適銷市場的延伸而已，當然有時也對產品特徵做某種適應性調整，以便更好地滿足國外消費者的需求。企業的涉外銷售既可以利用國內或國外的中間商來進行，也可以在重要的國際目標市場設立自己的銷售組織或機構。國外市場業務需要企業投入較多的人力、財力、物力資源。隨著海外需求的增加，企業逐漸調整產品，提高生產能力以滿足國外市場的需要。當然，企業從國外經營業務所獲得的利潤，也成為企業總利潤量的一個重要組成部分。出口行銷最初產生於國外客戶或國內出口機構的訂單。該階段初期，企業的目標市場仍然在國內。在累積了相當的國際市場行銷經驗以後，企業認識到開拓國際市場的意義，採取了更積極的態度，成立專門的出口機構開展國際市場行銷。當然，企業仍然持有本國中心論的理念，認為國際市場只是國內市場的延伸。企業僅僅將海外市場作為國內市場的一種補充，將原來面向國內市場的產品推向國外市場，還沒有專門針對國外市場的系統的行銷總體戰略和規劃，而是通過出口代理機構或間接出口的方式開展產品的出口業務。因而，出口行銷具有很大的局限性，主要體現在不進行直接的交易。出口產品的企業一般不直接到國外與國外買主開展交易，而主要是通過國內批發商或經銷商，由他們向國外市場銷售產品。同時，這種國際市場行銷具有偶然性，企業僅僅是在國內市場產品出現剩餘時才對外推銷，企業往往還沒有制定長期、穩定的開發國際市場的規劃和戰略，因而影響了企業開拓國際市場。

(三) 跨國行銷階段

這是企業進入國際市場的重要階段，其國際行銷活動達到較高的水準。國際市場行銷把國內行銷策略和計劃擴大到世界範圍。在國際行銷早期階段，企業往往將

第一章 導論

重點集中於國內市場,實行種族中心主義或本國導向,即公司不自覺地將本國的方法、途徑、人員、實踐和價值用於國際市場。隨著企業從事國際行銷的經驗日益豐富,國際行銷者日益重視研究國際市場,實行產品從國內擴展到國外的戰略。

從20世紀60年代末期開始,在國際市場競爭激烈的條件下,各國都開始普遍加大對國際市場開發的力度,開始認識到企業的國際市場行銷只有從初始階段的出口行銷,逐步轉變為通過組建大型的跨國公司開展有計劃的專門針對國際市場的經營活動,才能在國際上佔有一席之地。這標誌著國際市場行銷進入了跨國行銷階段。跨國行銷階段的突出特徵是固定性,即企業由原來的只是在國內銷售有剩餘的情況下開展一些偶然性的出口業務,轉向培養企業連續向國外市場供貨的長期能力。企業針對國際和國內市場的不同需求水準和特點進行產品的專門化設計,分別生產不同的產品,達到滿足國內和國際兩個市場的不同需求的目的。

在這一階段,其行銷主體是具有雄厚資金、技術和管理能力突出的跨國公司,跨國公司開始全面參與國際行銷活動。這一時期的國際市場特徵是各個市場相互獨立,即不同國家或地區的市場需求有很大的差異。公司在全球範圍內尋找市場,並採用易貨貿易、出口、合資、獨資等多種方式進入國際市場,根據市場的不同特徵制定多種行銷組合,開發、生產和提供差異化的產品,並為這些產品開展差異化的市場推廣活動。公司提供給海外市場的產品不僅在國內生產,而且有較大部分是在海外生產的,海外業務量在企業總業務量中占的比重也提高到較高的水準。這時,企業組織模式以母子公司制為主,企業基本上發展成為跨國公司了。

出口行銷向跨國行銷的轉變,體現了企業由原來的將國內和國際市場看成分離的兩個部分向將國內和國際市場看成一個統一的大市場轉變。它要求企業的決策必須以世界市場為出發點,將眼界擴展至國際大市場。跨國行銷和單純的出口行銷相比,無論從形式上還是活動的內容上都有了新的變化。首先,從市場行銷活動的形式看,在出口行銷的情況下,企業在國際市場上的活動有著明顯的國內、國外市場的區別。這主要體現在產品從生產到消費大致的過程是在生產企業的母國進行的,進出口活動則主要由生產企業之外的貿易中間商主導,在外國目標市場的銷售活動則由外國的企業主導。在跨國行銷的情況下,企業的活動突破了出口行銷的模式,並不劃分國內與國外的界限以及生產和流通的界限。其次,從市場行銷活動的內容看,出口行銷著重於擴大包括商標在內的廣義產品的出口,因而出口行銷的重點是對中間商的選擇、國外目標市場的確定以及海外派出機構的設立。跨國行銷則著重於世界市場機會的發現,對直接投資、當地生產、當地銷售、返銷本國市場、開發第三國市場、第三國貿易等非常重視。因此,跨國行銷無論是在產品計劃和競爭戰略上,還是在國際市場行銷組合上都有新的內容。可以這樣說,20世紀70年代以後,跨國行銷構成了國際市場行銷的主要內容。

(四) 全球行銷階段

這是國際市場行銷的發達階段。在該階段,企業把全球市場作為一個統一的市

國際市場行銷

場，在全球一體化的視野中實現企業的資源全球配置，進一步摒棄多國行銷中產生的成本低效和重複勞動，實行全球範圍內的資源整合，以求全球範圍內的收益最大化。企業持有國際市場中心論的理念，其全球中心的色彩尤為凸顯。

1983年哈佛大學商學院萊維特教授首次提出了全球行銷的概念，20世紀80年代以後，在新技術革命的衝擊下，在傳統的規模經濟效益競爭和比較成本優勢競爭逐漸演變成科學技術和經營管理能力的全球競爭的條件下，全球行銷概念開始形成。全球行銷階段是國際市場行銷發展的成熟階段。這個階段的企業站在全球的角度，把國內和國外市場作為一個統一的市場來看待，國內市場只不過是國際市場的一部分，企業活動的主要內容由原來的出口轉向在國外的經營活動。

在全球行銷階段，最深刻的變化就是國際行銷指導思想的改變。在前一階段，企業高度重視不同國別市場需求的特殊性，並為每個國家設計並實施幾乎獨立的行銷組合策略。但在這一階段，企業則將全球市場視為一個市場，根據各國市場需求的共性制定行銷策略，在世界各國開展標準化的行銷活動。實施全球行銷戰略的公司，常常被人們稱為全球公司，要求企業的各種決策以世界市場為出發點，在國際市場上做出合理的研究開發、生產地點等方面的決策。企業把生產和行銷放在一個統一的國際大環境中加以考慮，它的著眼點不再是在國內市場的基礎上開發國際市場，而是從世界範圍來考慮企業的市場行銷問題，突破國與國之間的限制。開展全球行銷的企業所賣的產品並非是國內市場的剩餘產品，而是在全球化的大背景下，專門為國際市場研製和開發的產品。相應地，由於全球行銷突破了國界的限制，要求企業對產品從生產到消費的全過程進行總體考慮，通過對產品各個部分的國際比較，通過購買或合作，組合成一件完整的產品以滿足國際市場的需要，再不像過去那樣整個產品都由自己去完成。因此，全球行銷就是企業從全球市場的共同需要出發，用統一的或一體化的行銷組合，即用統一的產品、服務、公司形象、渠道方式、價格檔次、廣告等，來滿足全球市場的需要，從而最廣泛地占領全球市場和在全球範圍內實現資源配置的最優化。

儘管國際行銷的發展階段是由低到高按照線性順序排列的，但是不應由此認為一個企業的行銷總是從一個階段依次發展到另一個階段。事實上，一個企業國際行銷的發展可以從任何階段開始，或者同時處於幾個階段。例如，一個從事多品種生產的企業，有的產品主要滿足國內市場的需要，而對於有的產品，需要將整個世界視為一個單一市場，努力爭取分佈在世界各地的所有可能的客戶。這就是說，對一個企業來說，行銷的階段有時是可能重疊的。但從國際市場行銷的發展歷程來看，任何一個企業在國際市場行銷過程中總是處於上述某一階段上。企業的階段性特徵取決於整個國家的經濟發展水準，經濟發達國家的企業處於國際市場行銷的較高階段，發展中國家的企業相對來說處於國際市場行銷的較低階段。隨著整個國家經濟水準逐步提高，企業的國際市場行銷也將由低層次向高層次擴展。一般來說，這些行銷的發展階段描述了一家公司的國際化參與程度，從國際行銷的第一階段走向最

第一章　導論

高階段，國際行銷活動的複雜性也隨之而不斷增加。

三、國際市場行銷學的形成

　　市場行銷成為一門獨立的科學，距今已有 100 餘年。從 19 世紀末到 20 世紀初，隨著經濟和科學技術的迅猛發展，經濟學科和管理學科有了重大進展，市場行銷學也逐漸形成，開始從經濟學科中分離出來。

　　一般認為，第一本用 Marketing 命名的教科書是美國哈佛大學的赫杰特齊（J. E. Hegertg）教授於 1912 年出版的市場行銷教科書，這是行銷學作為一門獨立學科出現的標誌。當時，科學管理系統正處在初創時期，雖然商品流通以及市場行銷的重要性已開始顯現出來，但企業經營的重點一般都放在生產管理上。因此，那時行銷學仍處於萌芽階段，它的內容實際上僅限於「推銷術」和「廣告術」，與現代行銷學有較大的差距。真正的現代行銷學是在 20 世紀 50 年代開始形成的。

　　第二次世界大戰以後，特別是 20 世紀 50—70 年代，西方各國的經濟得到了恢復和發展，勞動生產率大幅度提高，各國市場形勢都發生了重大變化。隨著賣方競爭空前激烈，原來的行銷理論和方法日益落後於現實經濟生活的需要，於是，行銷理論出現了重大變化，現代市場行銷觀念以及整套現代企業經營的策略方法應運而生。在西方國家，人們把這一變化稱為「行銷革命」，甚至同產業革命相提並論。

　　20 世紀 50 年代以來，發達國家在新技術革命浪潮推動下，加速了工業生產的自動化、連續化和高速化，促進了新興工業和信息產業的飛速發展。隨著國內市場的飽和，企業迫切要求採用進取性的市場行銷策略來拓展國外市場。現代市場行銷理論逐步成為工商企業從事國內外市場行銷活動的指導思想，甚至也成為某些政府部門和非營利單位改進社會服務、改善與公眾關係的指導思想。

　　20 世紀 60 年代以來，世界經濟、國際分工和國際貿易都發生了巨大的變化。發達國家側重於發展資本技術密集型的產業，而將勞動密集型的工業轉移到發展中國家去。國際貿易總額大幅度上升，國際市場更加多樣化，市場競爭更加激烈、複雜，科學技術的作用越來越突出，國際專業化分工更加深化，生產國際化和資本國際化在深度和廣度上繼續擴大，新型國際壟斷組織迅速發展，相繼形成了諸如歐洲聯盟、東南亞國家聯盟、石油輸出國組織、十七國集團等地區性經濟組織，在國際經濟貿易中發揮了重要作用。

　　在上述國際經濟交流日益繁榮和擴展的情況下，西方國家紛紛把國內行之有效的現代市場行銷學的基本理論，直接引申到國際行銷活動之中，經過行銷學家的整理和總結，於 20 世紀 60 年代形成了國際行銷學。

　　國際市場行銷學是一門綜合性的學科，它涉及各個經濟領域和很多學科領域。它與政治經濟學、國際貿易學、管理經濟學、信息管理學、心理學、社會學、統計學、數學、電子計算機學、運輸學、保險學、國際商法、各地區經濟學等都有著密

17

國際市場行銷

切的聯繫，故有人把它稱為一門邊緣學科。國際市場行銷學以政治經濟學為基礎，很多概念如分配、交換、市場、需求、價格等來自政治經濟學；反過來，它又對政治經濟學產生了影響。在探討企業產品的成本、利潤、效益、投資回收率和經營決策時，國際市場行銷學又與管理學有著一定的關係。在研究國外顧客的消費心理、購買行為、購買衝動、慾望和需求時，國際市場行銷學又往往需要借助於心理學中的知識，如動機、認識、有關人的氣質等，以分析購買決策。每個人都屬於社會中某一個團體的成員，例如，家庭、學校、政黨、軍隊、社會階層等，而這些團體又與產品有著非常密切的關係，作為國際市場行銷，如何去發掘新顧客、維繫老顧客，都需要借用社會學知識。研究國際市場行銷學不僅要進行質的研究，還要進行量的分析，無論是研究消費者的需求，還是分析市場機會，預測市場的趨勢，評估種種策略的優劣，估算獲利的大小，都需要統計學、數學的知識。近年來，電子計算機的廣泛利用，更有利於市場情報的獲得以及信息系統的建立。國際市場行銷學中的技術貿易、資本輸出、合同簽訂，都需要借助於國際商法等有關知識。國際市場行銷學涉及產品的集散、進出口業務、發展新產品、開拓國際市場等，需要以外貿實務學、儲運學、保險學等知識為基礎。國際市場行銷學雖然涉及很多學科，但其要研究的主要問題是國際市場的行銷活動，並以此為中心而展開。

第三節　國際市場行銷的理論基礎

在國際市場行銷形成的過程中，許多相關學科的理論都對其產生了重大影響，這些理論既有國際貿易方面的，也有國際企業管理方面的。國際市場行銷的全部理論可以歸結於：如何最有效地運用企業的可控因素去適應外部的不可控因素。但凡行銷成功的企業都能很好地完成這個適應過程，而行銷失敗的企業則基本上沒有很好地完成這個適應過程。與20世紀相比，今天的市場無論是競爭格局，還是消費者的思想和行為，都發生了很大的變化。自20世紀60年代以來，隨著行銷環境的變化，行銷學者在原有行銷理論的基礎上，不斷推出新的行銷理論。

一、國際貿易理論

國際貿易理論是企業國際行銷中的基礎理論，它繼續影響著當今企業國際化經營的思路。

（一）絕對優勢理論

18世紀，隨著產業革命的開展，英國的經濟實力超過了其他西歐國家。新興的資產階級為了從海外市場獲得更多的廉價原料並銷售其產品，迫切要求擴大對外貿易，而重商主義的一系列貿易保護政策嚴重束縛了對外貿易，阻礙了資本主義工業

第一章　導論

的發展。古典學派提出了「自由放任」的口號，在理論上為資本主義的自由發展鋪平道路，為新興的資產階級服務。其代表人物是英國經濟學家亞當·斯密（Adam Smith）。他出生於蘇格蘭東岸的克卡爾迪，是英國工廠從手工業向機器大工業過渡時期的經濟學家，是古典經濟學的傑出代表和理論體系的建立者。他最重要的著作《國富論》（全名為《國民財富的性質和原因的研究》）於1776年出版。亞當·斯密在創建古典經濟學的同時，也為西方國際貿易學說奠定了理論基礎，他首先提出了絕對成本理論。

亞當·斯密認為，人是經濟的動物，是「經濟人」，即人首先是從事經濟活動的人，人類經濟活動的動力是人類的利己心，每個人都會為自己的利益而奮鬥。他認為，每人都追求自己的利益，往往可以更有效地促進社會利益。國家應該盡量少過問經濟，對經濟採取自由放任的政策，應該允許自由經營、自由貿易，只要不違背社會利益就可以。在進行經濟活動時，如果牽涉到別人的利益，那應予以補償，這叫作「等價交換」，認為這種等價交換可以使雙方利益都不受損失。因此，等價交換成為資本主義經營的原則。亞當·斯密這種理論的核心是自由競爭、自由貿易，依靠市場這個「看不見的手」來對供求關係進行自發調節，維持均衡，維護社會利益，從而使社會獲得進步和穩定。這種主張符合當時新興資產階級的要求，為突破封建統治對生產力的束縛提供了理論根據。

在批判重商主義的同時，亞當·斯密提出了自己的國際貿易理論，即絕對成本理論。斯密認為，一國在某種產品的生產上所花費的成本絕對低於他國，就稱為「絕對優勢」。如果這種絕對優勢是該國所固有的「自然優勢」或已有的「獲得優勢」，它就應該充分利用這種優勢，發展某種產品的生產，並出口這種產品，以換回他國在生產上佔有絕對優勢的產品，這樣做對貿易雙方都更加有利。斯密的這種國際貿易理論被稱為「絕對優勢說」，也稱為「絕對成本論」，又稱為「地域分工論」。斯密所說的優勢包括自然優勢和獲得優勢。所謂自然優勢，是指一國先天所具有的氣候、土壤、礦產和其他相對固定的狀態的優勢。所謂獲得優勢，是指一國後天所獲得的優勢，如發展某種產品生產的特殊技術和設備以及長期累積起來的大量生產資金。

亞當·斯密的絕對優勢理論的理論要點體現在以下兩個方面：

（1）分工極大地提高了社會勞動生產率。斯密認為，人類有一種天然的傾向，就是交換。交換是為達到利己的目的而進行的活動。交換的傾向形成分工，分工使社會勞動生產率得到極大提高。亞當·史密斯在《國富論》一書中以制針為例，說明在工場手工業中實行分工協作可以大大提高勞動生產率。他說，由一個人制針，所有的18道制針工序都由他自己來完成，每天最多只能生產20枚。如果實行分工生產，由10個人分別去完成各種工序，平均每人每天能生產4,800枚。分工之所以能夠提高勞動生產率，亞當·斯密認為原因主要有三點：一是勞動者的技巧因分工而精進；二是分工免除了從一個工序轉到另一個工序所損耗的時間；三是分工促進了

國際市場行銷

專業化機械設備的發明和使用。

(2) 國內的分工原則也適用於國家之間。亞當·斯密斯認為，適用於一國內部不同職業之間及不同工序之間的分工原則，也同樣適用於國家之間。他認為，國際分工是各種分工形式中的最高階段。國家之間進行分工能夠提高各國的勞動生產率，使產品成本降低，使勞動力和資本得到正確的分配和運用，通過自由貿易用較少的花費換回較多的產品，這樣就增加了國民財富。亞當·斯密主張，如果外國的產品比自己國內生產的便宜，那麼最好從國外進口而不要自己生產這種產品。他舉例說，蘇格蘭氣候寒冷，不適宜種植葡萄，因而應從國外進口葡萄酒。但如果採用建造溫室等方法，蘇格蘭也能自己種植葡萄並釀造出葡萄酒，只是其成本要比從國外購買高3倍。亞當·斯密認為，在這種情況下，如果蘇格蘭政府限制進口葡萄酒，並鼓勵在本國種植葡萄和釀造葡萄酒，顯然是一種愚蠢的行為。亞當·斯密主張，各國都應積極參加國際分工和國際貿易，用本國的優勢產品去交換別國的優勢產品，這對貿易雙方都有利。亞當·斯密所說的優勢指的是絕對優勢。

(二) 比較優勢理論

比較優勢理論是英國資產階級在爭取自由貿易的鬥爭中產生和發展起來的。1815年英國實施《穀物法》，引起糧價上漲，地租猛增，這對地主貴族有利，卻嚴重損害了工業資產階級的利益。圍繞《穀物法》的存與廢，雙方展開論爭。大衛·李嘉圖（David Ricardo）代表工業資產階級發表了《論穀物低價對資本利潤的影響》一文，主張實行穀物自由貿易，從而提出了比較優勢理論。

李嘉圖全面繼承了亞當·斯密的經濟思想，並在諸多問題上有了更深一步的發展。在國際貿易理論問題上，李嘉圖十分贊同亞當·斯密關於國際分工可以極大地提高生產力水準的觀點，並對亞當·斯密關於一個國家應以自己具有「絕對優勢」的產品進入國際分工體系的論點做了修正和完善，指出一個國家不僅能以具有「絕對優勢」的產品進入國際分工體系，而且也能以具有「相對優勢」的產品參加到國際分工體系中來。

李嘉圖認為，一國不僅可以在本國商品相對於別國同種商品處於絕對優勢時出口該商品，在本國商品相對於別國同種商品處於絕對劣勢時進口該商品，而且即使一個國家在生產上沒有任何絕對優勢，只要與其他國家相比，生產各種商品的相對成本不同，那麼，仍可以通過生產並出口相對成本較低的產品，來換取其生產中相對成本較高的產品，從而獲得利益。這一學說當時被大部分經濟學家所接受，時至今日仍被視為決定國際貿易格局的基本規律，是西方國際貿易理論的基礎。

(三) 國家競爭優勢理論

1990年，哈佛商學院的邁克爾·波特（Michael Porter）在《國家的競爭優勢》一書中提出了決定國際競爭優勢的「鑽石」模型。邁克爾·波特將國際競爭優勢定義為：在參與國際競爭的過程中，要從全局的高度，根據一國範圍內可以調度的資源，並以最終在國際市場上確立本國產品市場佔有率為目的的競爭能力。邁克爾·

第一章 導論

波特認為，應該從行業的角度來考察國家競爭優勢問題，國家的經濟實力不可籠統而論。一個國家可能在某些行業遙遙領先，佔有很大優勢，但在另外一些行業很落後。邁克爾‧波特把決定一個國家某一產業集群具有競爭優勢的條件歸結為生產要素，需求條件，相關及支持產業以及企業戰略、結構和競爭程度四個因素的相互作用，他把這些因素描繪為一個「鑽石」（Diamond）結構。除了這四個關鍵的要素以外，在影響國家競爭優勢的要素中，還有兩個要素同樣具有戰略影響，即機會和政府。

但是，以上介紹的國際貿易理論只能說明國際貿易的經營活動，並不能真正解釋企業國際化的活動形式。並且傳統的貿易概念不能解釋大多數國際企業的經營管理現象，因為國際企業經營管理的範圍很廣，其中有國際投資、資金轉讓以及外貿活動等。除了傳統的進出口業務外，企業可以通過直接投資保證國外貨物的生產，也可以通過向國外生產商提供產品許可證滿足國外的需求。

二、對外直接投資理論

對外直接投資，英文簡稱 FDI（Foreign Direct Investment），它是國際企業產生和發展的前提。第三次工業革命的發生、國際分工新模式的出現以及區域經濟一體化，是國際企業產生和發展的物質基礎。當代，國際資本來源和流向日趨多元化，跨國直接投資活動迅猛發展。既然國際企業是通過現代條件下的 FDI 形成的，其理論的重點應是解釋投資動機、投資流向和投資決策等問題。

（一）壟斷優勢理論

壟斷優勢理論（Monopolistic Advantage Theory）是美國學者海默（Stephen H. Hymer）首先提出的。他認為，企業具有某一種壟斷優勢，是企業進行對外直接投資和經營的前提和條件。壟斷優勢是企業對外直接投資的根本原因。企業的壟斷優勢可以分為兩類：一類是包括生產技術、管理技能、行銷能力等所有無形資產在內的知識資產優勢；另一類是企業憑藉規模巨大而產生的規模經濟優勢。

（二）內部化理論

1976 年，英國里丁大學學者巴克萊（Peer J. Buckley）和卡森（Mark C. Casson）合著的《跨國企業的未來》《國際經營論》等書，對傳統的對外直接投資理論進行了批評，並從企業形成的角度出發，系統地提出了跨國企業的內部化理論，也稱為市場內部化理論（Internalization Advantage Theory）。

內部化理論的核心內容是：由於市場不完全，企業如果要尋求經營利潤最大化，就必須跨越外部市場的交易障礙，將國際企業外部市場交易轉化為內部各所屬企業間貿易。這樣就構建了企業的內部市場，而當這種內部化超越國家時即產生了國際企業。該理論認為國際企業內部化的動機來源於減少交易成本、避免中間產品市場不完全和運用轉移價格手段三個方面。內部化理論解釋了企業將技術、知識等中間

產品在內部轉讓，而不通過外部市場轉讓給其他企業的行為。

（三）產品生命週期理論

1966年哈佛大學教授雷蒙德·弗農（Raymond Vemon）提出了產品生命週期理論（Product Life Cycle Theory），認為美國企業FDI的變動是與產品週期密切相聯繫的。弗農從產品和技術壟斷的角度分析了產生對外直接投資的原因，認為產品生命週期的發展規律決定了企業必須為占領國外市場而進行對外投資。弗農對美國製造業的情況進行了實證分析，並把產品的生命週期分為創新、成熟和標準化三個階段。①創新階段（New Product Stage）。在這個階段，企業具有產品和技術優勢，美國企業不僅供應國內市場，也享有出口壟斷地位。②成熟階段（Mature Product Stage）。在產品成熟階段，技術已經比較成熟，國內生產能力日益提高，國內市場日趨飽和。而在其他發達國家會出現對這種產品的需求，這時企業必須出口。為更好地拓展國外市場，必須實現規模經濟，降低成本，抑制外國企業的競爭，這時美國企業將在擁有產品市場的其他發達國家投資設廠。因為在接近供應市場的區位進行生產，可以節省運輸成本和關稅支出，這對美國廠商來說日益重要。③標準化階段（Standardized Product Stage）。在標準化階段，產品和技術都已標準化，美國企業原有優勢日漸喪失。市場競爭轉以生產成本為基礎的價格競爭，便宜的勞動力成本和資源條件日益成為決定產品競爭的重要因素。因此，美國企業的跨國直接投資將向一些發展中國家轉移，以獲得分佈於不同國家的區位優勢。隨著企業生產區位的轉移，一個國家的進口結構和進口方式也會變化，美國反而要進口最初由本國開發並出口的這些產品。

該理論所指的產品生命是指其在市場運動中的行銷壽命，而不是其物質形態上的使用壽命，它是產品在市場行銷中興衰變化的全部歷程。產品生命週期理論將新的專有技術產品的生產劃分為不同的階段；這一產品首先被母公司所生產，之後由其海外屬下公司生產，最終在世界上任何成本最低的地方生產。它實際上把產品因素和區位因素結合起來進行動態分析。產品生命週期理論有兩個重要的觀點：技術是研發新產品的關鍵因素；市場規模與結構對於決定貿易模式至關重要。

由上述可以看出，產品比較優勢和競爭條件的變化是驅使美國對外投資的原因。由技術壟斷到技術擴散，削弱技術因素在比較優勢中的地位，生產成本和規模效益對比較優勢的形成起了主要作用。從競爭條件來看，不僅國內外競爭者增多，動搖了美國的壟斷地位，而且價格競爭取代了非價格競爭。這不僅解釋了對外投資的原因，也解釋了先投入其他發達國家，再投入發展中國家的流向。

（四）國際生產折衷理論

英國里丁大學教授鄧寧（John H. Dunning）1981年出版了《國際生產與跨國企業》一書。鄧寧歸納和吸收了以往各派學說的成果，綜合了壟斷優勢理論、內部化理論和區位優勢理論，提出了國際生產折衷理論（The Eclectic Theory of International Production）。鄧寧的理論認為應把一個國家的對外投資動機、條件、能力、區位等

第一章 導論

因素綜合起來考慮，全面解釋了進行對外直接投資的原因、地點、方法，以及企業在跨國直接投資、出口貿易和技術轉讓等國際化經營形式中做出選擇的動因。因此，國際生產折衷理論的核心在於強調跨國公司從事國際生產要同時受到所有權優勢、內部化優勢和區位優勢的影響，對外直接投資是這三項優勢整合的結果。儘管上述優勢的內容、形式、特點、組合因國別、行業或企業特點而不盡相同，但仍可用來解釋大多數企業跨國經營活動的一般規律。

三、市場行銷理論

(一) 麥卡錫的 4Ps 理論

4Ps 理論由美國行銷學家麥卡錫（Jerome McCarthy）教授於 20 世紀 60 年代提出。4Ps 是指企業可控的四大類行銷因素，分別是產品（Product）、價格（Price）、地點（Place）和促銷（Promotion），簡稱 4Ps。4Ps 理論的核心是這 4 個「P」適當組合與搭配，即企業提供了消費者滿意的產品，制定出消費者滿意的價格，用消費者滿意的語言、媒體等讓消費者知曉，並讓消費者在方便的地點購買。4Ps 理論的提出，對市場行銷理論和實踐產生了深刻的影響，被行銷經理奉為行銷理論中的經典，而且實際上也是企業市場行銷的基本營運方法。即使在今天，幾乎每份行銷計劃書都是以 4Ps 的理論框架為基礎擬訂的，幾乎每本行銷教科書和每個行銷課程都把 4Ps 作為教學的基本內容。

(二) 科特勒的 6Ps 和 11Ps 理論

進入 20 世紀 80 年代後，面對國際市場競爭日趨激烈、貿易保護主義再度興起的新趨勢，被譽為「行銷之父」的美國行銷學者菲利普·科特勒教授於 1986 年提出了 6Ps 理論，即所謂的大市場行銷（Mega Marketing）理論。他認為，在貿易保護主義回潮和政府干預加強的情況下，企業為了成功地進入特定市場並開展市場行銷活動，在策略上要協調地運用經濟、心理、政治和公共關係的手段，以博得目標國有關方面的合作和扶持。僅僅懂得如何制定出行銷組合策略（4Ps）來吸引顧客已經不夠了，要在原有的 4Ps 基礎上加進權力（Power）和公共關係（Public Relations），將 4Ps 變為 6Ps。其中權力就是要求企業必須懂得怎樣與政府（包括本國政府和外國政府）打交道，充分瞭解其他國家的政治狀況和國際政治格局的發展態勢，有效地向其他國家銷售產品。公共關係就是要求企業利用新聞媒體的力量，使企業在目標市場國的公眾中樹立一個良好的形象。換言之，就是要求企業運用政治力量和公共關係，打破國際或國內市場上的貿易壁壘，為企業的市場行銷開闢道路。例如一家美國家用電器公司擬進入日本市場推銷某產品，公司確定了符合日本家電市場的產品、價格、渠道、促銷策略，但由於日本實行貿易保護，設下了層層壁壘或進口限制，因此該公司未能進入日本市場。在這種情況下，該公司通過美國政府派出外交官給日本政府施加政治壓力，說服日本政府放寬限制；其核心是綜合

國際市場行銷

地運用了政治、經濟、心理及公共關係等方面的技巧和策略，從而影響和改變了其行銷環境，贏得了政府和當地民眾的合作和支持，成功地進入了日本市場。

6Ps 理論對西方國家開展國際貿易確實發揮了很大的作用，但無論是 4Ps 理論還是 6Ps 理論，探討的都是如何正確地做事，是「行」的範疇，問題的關鍵在於怎樣做正確的事，即如何「知」的範疇。在這種情況下，科特勒提出了戰略 (Strategy) 行銷，他將 4Ps、6Ps 稱為戰術 (Tactic) 行銷，並在 4Ps、6Ps 的基礎上又加了 5Ps，分別是：①探索 (Probing)，探索就是市場調研，通過調研瞭解市場對某種產品的需求狀況，有什麼更具體的要求；②分割 (Partition)，分割是指按照消費者的需求對市場細分的過程；③優先 (Priority)，優先就是選擇企業的目標市場；④定位 (Position)，即為自己的產品賦予一定的特色，在消費者心目中形成一定的印象，或者說是確立產品競爭優勢的過程；⑤上述 10Ps 最終還是需要通過員工 (People) 來具體實施和實現。11Ps 涵蓋了市場戰術行銷和市場戰略行銷的全貌，市場戰略行銷執行發現需求的任務，市場戰術行銷執行滿足需求的任務。

(三) 勞特朋的 4Cs 理論

4Cs 理論是由美國行銷專家勞特朋 (Lauteborn) 教授於 1990 年提出的，他以消費者需求為導向，重新設定了市場行銷組合的四個基本要素，即消費者需求與慾望 (Consumer Needs and Wants)、成本 (Cost)、便利 (Convenience) 和溝通 (Communication)。該理論認為：企業不要賣所能製造的產品，而是賣消費者想購買的產品，真正重視消費者；暫不考慮定價策略，而去瞭解消費者為滿足自己的需要和慾望，願意為之付出的代價，即顧客成本；暫不考慮銷售渠道策略，應當首先考慮如何給消費者提供購得商品的便利條件；暫不考慮怎樣促銷，而應當首先考慮與消費者溝通的手段。總體上看，4Cs 行銷理論更注重以消費者需求為導向，與市場導向的 4Ps 相比，4Cs 有了很大的進步和發展。但 4Cs 中的每個 C 涉及的範圍都很廣，每一個 C 的順利應用都涉及不只一個行銷職能部門，實施難度較大。4Cs 理論深刻地反應在企業行銷活動中。在該理論的指導下，越來越多的企業更加關注市場和消費者，與顧客建立一種更為密切的、動態的關係。中國的華為、科龍、恒基偉業和聯想等企業通過行銷變革，更加關注市場和客戶的需求，實施以 4Cs 理論為基礎的整合行銷方式，成了 4Cs 理論實踐的先行者和受益者。但是，從企業的實際應用來看，4Cs 理論依然存在不足，其具體表現：①4Cs 理論以消費者需求為導向，但消費者需求存在是否合理的問題；②雖然 4Cs 理論的思路和出發點都是滿足消費者需求，但它沒有提出具體的操作方法，如提供集成解決方案、快速反應等，使企業難以掌握。

(四) 4Rs 行銷理論

進入 21 世紀，消費者通過互聯網、免費電話、國際信用和其他類似服務獲取信息、辨別產品和服務以及隨時隨地購物。這樣，市場的引導權與控制權已由製造商和分銷商轉移到消費者手中，市場將由客戶需求、客戶需求的時間和條件以及客戶喜歡的銷售方式來推動。針對這種市場環境的變化，美國 DoneSchultz 在原有的 4Cs

第一章 導論

理論上提出了 4Rs 行銷新理論,4R 是指 Relevance(關聯)、Reaction(反應)、Relationship(關係)和 Reward(回報)。(1) 與顧客建立關聯。在競爭性市場中,顧客具有動態性,顧客忠誠度是變化的,隨時會轉移。要提高顧客的忠誠度,贏得長期而穩定的市場,重要的行銷策略是通過某些有效的方式在業務、需求等方面與顧客建立關聯,形成一種互求、互需的關係。(2) 提高市場反應速度。在今天相互影響的市場中,對經營者來說最現實的問題不在於如何控制、制訂和實施計劃,而在於如何站在顧客的角度及時地傾聽顧客的需求,並及時答覆和迅速做出反應,滿足顧客的需求。(3) 關係行銷越來越重要。在企業與客戶的關係發生了本質性變化的市場環境中,搶占市場的關鍵已轉變為與顧客建立長期而穩固的關係,交易變成責任,顧客變成用戶,管理行銷組合變成管理和顧客的互動關係。(4) 回報是行銷的源泉。對企業來說,市場行銷的真正價值在於為企業帶來收入和利潤的能力。當然,4Rs 同任何理論一樣,也有缺陷,如與顧客建立關聯需要實力或某些特殊條件,並不是任何企業都可以輕易做到的。但 4Rs 提供了很好的思路,企業最高管理層和行銷人員應該瞭解和掌握。

總之,4Ps、4Cs、4Rs 三者不是取代關係,而是不斷完善、不斷發展的關係。由於企業層次不同,情況千差萬別,市場、企業、行銷還處於發展之中,所以至少在一個時期內,4Ps 還是行銷的一個基礎框架,4Cs 也是很有價值的思路。因而,兩種理論仍具有適用性和可借鑑性。4Rs 不是取代 4Ps、4Cs,而是在 4Ps、4Cs 基礎上的創新與發展,所以不可把三者割裂開來甚至對立起來。根據企業的實際,把三者結合起來指導行銷實踐,可能會取得更好的效果。

 ## 本章小結

本章主要闡述國際市場行銷的內涵,包括概念及構成、國際市場行銷的特點及與國內的比較。本章描述了國際市場行銷發展的國內和國際化背景及發展歷程,突出經濟全球化和區域經濟一體化的背景條件。本章詳細介紹從國內行銷到出口行銷再到跨國行銷最終到全球行銷的發展階段,同時針對國際市場行銷學的形成過程進行了說明,並對涉及國際市場行銷的理論基礎,包括相關的國家貿易理論、對外直接投資理論和市場行銷理論的核心內容展開描述。

 ## 關鍵術語

國際市場行銷 行銷理論 經濟全球化 區域經濟一體化 行銷主體

復習思考題

1. 國際市場行銷的理論支撐有哪些？
2. 請選擇一個你最感興趣的國家（或地區），闡述其國際市場行銷的發展狀況。

第二章　國際市場行銷主體

本章要點

- 企業的內涵
- 企業發展國際市場行銷的原因
- 企業發展與國際市場行銷

開篇案例

索尼的「失寵」

　　索尼公司曾經是叱咤世界工業界的技術巨人，甚至是頂尖科技的代名詞，是創新和品質的化身。幾十年來索尼一直在不斷更新著內涵，從晶體管收音機、Walkman隨聲聽、特麗瓏彩色電視到Playstation游戲機等，都是行業標志性的成功產品，這些產品始終走在科技化生活的前端。1957年3月，索尼推出半導體收音機，確立了索尼的領導地位。「單槍三束彩色顯像管」，也就是特麗瓏顯像管的問世使索尼一躍成為彩電行業的巨擘。1979年7月，索尼推出的第一款盒式磁帶隨身聽，標志著便攜式音樂理念的誕生。從創業初期的1950—1982年，公司憑藉「嶄新的產品顛覆人們的生活模式」為世界貢獻了12項劃時代的技術革新。一個個電子消費產品的成功，造就了索尼神話，使其成為業界當之無愧的標杆。然而，讓人不可思議的是，自2008年起，索尼持續虧損，2014財年虧損額持續擴大。索尼是如何一步步走向衰落的呢？

國際市場行銷

一種說法是，索尼採取了錯誤的管理方式，使競爭優勢喪失。曾擔任索尼常務董事的天外伺朗，把索尼財務績效逐年下滑歸因於其推行的績效考核的管理範式。1994年，索尼引入美國的績效管理，設立實施機構、制定評價標準、規定評價程序，通過客觀評價個人貢獻把業績與報酬直接掛勾。實施績效管理之初，確實實現了收入、利潤大幅增長，但是好景不長，1998年後，隨著數字技術的跳躍式發展，模擬技術被迅速取代，索尼的業績開始持續下滑。對於索尼陷入衰退和虧損的深層次原因，天外伺朗認為：由於過度推崇績效管理，索尼在管理上的問題已積重難返，關鍵問題是推行績效管理之初所帶來的「激情集團」「挑戰精神」「團隊精神」消失。

另一種說法是，索尼績效江河日下是企業內部體制僵化所致。發現與創造市場需求，是技術創新得以實現的重要因素。盛田昭夫與井深大所營造的基於平等、激情、靈活的企業內部機制，能夠對市場迅速回應，從而實現技術創新與市場開發的完美契合，而這種能夠關注需求的決策體制與市場導向研發機制都帶有創業者們的個人魅力與性格印記。出井伸之出任索尼首席執行官後，由於個人資歷、領導者魅力等因素，只能通過管理等級體制來實現對企業的管控，而管理等級體制正好與日本社會心理特徵相契合。

創新乏力說是更多的人認同的觀點。索尼走向衰落是因創新乏力而導致的。索尼曾經創造12項劃時代技術，以不斷湧現的創新產品聞名於世，從一個輝煌走向又一個輝煌。然而，20世紀90年代以來，虧損額持續擴大。由於索尼在消費電子產品上的戰線過長，有限的資源過於分散，因而在每一項業務中研發的投入大幅減少；戰略定位的錯誤又使得最尖端技術研發部門慘遭解體，大批高精尖技術研發人才流失，為三星及LG等競爭對手所用，成為其研發主力群體，嚴重削弱了他們在本來可以成功的領域裡的創新能力，導致產品的競爭力不足，結果是液晶電視方面落後於三星以及LG；數碼相機不及尼康、佳能；智能手機的角逐中落後於蘋果、三星；游戲機領域落後於微軟、任天堂。可以說，索尼在20世紀90年代後，熱衷於短期利益最大化，放棄了「技術至上」的理念，導致技術創新乏力，這是索尼沒落的根本原因。

資料來源：王京倫，鄒國慶. 從索尼興衰看企業競爭優勢及其持續性 [J]. 現代日本經濟，2016（1）.

章節正文

市場行銷適用於存在交換關係的所有領域。近年來，市場行銷主體呈現多元化的發展變化趨勢，市場行銷理論、方法和技巧不僅廣泛應用於企業和各種非營利組織，而且逐漸應用於微觀、中觀和宏觀三個層面，涉及社會生活的各個方面。從廣義上說，市場行銷的主體可以是個人、非營利組織、企業、城市、地區、國家以及

第二章　國際市場行銷主體

社會，但最具典型意義的行銷主體是企業。因此，在對市場行銷基本理論與方法的闡述中，我們主要以企業為例展開，其基本思想對其他類型主體仍然適用。

● 第一節　企業從事國際市場行銷的原因

企業為什麼要進入國際市場？是什麼原因促使企業做出進行國際行銷的決策？這應該是個比較好回答的問題。雖然有些企業是在不知不覺的過程中涉足國際市場的，但是考慮到企業的根本性質和存在的意義，當一個海外客商直接地或通過貿易公司等中間機構間接地向一家企業訂貨，而企業也願意且有能力供貨時，出口生意就這樣開始了。應該說企業的一切行為的動因都是追逐利益最大化的，進入國際市場也不例外。當企業因此而發現了一個更為廣闊的市場，生意越做越大，利益越來越多時，那麼企業會義無反顧地投入國際行銷。雖然絕大多數的企業是由於這種或那種具體原因主動向國際市場發展的，也或者一些企業基於這樣或那樣的原因沒有進入國際市場，但對利益的追逐是企業的出發點和歸屬點。企業必然從自身內部的狀況和外部的影響進行考慮和評估，在各種因素中做出權衡和判斷，進而選擇最有利於企業的決策。企業可能是基於其中一種因素，也可能是基於多種因素走向國際市場。分析這些動因將有助於企業明確目標，制定策略，也可以為選擇海外市場打下一定的基礎。

在世界經濟發生急遽變化的今天，幾乎所有企業都或多或少受全球競爭的影響，相當一部分經濟活動是在全球範圍內展開的，技術、生產、行銷、分配和通信網路都具有全球性，每一個企業都必須準備在一個相互依存度越來越高的經濟環境中競爭。隨著貿易和生產國際化的發展，各國之間的經濟聯繫不斷加強，相互依存度日益提高。任何一個國家、一個經濟部門都是世界經濟鏈條中相互連接、相互作用、相互影響的一環，世界各國對外貿易的增長速度持續超過各國國內生產總值的增長速度，生產國際化程度大大提高，區域經濟集團化趨勢不斷加強，這些都表明世界經濟發展一體化是世界經濟發展的總趨勢。概括起來，企業開展國際行銷的原因主要有以下幾個方面。

一、市場競爭的需要

國內競爭激烈，市場趨於飽和。不同國家與地區的經濟、技術發展水準是不一樣的，科學技術的進步必定會帶動生產力的發展。無論是哪一個國家，當技術、經濟發展到一定程度，企業向市場提供的產品種類都會日益增多。隨著國內消費者收入的不斷提高，他們對產品的選擇更加挑剔，對市場上已存在的國內產品感到不太滿足，這樣，國內市場就會形成一種飽和狀態。在這種情形之下，企業之間的競爭

國際市場行銷

會越來越激烈，國內市場畢竟是有限的。企業要生存和發展，就必須尋找新的市場，開拓國際市場是尋覓新市場最重要的途徑之一。當今大多數國家實力雄厚的企業都開闢了國際市場，走國際化的道路。例如，美國許多中小企業近年來大力開展海外銷售，很大部分原因就在於越來越多的外國競爭者，特別是來自亞洲的客商大舉湧入，對美國公司的生存構成威脅後其做出的一種以攻為守的反應。美國的可口可樂、麥當勞快餐很早就進入了國外市場，獲得了豐厚的利潤。日本的汽車和家用電器也是如此。

美國是經濟高度發達的國家，其國內市場早已呈現出過度飽和的格局：一方面，國內市場產品供給增長迅猛，而美國人口增長緩慢；另一方面，外國產品大量湧進美國市場，例如，日本松下、索尼電器、豐田汽車、尼桑汽車，以及中國的鞋類、服裝等產品充斥美國市場，使得國內市場處於超飽和狀態。美國企業面臨的不僅有國內競爭者，還有外國競爭者。因此，美國就有眾多企業到國外市場尋找發展機會，開展全球經營業務。

也許有一點值得提出疑問，中國的相對產品競爭力遠不如世界發達國家，如果在國內競爭中都難以生存，如何又能在國際上立足。其實國際市場並非一個整體，而是由若干不同水準和檔次的具體市場構成的，有比中國國內更發達的，也有相對落後的。而中國實行改革開放30多年來，社會主義市場經濟發展迅猛，相對不少國家而言，有了比較明顯的優勢。利用國際貿易的階梯效應理論，仍然可以向更落後市場進行滲透。近年來，國內市場許多行業的產品形成供過於求的狀態，尤其是家電、汽車、手錶、服裝及鞋類等產品更為突出。中國許多有實力的企業都瞄準了國際市場。2002年，海爾集團的海外營業額就達到了10億美元。中國電子工業五強之一的TCL以家電為主導產品，在俄羅斯、新加坡、越南等國建立了自己的銷售網絡。國內市場變化多端，同行企業競爭激烈，使企業無法保持對國內市場應有的控制，要生存和發展就必須尋找新的市場。國際市場當然是目標之一。對大多數有國際行銷活動的企業來說，這是最主要的推動力。中國實行改革開放的國策之後，逐步形成了市場運行機制，迫使企業面對市場，面對國內外的競爭。其結果，也就逼出了一大批外向型的企業。在當初全國家用電器消費熱中，各地紛紛興辦電扇廠，短短幾年，全國的電扇廠就從幾十家發展到2,000多家。國企、集體及鄉鎮企業同時上，一起爭奪市場。一場混戰後，優勝劣汰，關、停、並、轉，僅剩下200餘家，年產電扇能力4,000多萬臺，而國內市場已趨飽和，供大於求。有人預言，一場新的電扇大戰不可避免，中國的電扇業將開始走下坡路，此時，生產電扇的兩大主要基地——長江三角洲和珠江三角洲的電扇廠被逼上梁山，及時地對產品結構進行調整，使電扇開始批量出口，把目標瞄向第三世界國家，大大緩解了國內的供求矛盾。各電扇廠則更主動地開拓國際市場，繼長城電扇之後，華生、菊花、駱駝等名牌產品的年出口量都超過百萬臺。全年生產的5,000多萬臺電扇中，有1/3左右是供出口的，蘇州春蘭電扇廠還在泰國辦起了電扇廠。

第二章　國際市場行銷主體

導讀：海爾 2016 年全球營業額預計 2,016 億

　　企業率先進入國外某一市場，利用其他企業進入該市場前的一段時間，可以搶占市場，有效地建立國外顧客對該企業及其產品的良好印象。在國外顧客的心目中，樹立企業在某種消費市場上的開創者地位，對企業未來的發展，大有好處。例如，美國的可口可樂公司，進入國外市場的一個重要原則，就是尚無其他同行進入該市場。可口可樂以開創者的姿態，給國外消費者一種新穎的、良好的印象——可口可樂是全世界最暢銷的飲料，從而建立起國外消費者對其品牌的忠誠度。這樣，不僅擴大了產品銷售量，而且有利於穩定可口可樂在世界飲料市場中的地位。

　　另外許多企業跨出國門，開拓國際市場也是為了鍛煉其在國際市場的競爭能力。因為國際市場的競爭水準一般超過國內市場，企業進入國際市場，就有機會參與較高水準的市場競爭，從而可以借助競爭的動力和壓力來推動企業技術創新和提高管理效率。例如，廣東健力寶公司在國內市場上的競爭地位名列前茅，但為了使企業能得到鍛煉，明知在國際市場上會受到很多阻礙，但還是毅然決定進軍競爭激烈的美國市場，目的就是提高競爭能力。

二、整合資源以提高企業效益

　　各國都有各自的資源優勢，企業可以通過國際行銷充分利用本國的這些資源優勢，取得全球利益最大化。企業無論大小，都有一定的相對競爭優勢，關鍵在於如何去發掘和使用。美國一家專門生產手工工具的斯泰林公司，過去忽視把產品推向國外。新任董事長愛爾斯對此極感遺憾。他說：「我認為全球化的行動是企業求生存的一條出路，既然是高質量的產品就應該走向世界。」近年來，公司憑藉其產品門類齊全、質量上乘的優勢，多渠道地開拓國際市場，國外收益達到數億美元。提出要建「一艘大船」到國際市場上去闖蕩一番的中科院計算機公司，從成立一開始就意識到必須在國際市場發揮自己高科技的優勢。他們研製、開發的聯想微機不僅遍布中國各地，而且行銷海外，成為美國 IBM 公司的指定配套產品。公司成立十年，從 20 萬元的資產發展到年產值近 6 億，創匯數千萬的聯想企業集團出現了。目前，大型跨國公司的產品所需的零部件通常分散在世界各地生產，各國子公司只負責生產該國具有資源優勢的那部分零部件。如波音 737 有 450 多萬個零部件，其中占飛機總重量 70%、總造價 50% 的零部件是在 7 個國家 16,000 家公司生產和製

國際市場行銷

造的。

　　無論整合自然資源、技術資源還是信息資源，都可以為企業帶來比較優勢。由於各國的自然資源條件不同，企業通過國際直接投資，開發國外的自然資源，可以彌補本國資源的不足。對於資源貧乏的國家（例如日本）來說，利用國外資源成為重要的投資目的。此外，開發國外資源，可能比開發國內資源成本更低、收效更大。例如，中國中冶公司在澳大利亞投資建立「恰那鐵礦」，其開採成本只是本國的1/8，而且礦產質量更好。這些優質的鐵礦石，不僅可運回國內，而且可以銷往其他國家和地區，獲取更大的利益。企業實施國際行銷活動，還可以使其獲得通過其他途徑無法得到的先進技術和管理技巧。這對於發展中國家的企業盡快縮小與發達國家企業的技術差距，有著十分積極的意義。另外，企業直接面對國際市場，一方面有利於更及時地瞭解國際市場的有關信息，為企業把握機會、科學決策提供條件；另一方面，企業走出國門，走向世界，也可以更直接地向海外市場傳遞信息，加強與國外消費者和用戶的溝通。

　　對應中國目前狀況，整合勞動力資源的意義更為重大。勞動力資源豐富，勞動密集型產品生產成本低廉是中國絕大多數企業積極向外發展的主要優勢。不少發達國家的企業紛紛來華投資，外商把資金、設備和產品轉到中國來，直接從事生產、經營活動。除了看中中國巨大的市場以及豐富的自然資源以外，更看中了中國所擁有較低廉的勞動力資源和人才資源。資料表明，最近每年都有800億~900億美元的勞動密集型及半密集型的產品從日本、韓國等經濟發達國家和臺灣、中國香港地區的現代經濟產業中分離出來，進而轉移到亞洲和環太平洋的經濟欠發達國家。當然，對於這樣的優勢也要有一個清醒的認識。一方面，這個優勢的形成源於中國人口眾多和生活水準低下。隨著中國強盛和人民生活水準提高，這樣的優勢會被削弱和取代，泰國、馬來西亞、印尼甚至越南等國家都已採取措施，以吸引這些轉移出來的產品及其投資。中國的企業不能低估這一趨勢。雖然沿海地區許多鄉鎮企業利用勞動力成本優勢取得了很大的成功，但在一些地區和企業，這種優勢正在喪失。除了勞動力成本快速上漲外，低質量、低產值也把低成本的優勢耗損掉。另一方面，保持這樣的優勢不是長久之計，短期內利用這樣的優勢可以迅速走向國際和獲得利益，但是專業化的發展必然使我們在技術等領域的劣勢和差距更為明顯，技術優勢的未來統領性和更大的利益空間使得我們現有的勞動力成本優勢就顯得比較尷尬了。

三、當地政府鼓勵出口，推動企業國際化

　　在國際經濟一體化、全球化的趨勢日益加強的現代社會裡，外貿出口對一國經濟的重要性是不言而喻的。亞洲四小龍依賴於外向型經濟，在短短數十年間迅速成為新興工業化國家和地區，給人們留下深刻印象。美國經濟學家給政府開出的經濟藥方中，最重要的就是要讓外貿出口帶動美國經濟從萎靡走向復甦。但是，擴大出

第二章　國際市場行銷主體

口的基礎在於企業，要讓企業在國際市場上競爭，就要在政策上給這些企業一定的優惠。各國政府對企業的海外開拓都給予積極的支持。韓國政府對出口超過1.5億美元的企業，在政府稅收、資金信貸、外匯管理、進出口商品權限上都給予了很大的好處。日本政府為了支持中小企業擴大出口，提供優惠稅收政策、低息貸款，設立期限為12年的專項貸款，年息僅為2.7%，還為企業提供國際市場信息及有關進入和開發國際市場的諮詢服務。英國政府的海外貿易委員會對決定進入國際市場的出口企業提供最高達10萬英鎊的「進入市場保證方案」。美國政府在國內市場競爭中嚴格執行反托拉斯法，但允許在國際競爭中同行組成卡特爾，對在出口領域裡做出傑出貢獻的個人、企業、團體可授予由總統親自簽署的總統「E」字獎。中國也成立進出口銀行，對大型設備的出口，提供買方貸款或賣方貸款，對出口商品實行退稅優惠。上海市政府決定對年出口創匯1,000萬美元以上企業和年創匯500萬美元以上機電產品出口企業逐步分批賦予經貿人員出國審批權，這對企業增加出口創匯有很大的吸引力。

雖然強調資源貿易和減少貿易障礙，但是基於個體利益考慮的骨子裡的貿易保護，各國政府基本上都是鼓勵產品出口，限制產品進口，而對於資金的流動則態度相反。但是限制政策往往容易導致報復措施，而且出於宣傳上的考慮，鼓勵出口的做法顯然在當今更為恰當。政府實施鼓勵與支持企業出口政策，企業能得到許多優惠，也可以借此機會得到進一步的發展。一般來說，政府主要通過稅收政策（如退稅、減稅）、金融貨幣政策（如低息貸款、擔保貸款、出口價格補貼）為企業提供諸多服務，如提供外貿諮詢、國際市場信息等優惠政策來鼓勵與支持企業出口。考慮到中國國情，中國管理當局擁有很大的權力和巨大的行政資源，對經濟資源的控制能力很強，不僅對企業到國外投資辦廠和設備出口實施免稅，對出口產品實施退稅制等，更可以為了擴大中國對外貿易和對外投資，在其他方面創造條件，以使更多的企業能夠出口或進行海外投資。

基於國情的考慮，政府直接施壓有時也是企業出口的一個重要原因。基於對政府各級各部門的考核壓力和政府的經濟發展目標，企業大力發展出口。如1990年，上海市為了完成中央下達的出口50億美元的指標，層層承包，企業迫於政府壓力出口產品。人民電機廠的步進電機在國際市場上銷路不錯。五一電刷廠第一次就出口20萬只電刷，賺了一筆外匯。但是這並非企業本意。中國不少省市把出口創匯額定為一個硬指標以考核企業領導的績效，評估企業的升級，這也迫使不少企業邁出了出口的步伐。

四、開發新的市場空間，追求新的利潤增長點

吸引企業進入國際市場的相當重要的力量來自市場對企業產品的需求或潛在的需求，這是企業成長的基礎。在中國政府確定了社會主義市場經濟為主的經濟運行

33

國際市場行銷

體制後，經濟持續穩定，高速增長，市場進一步開放，吸引了大批美國企業，包括一些著名的跨國公司，如摩托羅拉、AT&T、GE、波音，大規模地來華投資或談生意，因為他們看好中國市場。正如美國《商業周刊》所說，中國在包括基礎設施等各方面的需求可以使許多美國公司在未來發展為全球性的公司，即使這種需求在一段時間內是潛在的或對企業來說是無利可圖的。20世紀60年代初日本汽車公司進入美國看中的就是美國這個大市場，為此他們經過約十年堅持不懈的努力才使這種需求產生盈利。最近幾年國際經濟結構的改變，使得各國的產業政策都在進行調整，歐、美、日等發達國家和地區把產業的重點對準了電子、航空航天、材料科學、生物技術等高科技領域，而把化工、醫藥、鋼鐵、玩具、服裝、制鞋、食品等行業中環保問題比較突出、材料消耗大或勞動密集型的產品的需求主要轉向進口，這為發展中國家的企業提供了有潛力的市場，促使他們積極向國際市場開拓。當一個企業的產品在本國趨向飽和的情況下，國際市場的巨大潛力就會顯現，企業必然會向他國市場尋求發展的方向。可以說，任何一個國家的國內市場與整個世界市場相比，都是微不足道的。就拿美國來說，美國本國的消費者相對全球消費者來說，已經不能滿足本國企業產品生產與發展的需要。美國以外的國家人口占世界人口95%左右，購買力占75%左右，美國的國內市場遠遠小於美國以外的市場。可見，潛在國際市場十分廣闊，的確值得開發。

許多資金、實力雄厚的企業雖然在國內市場佔有絕對的統治地位，但也在積極地開拓國外市場，其原因也是要開闢新的市場，尋找新的利潤增長點。從追求規模經濟的角度考慮，任何企業的產品都有自己的經濟規模。當生產經營的量達不到一定的經濟規模時，經濟效益不可能達到最優。由於國內市場規模有限，很多企業的生產無法達到經濟規模，不能實現規模經濟。為了達到一定的經濟規模，實現良好的經濟效益，保證企業的可持續發展，企業必須選擇進入國際市場的途徑。從利用已有技術資源考慮，對一些研究和開發費用較高，但通用性較好，進入國際市場時不需要對產品進行很大程度的修改，因而不需要追加大量投資的產品，可以進入國際市場，以便加快收回前期的巨額投資。同時，開拓國際市場有利於企業獲取更好的業績。從利用產品生命週期的差異考慮，產品的生命週期分為導入、成長、成熟和衰退四個階段。按國際產品生命週期理論，一般產品首先可能在發達國家開發、生產、上市，進入導入期，當該產品在該國進入成長期時，在次發達國家進入導入期；而當該產品在該國處於成熟期或衰退期時，在另外一些國家可能鮮為人知，也可能處於導入期或成長期。企業可以利用國際產品的這一生命週期現象，適時向國外介紹他們在國內已經進入成熟期或衰退期的產品，從而延長產品的生命週期，獲得最大的經濟效益。比如，電視機最早在美國發明和生產，後來在歐洲一些國家生產，然後在日本。現在美國沒有生產電視機的廠家，他們到第三世界生產再返回美國銷售。如果某企業所在國的經濟發展速度緩慢，將會影響該企業的發展。為保證企業的發展勢頭和良好的經濟效益，企業可以尋求向經濟增長速度快的國家和地區

第二章　國際市場行銷主體

發展，改變自己的生存環境。前提是企業必須要有過硬的技術和產品能被這些國家或地區所接受。不過相對來說，這種情況發生的比例比較小。

五、獲取國外先進的科技管理知識、市場信息和資金

現代社會科技發展之迅速遠遠超出人們的想像，新工藝、新產品層出不窮，許多新的發明也在成熟之中。誰能盡早地獲得新的科技知識，誰就會在競爭中擁有巨大的優勢。通信的現代化也使信息愈發顯出其巨大的作用與效益。一條信息，可能會使企業化險為夷，絕路逢生。特別是中國企業，因結構不適、渠道不暢、信息閉塞，所以如何及時地獲得第一手市場信息始終是個難題。通過產品出口或在海外設點銷售、生產，可以從代理商、經銷商和客戶等處獲取寶貴的產品信息、市場信息。如萬寶電器集團通過其在中國香港和美國的兩家總經銷商，不斷地獲取反饋信息，使產品在質量、款式、功能和色彩等多方面不斷改進，始終緊跟國際先進水準，在國內國外兩個市場上的佔有率穩步提高。上海工具廠在產品出口量徘徊多年之後，果斷地在泰國辦了一家合資企業。企業領導人明言，我們的主要目的不是在那裡生產，而是將其作為一個窗口，利用泰國在東南亞的地位和影響，廣收科技、市場信息，反過來促進出口的增長。一方面，現在知識信息的獲得越發需要專業化；另一方面，互聯網的普及改變了獲得的模式和途徑，如果不計成本甚至以犧牲企業利益的方式去獲得所謂重要的知識信息，那就顧此失彼了。

日本、韓國和臺灣的不少大企業，如日本電氣、富士通、三星、大宇、宏碁等，都在美國加州的硅谷開設了分公司、研究中心。其中不少機構的經濟效益並不好，甚至是虧損的。但是它們所收集的信息情報是對整個公司的發展具有戰略意義的。有些大企業還出資在美國著名的大學裡建立研究所或實驗室，邀請全世界一流的科學家去工作，自己則派上年輕的助手，學習最先進的科技知識。如今美國企業也紛紛在日本設立據點。IBM、杜邦、柯達、道氏化學公司、德州儀器公司等幾十家企業在日本的機構既瞭解最新的科技和市場信息，也密切關注競爭者的動態，尋找可能的合作機會，學到了許多日本式的管理知識。

資金不足是企業發展的一大制約。由於沒有完善的資金市場，加之經常性的銀根緊縮，發展中國家的企業更為深切地體會到這一點。通過出口，可以提高產品的質量和企業的知名度，也就有利於吸引外資，加速企業的更新改造。中國不少企業通過產品出口引起了外商的注意，或吸引了外資進行改造、進口設備等，最後變成了合資企業。這樣的例子可以舉出很多。

六、避免貿易壁壘和貿易保護主義的干擾

避免貿易壁壘和貿易保護主義的干擾是指跨國公司在國外直接投資、設廠生產、當地銷售，這樣可以繞過關稅壁壘和非關稅壁壘，避免貿易保護主義的干擾，減少

國際市場行銷

當地政府的法律、法規的阻礙,使企業能更有效地開展國際市場行銷活動。此外,還有一些其他原因促使企業進入國際市場,從事國際市場行銷活動。但是,必須指出,儘管從事國際市場行銷活動對企業有許多好處,但並不是所有的企業都必須要從事國際市場行銷,也不是所有的企業都能夠從事國際市場行銷,不能片面地將國際市場視為通往成功與獲取利潤的康莊大道。如果對國際市場缺乏深入的分析和研究,對企業本身的資源條件缺乏認真、仔細、周密、通盤的考慮,企業就貿然做出進入國際市場、從事國際市場行銷活動的決策,其結果只能是失敗而絕對不可能獲得成功。

七、國外投資環境的吸引力

不少企業向海外發展,看中的是當地的投資環境與優惠政策。環境包括軟件和硬件環境。從軟件環境來看,政策支持、市場規範、社會鼓勵必然形成吸引力。比如現在有許多中國企業到泰國投資辦廠,很大一部分原因是覺得國內市場尚不成熟,政策不配套,各種干預比較多,應該由企業自己決定的事情企業無法把握,如經營的範圍、投資的領域、外匯的使用;而許多應該由政府、銀行解決的事情,如提供資金服務、限制不公平競爭等卻讓企業操心。而到泰國設廠,一是可以享受當地政府 5~8 年的免稅優惠,而且免稅期間的損失,可以在免稅以後的 5 年中逐年或一次性扣除;二是生產與流通可以一起抓,投資選擇範圍大,效益比較高;三是有一定實力後再向國內反投資,可使老廠變成三資企業,可以享受各種優惠,從而事實上打破各種限制與約束。在硬件方面,基礎設施、配套建設、現代化的交通、通信的發展使企業的國際行銷活動大為方便,也降低了運行成本。國際直撥電話、傳真、電子網路等通信工具的發展,快捷的航空運輸業務和日趨完善的集裝箱海運服務,使時空距離大大縮短,跨國經營的許多物理障礙大為減少甚至不復存在。正如美國新澤西州某貿易公司的總經理所說的那樣,許多中小公司發現,他們往中國香港出口貨物就像銷往科羅拉多一樣容易。國際化的商業諮詢機構和貿易促進機構,使得企業能夠更迅速地獲取國際經貿信息,捕捉機會,做出正確的決策。相比之下,有時做國內貿易,交通、通信、信息、諮詢的便利倒不及做國際貿易的,這也不能不說是企業考慮的一個因素。當然,需要指出的是,良好的環境也會吸引更多的競爭者到來,所產生的負面影響也會在未來逐步顯現。

● 第二節　中國企業在國際市場行銷中存在的問題

中國的改革開放使我們向世界打開了大門。蜂擁而入的外國商人和遊客,眼花繚亂的外國商品和電影電視,耳目一新的先進技術與工藝設備,使我們看到了與別

第二章　國際市場行銷主體

人的差距，逼著我們快步向前去追趕變化著的世界。經過多年的奮鬥，我們的產品和服務進入了國際市場。大到精密機床、遠洋貨輪，小到牙籤、玩具、軸承，中國的外貿出口在世界貿易中已居前列。中國人也活躍在世界各地。當數十萬家中外合資企業遍及全國城鄉時，中國已有近千家企業在海外辦起了公司、辦事處，從事著生產、貿易、金融、勞務等各項活動。一種從未有過的向外發展的熱潮正在中國大地興起，而企業是這股洪流中的主力軍。特別是在國家深化外貿體制改革，外貿企業實行自主經營、自負盈虧，外貿出口實行代理制並讓一部分符合條件的生產企業、科研企業和私營企業享有外貿自主權後，企業外向型的活力大大增強。經過三十餘年的艱苦創業，中國沿海地區的外向型經濟已經打下了初步的基礎，許多內地企業也不甘落後，脫穎而出，一大批有膽有識、敢於在國際市場上闖蕩的企業家群體正在形成，令外國企業家們刮目相看。雖然通過多年的努力中國企業在國際貿易和國際市場行銷中取得了巨大和顯著的成效，但是從總體上來說，在面對著經驗豐富的外國競爭對手時，中國企業在國際市場上的行銷活動並不總是那麼順利，有時甚至相當艱難。成功案例較少而且背後的代價巨大，一些問題仍然長期困擾和限制我們國際行銷的效率。從 1978 年算起，40 年的發展，歷經了兩代人的努力，我們的國際行銷的能力與水準還是沒有達到國際先進水準。如果現在還是以改革開放之初的說法，以我們對國際市場還比較陌生、參與度也還較低、客觀上也存在著許多的限制與障礙、基礎發展水準較低為理由來解釋就不負責任了，如果想要真正解決我們國際行銷能力低的問題，就必須轉化角度和視野，深入挖掘，找到我們的問題所在，分析導致問題的原因並尋找有效可行的解決途徑。

中國企業在國際行銷方面存在的問題從目前分析來看應該集中表現為國際行銷的觀念欠缺、行銷策略薄弱和國際行銷缺乏配合三個方面。當然每個方面有很多具體表現。此外，問題的表象之外還有深層次的原因，需要逐步展開分析。

一、缺乏先進的國際行銷思維和意識

國際市場是一個競爭激烈的市場。所有從事國際行銷工作的人員都必須要有先進的行銷思維和意識，否則就不可能有正確的決策和方向。所以思維和意識是第一步要強調的問題。但恰恰在這一點上，我們的企業相當缺乏，特別是作為企業核心的領導者和決策者的思維與意識如果沒有改進，影響就更大。目前主要問題表現在以下幾點。

1. 活力不足

活力不足是從計劃經濟時代開始就困擾中國企業發展的主要問題。這一狀況在改革開發後有所好轉但並沒有得到很大改善，在國有企業中表現得尤其突出。中國也制定了許多措施尋求解決，可惜效果並不理想。就一般情況而言，傳統國有企業與民營企業相比，在資金、技術、人員等很多方面都佔有優勢，但是與其他類型的

國際市場行銷

企業相比，始終沒有活力與主動性。除了國企，缺乏活力的狀況也存在於國家機關和事業單位，甚至一些涉外企業也有這樣的趨勢。「慵懶散浮拖」的現象幾乎隨處可見。從具體層面上看，開展國際行銷，最主要的是要有客戶和渠道，這要企業自己去努力尋找。但是現在許多企業把國內長期形成的賣方市場那一套做法帶到了出口事業上去，姜太公釣魚，願者上鉤，坐等外商上門。某染化廠是染料生產行業的骨幹企業，產品質量優於印度、泰國、韓國等國主要廠家的產品。近幾年來，企業在出口方面已與幾個外貿公司有了接觸。但企業現有的三類海外顧客都是自己找上門來的：第一類是用過該廠產品後通過外貿部門找來的；第二類是看到該廠廣告自己找來的；第三類是通過別人介紹來的。由於找上門來的客戶畢竟是少數，故到目前為止，出口仍僅占全廠總值的 20%。在競爭激烈的國際市場，即便是優質產品坐等也不能取得應有的發展，甚至可能喪失已有的市場。國內不少化妝品企業以守株待兔的方式進行對外貿易，對國際市場行情不瞭解，也抓不到客戶。據調查上海市外貿出口商品普惠制的利用率僅為 60%，每年為此要損失 1 億美元左右的出口國減免稅待遇。當然，如何用足用好普惠制待遇是有許多因素的。但諸多原因中，缺乏主動利用普惠制的緊迫感，認為多一事不如少一事，可以說是利用普惠制最主要的制約原因。尤其一些國有企業，往往是因外商要求而不得不前往商檢局辦理普惠制證書，很少出現主動要求辦理的事例；相反，三資企業的積極性就高得多。因此，問題的根本在於要轉變觀念，要有積極主動的開拓精神。

菲利浦公司創始時僅靠生產幾個燈泡謀生，百事可樂公司成立時可口可樂已經蜚聲國內外，豐田汽車曾在美國市場被冷落多年，克萊斯勒幾乎是九死一生，但它們都有一個共同的特點，敢於樹立遠大的目標，奮力拼搏，差了要變好，好了還要更好。中國的許多企業家最缺乏的恐怕就是這種精神。上海著名的小紹興雞粥店一年 365 天，從早到晚顧客盈門，儘管價格一翻再翻，依然是日日客流量高達 5,000 人次以上。日本一家快餐企業想在小紹興旁邊安營扎寨賣「肯德基」，來滬看到小紹興的盛況，又吃了頓白斬雞，回去就打退堂鼓了。那麼為何小紹興不能像「肯德基」一樣衝出國界呢！店主的回答卻頗不以為然：上海的生意都做不過來！於是，誕生已達半個世紀的「小紹興」，至今離開上海便默默無聞，而「肯德基」僅用 60 年便在全球辦起了 8,000 家特約經銷店，真可謂打遍天下。當然中國的企業有其特殊的環境，不可能完全自主經營，但不得不承認缺乏在國際市場主動拼搏、開創的精神是一個較為普遍的現象：滿足現狀，能出口多少算多少，多一事不如少一事，是上級部門要我出口而不是我要出口等。這種思想指導下的企業，在國際市場上只能默默無聞，對加入 WTO 後帶來的更廣泛、更高層次的競爭也缺乏必要準備。

此外，對於缺乏活力的分析還應該從更深層面考慮，單從表面僅僅就企業個體角度將問題歸咎於企業自身的因素可能並不有助於問題的解決。就企業的性質而言，在長期的發展中應該擁有迅速適應環境的能力，能夠快速調整和改變自己，否則很難在激烈的競爭中生存與發展。意識到主動積極的好處和改變觀念並不是一件很困

第二章　國際市場行銷主體

難的事，相應的成本代價也不高。但是當這種現象成為一種比較普遍的現象並且長期得不到解決的時候，就應該考慮環境的問題，從制度與規則層面去分析原因。從個體與整體的利益協調機制去好好把握和調整一下，可能對於解決問題會有些幫助。

2. 缺乏自信

當今，國際社會已經是信用經濟時代，缺乏自信將很容易導致信用缺失。這對於企業開展國際行銷非常不利。在某些方面，我們的實力不如外國，加上國際行銷風險大，困難多，會使國內企業沒有信心，不敢發揮資源優勢，但是為什麼在同樣的條件下，另外一些外國企業能脫穎而出，在國際市場上打開局面呢？這很大程度上就在於這些企業擁有自信，敢於充分挖掘企業內部的潛力。在暫時無法解決外部因素的困難時，國內企業可更多地在可控的內部因素上做文章，如提高產品質量，以質取勝，降低產品成本，主動與外貿單位合作，讓利，發動全廠職工找外銷途徑等，盡可能地發揮企業的相對優勢。曾經，生產汽車動力機和油泵嘴的上海誠孚動力機廠過去總覺得自己設備陳舊，加工條件差，儘管油泵嘴早年就通過國際標準並三次獲得國家銀質獎，但企業長期不敢把產品打進國際市場，擔心因產品出去後被放在地攤上賤賣而出醜。一個偶然的機會使企業看到自己的優勢：油泵嘴並不比日本的差，內質甚至還要好一些。這啟發了企業對自己的優勢做全面的分析。他們認定真正的優勢在於全廠工人平均為五級技工、低廉的勞動力成本、用途廣泛的油泵嘴。因此，他們克服了種種困難，出口優質中價的油泵嘴，出口不斷增加，售價也年年提高，一個小產品就創匯200多萬美元。正如在上海企業幹部培訓中心任教的德國專家所說的：關鍵是要建立起一個新的觀念。有了觀念，可以從不利的因素中找到有利的方面，可以創造條件，尋找到適合企業向外拓展的模式。據美國企業管理協會調查，一個高層的管理者，其觀念技能占人體所有技能的47%左右，人文技能占35%，技術技能占18%。企業要走向國際市場，廠長首先要有企業國際化的新觀念，同時也要把企業外向型的觀念潛移默化到廣大員工心中，讓發展外向型經營、到國際市場上去贏得競爭成為每個員工自覺的行動。

當然，認識到自己的不足，謙虛一些也並非壞事，這樣比較符合中國文化傳統，也有助於能力的提高。只是在現今信用社會的背景條件下，認識到不足和宣傳不足是兩個概念。暴露和宣傳自己的缺陷，沒有良好的信用支持，企業在國際市場上必然舉步維艱。這一點應該是任何一個現代企業都應具有的認識。企業是理性的，基於利益的考慮一般不可能主動宣傳自己的缺點和到處訴苦叫窮，而如果有相當多的企業願意和習慣這樣做，必然有觀念之外的因素，通常背後的利益驅使是主要理由。從市場的管理當局來說，正常的管理理念是優勝劣汰、獎優罰劣。但現實中有些基於其他多種因素的考慮可能以殺富濟貧的方式進行市場管控，這在中國曾經的破產保護中就有所體現。在這樣的環境中，企業宣傳和誇大自己的不足也就正常了。

3. 行為短期化

當今國際市場的多變性加強，未來的不確定性在增加，基於多數企業迴避風險

國際市場行銷

的考慮，可能比較傾向於行為的短期化。但是國際市場行銷與國內市場行銷的一個顯著區別是前者開拓的週期長，資源投入大。這就要企業有全局觀，能協調好短期利益與長期利益的均衡。企業走向國際，多數面對的是一個陌生的環境，做的是開創性的工作。企業首先要花時間、花精力和資金去瞭解潛在的市場和客戶，收集資料、派人做深入的實地調查或請諮詢公司進行市場調查。企業還要想方設法讓國外的客戶瞭解自己的企業和產品，拜訪客戶、做廣告、參加各種國際展銷會甚至贈送樣品。為了產品初次就能順利地進入國際市場，企業還可以通過免費培訓減少經銷商的風險，通過同意賣不出去的產品降價、折扣讓利等形式，說服國外合作者接受企業的產品。為了取得長期的成功，企業還要花大力氣讓合作夥伴和客戶對企業的形象和產品產生信任。這是一個漫長的過程，非一朝一夕所能完成。對企業來講，這可能意味著一筆生意還沒做成，錢先花掉不少，即便最初做成幾筆，也可能虧多盈少。而這些前期的付出是可能帶來以後長期的巨大回報的。回報的滯後性就要求企業能放眼未來，關注長期。

中國不少企業的領導由於體制上的原因，如在有限任期內的指標考核因素，也由於觀念上的原因往往會懼於這些初期的投入或虧損而對開拓國際市場縮手縮腳，失去了一些很好的機會。俗話說，千做萬做虧本生意不做。在開拓國際市場初期，有可能會吃虧，但不能因此而停止，更不能倒退。做生意就要敢於吃眼前虧，就要敢於承擔風險，有風險才會有收益，眼前虧正是為了長遠賺。中國南方某省進出口公司向美國一家大連鎖商店出口了 40 個集裝箱的大理石板，初次生意，賺了不少，公司當然很高興。但兩三個月過後，該商店僅賣掉 10 箱大理石板，其餘都積壓了，商店進口部經理希望該公司能先購回 20 箱，讓他有點錢進別的貨，否則老闆怪罪下來，他吃不消，而且他也答應另進的貨包括以後進貨都可以考慮向該公司購買。應該說這是一個體現企業有實力，以誠相待，願意承擔風險，保護銷售渠道的機會。但是很遺憾的是，一經交涉，中方的回答是，帳都結了，錢也入庫了，叫我怎麼辦？結果可想而知，生意就此一筆，一個很具實力的進口商就這樣丟掉了。這裡面當然有體制上的原因，但在現在改革的時期，許多還是事在人為，努力一下，此事未嘗不能解決，關鍵還是在於一個觀念。相比之下，一些外國企業為了占領他國市場所做的努力確實令人欽佩。日本汽車商為了占領美國市場，花了整整十年，投入資金數億美元，但在十年後取得了數十倍的利潤回報。

4. 缺乏風險思維

觀念更新的另外一點是企業領導要增強冒風險的意識，發展外向型，參與國際競爭。沒有風險就沒有收益。國際市場上強手如林，企業要準備面對經驗豐富、實力雄厚的國際行銷商的各種挑戰；國際市場上的風雲多變和特殊環境，可能使企業的銷售成本上升而造成無利可圖；形形色色的貿易保護主義和不同的商業習慣，甚至有可能招致外商拒收或拒付，所以國際行銷的風險要比國內行銷的風險大。加之我們的一些產品質量不穩定，外銷功能薄弱，外銷渠道不暢，售後服務不易跟上，

第二章　國際市場行銷主體

出口的風險提高了。其結果是，企業往往把目光盯著又保險又熟悉的國內市場，國際市場則是可有可無，或僅僅是為了應付上級部門下達的出口指標而已。要把企業領導的觀念從保險型、保守型轉到風險型。要意識到商場如戰場，無常勝將軍，特別是在國際市場上，變化快，風險大，企業要有承受短暫挫折的思想準備，不以一時的成敗、盈虧論英雄。從更高層次來說，這種風險也是客觀存在的。不管企業是否進行國際行銷，中國市場與國際市場的互相開放，將使中國成為國際市場的一部分，如果企業現在不冒點風險，通過國際行銷提高自己的競爭力，那麼蜂擁而來的外國商品進入中國市場與中國商品競爭時，企業的風險和麻煩就會多得多。

此外，風險回報機制的不合理和風險獎懲的不對稱也是導致從事國際行銷的企業領導不願意冒風險的原因。對於國際行銷，企業領導個人要承受較高風險，失敗的責任往往由領導者擔負，而成功的回報無論從收益還是其他方面領導者往往所得甚少。基於個體利益最大化考慮，很少有領導者願意這樣做了。還應該指出的是，冒風險就必然有成功與失敗，但是我們對於失敗的極低容忍度和誇大化使得功過難以相抵，再大再多的成功都不足以挽回一次失敗。在體制和文化雙重因素的作用下，對風險的謹慎和迴避就成為中國外貿企業領導者的決策邏輯，而這也不能單從改變觀念來解決。

二、國際行銷能力薄弱

1. 產品缺乏競爭力

過去，中國出口產品在國際市場上一直號稱「一流產品，二流包裝，三流價格」，但是實際上並沒有擺脫低質低價的局面。這些年，隨著中國經濟迅猛發展和國力提升，產品的生產能力和技術水準有較大提升，外貿出口額有較大增長，出口產品也遠銷歐美市場。而且中國出口產品不再是傳統的玩具、服裝和鞋類等，也涉及一些高精尖領域，如手機、無人機、高鐵等。但總的來說，這些產品的核心技術並不掌握在自己手裡，受制於人不利於我們適應國際市場未來發展的需要。2018年美國制裁中興事件可以說正是這一狀況的反應。此外，中國外貿出口的增加主要是出口產品量的增加，外貿出口依存度已達20%，國內經濟也在高速發展，這在一定程度上引起了國內資源的緊張。出口產品的機會成本越來越高，直接經濟效益卻低下。這些已開始制約出口總量進一步擴張。

出口產品缺乏核心競爭力的原因是多方面的。一方面，工業基礎薄弱、工藝技術水準落後是主要原因。另一方面，起步晚、研發投入不足導致中國製造（Made in China）如同一張代表低層次產品的標籤，這是必須承認的事實。雖然這幾年通過不斷地引進技術與改進技術，有一些產品步入世界先進水準行列，一部分商品進入了中、高檔的行列，在質量上已經可以和外國產品一比高低。但是總體上產品在工藝技術性能指標上仍然與發達國家有巨大差距，一些技術甚至落後先進國家數十年。

國際市場行銷

比如，作為中國合資汽車代表的上海桑塔納普通型轎車，在幾年前才停產，而德國在 20 世紀 80 年代就停止生產了。李克強總理提到，中國甚至連配套圓珠筆的筆尖部件圓珠都不能自己生產，這種狀況也不過是當前中國工業水準的縮影。工業發達的中國上海出口的上百種大類商品，絕大多數是低檔低值的產品，高技術產品幾乎沒有。同時，來自墨西哥、印度尼西亞、越南等勞動力便宜的國家的產品在國際市場上也很有競爭力。中國曾經由勞動力資源優勢所帶來勞動密集型產品的競爭力也正在逐步被更具勞動力優勢的國家與地區取代。比如，搪瓷燒鍋是中國出口的大宗產品，但近年越南出口的同類產品報價很低，這在相當程度上也壓低了中國搪瓷產品的出口報價。

此外，對現代整體產品的理解還有所缺乏。按照行銷學的觀點，產品整體概念可分為三個層次，分別是核心層、形體層和附加層。國際市場上的客戶對產品的第二層、第三層需求很看重，但我們的出口產品往往在這兩個層次上缺陷很大。比如不重視包裝，這是外貿出口的一個老毛病。在連鎖商場裡，包裝就是廣告，包裝不起眼，起不了推銷作用，再好的商品也會失敗。美國人的「即興購買」，實際上是購買商品的包裝，包裝本身就是一種商品。中國大陸和臺灣都向日本出口烏龍茶。論質量，日方認為大陸的優於臺灣，但包裝上臺灣早已改成硬紙板箱，而大陸的包裝仍是幾十年一貫的木箱。方型木箱每邊釘 24 個鐵釘，六面則足足有 576 個釘子，木箱確實牢固，但日方要用電鋸才能鋸開，費工又費時。日方經理要求改變一下包裝，但要求得不到滿足，他們就轉而更多地向臺灣訂貨。出口商品不能按時交貨也是一大問題。歐美市場很趕季節，聖誕節、復活節，一年就那麼幾次購貨高潮，誤了交貨期，對方受損失，中方的信譽也就掃地，許多外商把這種風險都計算進去，最終報價自然也就低。在產品的附加層上，沒有真正提供實實在在的顧客利益讓渡，更喜歡玩花樣、搞形式，為了吸引眼球追加無效服務必然無法獲得消費者的青睞，也增加了消費成本，如前幾年中國式車展上的大量美女就屬於這種性質。更有甚者，一味追求產品外層面的東西，把最核心的基本性能和效用忽略了，嚴重損壞產品形象。

2. 促銷水準低

中國企業在過去進行國際行銷是基於「酒好不怕巷子深」的傳統認識，不重視促銷投入。儘管國內的傳播媒介已充滿著商業性的廣告，從口香糖、手錶到汽車、住房、國貨、洋貨應有盡有，但在海外市場極少看到中國商品的廣告。許多企業捨不得花錢做廣告，一是怕廣告的費用，在廣告如海的商品世界，扔下幾萬美金可能根本不見影子；二是怕廣告的效果，如果做了也沒人買，還不如不做，省點錢把價格壓低一下，這往往會陷入一種惡性循環。現今中國企業的觀念得到了轉變，捨得也願意花錢甚至花大價錢做廣告，甚至屢屢出現不少天價的廣告標王。但是廣告策略和廣告製作水準較低，廣告理念還停留在知名度上，通常還是以強化式的轟炸為主要表現手法，完全沒有達到熟悉度和美譽度的層面。另外，廣告市場缺乏監管，

第二章　國際市場行銷主體

導致虛假廣告的泛濫和不負責任的宣傳，對於我們走向國際也會形成巨大阻礙。

3. 缺乏對優質品牌的維護

現今國際市場上的中國企業，應該都有了品牌意識，知道品牌的價值和知名品牌所帶來的巨大利益。曾經中國大量貼牌生產的產品辛辛苦苦做出來卻連品牌所有者的零頭都掙不到的尷尬地位讓中國企業也下決心建立自己的優秀品牌。但是，在這一過程中，大都是單槍匹馬，孤軍奮戰，你走你的陽關道，我走我的獨木橋，很少有同行共同開拓市場的情況。中國出口的電視機有數十種品種，比日本多得多，但出口的量遠不及日本一家電視機廠的出口量，出口的價格也極低。為什麼不可以聯合發揮品牌的規模效益呢？這樣做顯然對聯合各方都有直接的好處，究其因，寧做雞頭不做鳳尾的傳統想法深深地影響著許多企業的領導，從而難以形成各種規模效益。更值得一提的是，我們在品牌維護方面的問題遠遠大於創建品牌本身，沒有意識到維護品牌同樣重要，維護也是應該花大力氣和大價錢的。常常是，好不容易創立了一個良好的品牌形象，卻坐享其成，不考慮後期投入，甚至偷工減料，自毀前程，把自己建立的品牌砸在自己手上的例子並不少見。此外，中國對市場的監管缺失，導致知識產權的保護不力，假冒偽劣產品的泛濫也是品牌維護不力的又一原因。

4. 出口渠道不暢

中國企業的產品出口很大一部分是通過專業外貿公司收購，然後再轉售給中國香港、臺灣等地的中間商實現的。由於國際市場上產品價格競爭都很激烈，這中間層次越多，費用就越多，生產企業得到的收益也就越少，往往會造成外銷不如內銷，企業沒有生產積極性。另外，層次越多，信息反饋就越慢，對市場的反應也就越遲鈍。某市機電行業在香港舉辦產品展銷會，買賣雙方見面，買方可以直接向賣方詢問並得到滿意的答覆，這增強了買方（也可能還是中間商）的信心，使外銷價普遍高於外貿並公司收購價的10%。

5. 價格缺乏靈活性

中國產品的市場價格由於長期受到過去計劃體制的影響，一直以來都被政府嚴格管控，可變性和靈活性差，企業也缺乏對價格的掌握，更談不上價格策略的運用。市場開放之後，雖然國家對價格的控制有所放鬆，但是仍然有相當的產品屬於國家定價的範圍。此外，基於一些宏觀經濟因素的考慮，國家仍大量存在限制和支持價格，企業難以靈活運用價格。國際市場需要有很強的適應性和靈活性，價格的多變與適應同樣對於企業占領市場、維持利潤和打擊競爭意義重大，缺乏對價格的靈活把控就失去了一項重要的生存手段。此外，一些企業保守的定價意識，如主要以成本加成為定價手段，也是我們價格缺乏競爭力的因素。

6. 缺乏產品質量定位意識

過去，由於我們工藝技術水準落後，產品質量一直難以提高，所以提高產品競爭力的關鍵還是在於提高產品的質量。但是無論是低檔產品還是高檔產品，都有一

國際市場行銷

定的質量標準。不能認為低檔產品就一定是低質產品。鉛筆是低檔產品。美國某商人從中國進口了4,460萬支鉛筆,有許多鉛筆的筆芯不在中間,橡皮頭掉落了,漆擦掉了,根本達不到起碼的標準。豬鬃出口到瑞士,以前貨到港口後,對方根本不用開箱便可直接送往工廠,可是現在他們不得不一一過目,因為不夠質量標準的貨太多了。香港陶瓷商會在給內地有關部門的一封信中說:「歷來有『白如玉、明如鏡、薄如紙、聲如磬』的景德鎮名瓷青花、玲瓏、粉彩、顏色釉,現在差不多成了『白如泥、明如霧、厚如磚、聲如石』的劣等瓷器,瓷都的產品質量嚴重下降,並且這種下降都是粗制濫造、把關不嚴等人為因素造成的。」質量問題已經嚴重地損害了企業的出口創匯和經濟效益,影響了國家的對外貿易甚至國家聲譽。提高產品質量已經成了提高國際競爭力的關鍵。特別是中國加入WTO後,產品質量如何同國際市場上的產品接軌,已經是當務之急。許多企業還沒意識到這一點或是「只聞雷聲,不見雨點」,說得多,做得少,未採取質量達到國際標準的具體措施。其實國際標準在國際上是一個最起碼的標準,而每一個企業為了其產品能在國際市場上有競爭力,制定的標準往往高於這個最低標準,例如,中國機床出口的支柱企業——濟南第一機床廠近兩年來就一直執行著「內控標準高於國際標準40%」的原則。該廠產品儘管售價有所提高,但出口機床還是供不應求。提高產品的競爭力是個系統工程,需要社會各方面的支持,但首要的是企業,是企業領導的決心和行動。中國市場正越來越靠攏國際市場,能不能在國際市場上生存就看產品的競爭力,這是任何人都不能等閒視之的大事。

另外,當我們產品質量有所提高後,質量經濟意識卻又沒有跟上。要認識到質量只是手段而非目的,質量是為了效益服務的,忽略經濟效益、盲目提高質量的做法是得不償失的。提高質量的過程中邊際成本遞增,而質量提高的邊際收益遞減,任何市場只可能有一定的可行質量區間,而質量區間和最佳質量點的位置取決於技術經濟水準和市場消費能力。我們曾經也有由於過於在乎提高質量反而失去海外市場份額的事例。所以,掌握市場信息、進行準確的質量定位才是理性的質量行銷意識。

三、國際行銷缺乏協調與配合

1. 國家與企業之間的協調與配合

企業是國家實力的基礎。一國的對外經貿主要依靠企業的國際行銷,企業的成敗是與國家的利益緊緊連在一起的。因此儘管在資本主義國家裡強調自由競爭、國家不干預,但在對外行銷方面,各國政府都給企業以直接的或間接的支持。有些支持大企業的海外拓展,如日本、韓國;有些扶植中小企業的出口創匯,如美國、西歐。卡特爾在許多國家是禁止的,但在對外經貿中是允許的甚至是受鼓勵的。中國政府對企業的外向型發展也給予積極的支持。為支持擴大出口,國家根據國際通行

第二章　國際市場行銷主體

規則出抬了一系列擴大出口的措施，包括在信貸上給予充分保證、連續提高出口退稅率、加強出口保險的保障力度等一系列優惠政策，但也有諸如退稅款不能及時到位、答應供應的原材料也不能保證、規定的獎勵不兌現、對條例規定的企業進出口經營權遲遲不予落實等困難。有的上級部門迫於壓力，對具備條件的企業不得不在出口經營權上開了口子，但又附加種種限制，包括劃定出口地區和出口數量，企業外貿出口必須通過指定的一個口子等。除了政策規定的硬條件支持乏力外，外向型企業還缺乏軟的，卻是同樣重要的信息、諮詢、內外部協調、配合等方面的支持。

對絕大多數企業來講，缺乏信息是他們最為薄弱的環節。不要說中小企業，就是大企業也因國際商情不靈，很難掌握出口主動權，只能是抓到一個算一個，單槍匹馬闖天下。一些企業也做過嘗試，如上海第二紡織機械公司前幾年裡曾先後向近30個駐外使館寫信，希望能獲得一些當地的市場信息、產品信息，但正式回覆的僅有三家。一些企業試圖在海外設點，但因資金問題、人選問題和審批問題，也是孤掌難鳴，難成氣候。出國考察，因時間極其有限，市場調查只能蜻蜓點水，走馬觀花。委託調查，企業還很不習慣，加之資金和現有的諮詢機構的能力限制，進行者也是寥寥可數。上海現有20家左右的涉外諮詢企業，但規模小，宣傳少，且主要為外商來華投資服務，對國際市場信息瞭解也甚少。中國國際貿易促進委員會在各地的分會均設有信息部，但活動基本上處於「願者上鉤」的狀況。不少省市在港澳設有專門的信息機構，但面向企業的服務太少，許多企業根本不知道有此類機構。由於得不到足夠的和及時的信息，企業的國際行銷活動受到了很大的限制。而對於大多數企業，這種制約在短期內靠企業自身是無法解除的。

從各國和地區外向型發展的經驗來看，成立強有力的對外經貿服務機構，向出口企業提供優質服務是必不可少的。對此，政府能起到關鍵的作用。中國香港地區和新加坡半官方的「貿發局」，韓國的「資源情報對策委員會」，英國的「海外貿易委員會」，美國商務部的「貿易機會程序」「全球信息和貿易系統」，巴西的駐外商務代表等都直接給企業特別是中小企業的國際市場開拓以信息或與信息有關的資金方面的大力支持。我們的企業現在很需要政府給予這方面的支持。

2. 企業之間的協調配合

外貿體制的改革，外貿經營權的下放，使各地湧現出數百家外貿公司，許多生產企業也獲得了外貿代理權或自營權。這大大地推動了外向型經濟的發展，但也帶來了一系列新的矛盾與衝突，有些還相當突出，並且在現行激勵機制與政策下，光靠企業自己是無力解決的。

（1）各地同行出口企業間競爭激烈。同行企業為爭外商，互相殺價、互相拆臺、自毀優勢。從農產品、礦產品到輕工產品、機電產品，屢見不鮮。並且由於各地政府對出口企業的優惠、扶植政策不一樣，這種競爭失去了公平的基礎。上海模具公司出口的模具歷來質好價高，現在幾個口岸競相壓價，外商也掌握了規律，利用各地的差價來壓價。雲南某企業報的出口到岸價比上海報的離岸價還低10%，使

國際市場行銷

經營模具出口已無利可圖。中國自行車去米蘭參展，同一展臺上的 BMX 車，某地的售價為 29 美元，已屬很低，而另一組竟同意壓價到 16 美元，血本無歸。連帶隊的政府官員也無法協調，儘管這是其職責範圍之內的事。難怪有人稱一些企業是「外戰外行，內戰內行」。這種內耗為不公平競爭，使許多生產企業大傷元氣，對出口失去了信心。現在一些行業協會，如中國機電產品進出口商會、中國食品土畜進出口商會已開始注意這個問題，並採取一些措施。這對公平競爭、協調價格、維護國家利益和正常的外銷渠道起到了很好的作用，但這樣做的商會為數不多，且還缺乏足夠的權威性。

(2) 工貿之間矛盾不斷，關係緊張。由於大多數企業的出口仍是通過外貿收購進行的，而現行體制下，工業與外貿部門的考核指標是不一樣的，前者是利潤、質量和產值，後者是收匯額、換匯成本、履約率與交貨量。雙方為完成這些指標，出發點就不一樣，出現了創匯與創利的矛盾。因為在目前國內價格與國際價格脫節的情況下，一些工業部門產值高、利潤高的產品，卻是外貿部門創匯很低的產品，而外貿部門創匯高的產品，卻是生產企業利潤低，外銷不如內銷的產品。特別是工貿都有各自的利益機制，因此作為買賣雙方，經濟利益往往會發生衝突，收購價的任何起落，總是有利於一方，而不利於另一方。外貿部門為了自己的利益，還常常封鎖信息，不讓生產企業與外商見面，致使作為出口創匯主力軍的生產企業積極性大大受挫。加快推行外貿出口代理制，組建工貿聯營企業、工貿合一企業，擴大自營出口企業等都是解決這一矛盾的途徑。但這也引起了另外一些問題：代理制的實施大大加重了生產企業流動資金的負擔，而一些外貿公司則坐收 2%～3% 的代理佣金，享有進出口自主權的企業在出口需配額的產品時，與手中握有國家分配的外銷「配額」的專業貿易公司處於不平等的競爭狀態，有限的配額未能為國家創造最高的利潤等。這些都需要政府出面給予支持和協調。

(3) 出口生產企業與原料產地的矛盾。由於各地都要發展經濟，地方主義的色彩也愈來愈濃。許多原來供應原材料或半成品的地區或企業也辦起了加工製造廠，結果，最好的生絲留在了地方小絲廠，最好的菸葉進入地方制菸廠，棉花首先保證供應本地紗廠。但由於這些地方企業的設備、技術、人員、管理都不及原來的出口生產企業，高檔原料加工出了中、低檔產品，而專業生產廠家只能用中、低檔原料去生產出口產品，有時還不能獲得足夠的供應。進口原料問題由於企業的留成外匯有限，且使用又有很大的限制而不能從根本上解決。因此，出口產品常有質量下降、不能按期交貨的現象。如何通過經濟手段使原料生產企業或上游企業樂意把原料與半成品給專業生產廠家，以保證出口創匯，也需要政府的協調和支持。

(4) 專門化生產企業與交叉性產品需求的矛盾。正如自然科學、社會科學出現交叉學科、邊緣學科一樣，消費領域產品也出現了交叉邊緣的趨勢。但我們的生產體系主要還是原來的按部就班、分工明確的模式，難以很快適應這一趨向。而且隨著產品結構的調整，外向型層次的加深，會有更多的這種跨行業、跨地區產品的需

第二章　國際市場行銷主體

求。能否盡快形成一個社會化、專業化、大協作的生產機制，一要靠企業的自我協調意識，二要靠政府的指導與幫助。

以上四個方面的問題，雖然不是現今中國外向型企業所面臨的全部問題，但確實是一些阻礙我們進軍國際市場的主要因素。要想進一步發展外向型經濟，企業家們首先要解放思想，樹立新觀念，要有一股敢於闖蕩、敢於冒險、敢於勝利的勇氣，同時要悉心研究市場經濟、市場行銷的內容，瞭解不同環境下的顧客、合作夥伴與競爭對手。各級政府也要從政策上和具體行動上給企業開拓國際市場以有力的支持，包括企業與企業之間、地區與地區之間的協調與配合。值得慶幸的是，不少企業家和政府官員已經注意到這些問題的嚴重性並開始做出努力去加以解決。

● 第三節　中小企業如何發展國際市場行銷

當我們說起國際市場時，腦子裡往往會很自然地浮現出諸如可口可樂、通用電氣、索尼、豐田、菲利浦、大眾、愛立信等國際性公司，看著它們無處不在的促銷廣告，動輒數億元美金的投資，獲取更多的國際市場份額或進入新的戰略領域，似乎只有這樣的大企業才能在國際競爭中叱吒風雲，穩操勝券。其實，這是一種片面的看法。這些巨型跨國公司憑藉其強大的實力和地位在全球範圍內展開競爭，它們確實是國際市場上的主力軍，但是正如任何國家的社會生產都是建立在大企業與中小企業相結合的基礎上一樣，中小企業在國際市場上也占著半壁江山，起著不可替代的重要作用。隨著各國間經濟、文化交流的不斷增加，關稅與非關稅壁壘的打破，交通、通信的日益完善與現代化，國際經濟一體化、全球化的趨勢愈來愈猛烈，國際競爭也愈來愈激烈。這迫使眾多的中小企業加快了步入國際化乃至全球化的行列。無論是高科技風險型公司，還是一般製造業或服務業的企業，都在尋求著國際行銷的機會。國際市場成了它們主動出擊或以攻為守求生存、圖發展的重要戰場，並取得了令人注目的成績。

即使大型企業居全球首位的美國，20世紀末期以來出口的增長主要就是靠不起眼的中小企業。美國小企業管理協會的一項調查表明，員工500人左右的美國小企業中近40%有出口業務。1987年，7,000多家中型企業的海外投資要比年銷售額在五億美元以上的近500家大型企業在海外的投資額還要大。德國數千家中型企業是德國屢屢成為全球出口冠軍的大功臣，特別是其中的近百家企業，人數在3,000左右，年銷售額3億美元，擁有海外子公司數十家，但市場份額在自己的領域裡平均占到了世界市場的25%左右，有的甚至高達80%。日本製造業的中小企業過去只是作為大企業忠誠的分包商，為他們生產零配件。隨著日元的持續升值，中小企業也開始大舉進軍海外，在開發高附加值產品、提高技術、促進銷售上越來越獨立。在

國際市場行銷

中國，中小企業占到全國企業總數的98%以上，沿海地區數以萬計的中小型國有企業、鄉鎮企業、三資企業是中國目前出口創匯、發展外向型經濟的主力軍。

中小企業是在規模、勢力、資金、人員等方面相對於大企業來說都處於劣勢和相當弱小的企業，雖然各有種劃分大中小企業的依據，但是要找出一個通行的和各方面都能接受的方式還是比較困難的。就一般而言，中小企業就是相當於大企業而言在各個方面的規模都比較小而已，這樣對於我們瞭解和把握中小企業的特徵並不會形成太大障礙。

傳統上對中小企業的看法是中小企業生存艱難，實力弱小，沒有優勢，被大企業排擠和打壓，在大企業的夾縫中勉強生存。小企業的唯一發展思路就是想盡辦法做大。這些基於過去條件形成的定式思維放在今天來看，錯誤就比較大了，如果再這樣看待中小企業，必然不利於指導中小企業的發展。所以改變對中小企業認識的誤區是中小企業尋求發展的當務之急。更新認識主要體現在以下幾個方面：一是大企業與中小企業之間並沒有太多的競爭，也沒有太多打壓與排擠中小企業的情況。應該說大企業與中小企業之間是井水不犯河水的狀況，大企業與中小企業各有各的生存領域和市場空間，相互之間交集不多，競爭無從談起。一些領域，比如鋼鐵、化工、汽車製造等小企業不可能涉足，而像小型零部件加工、社區服務業等，大企業也無法參與。不同領域的生存和發展方式完全不一樣，很難交融。關於這樣各自平行的發展，談所謂的排擠與打壓就沒有依據了。二是大小企業之間不但沒有敵對與衝突，反而更傾向於合作。在大企業主要業務中必然有很多配套和輔助的小業務，這些小的業務大企業不可能也沒有必要都由自己完成，這就需要大量中小企業的支撐，由它們來完成這些瑣碎的工作。沒有中小企業的協助，大企業恐怕難以有效發展，這些中小企業常常作為大企業全球生產網路中不可缺少的合作者 、專業化協作者隨大企業一起進入各國市場。同時，正是大企業這些附屬業務也給了中小企業生存的空間和盈利的機會。像包裝、配件等大企業看不上的業務卻正好是中小企業的天地。所以它們之間更有一種共生關係。三是現在的市場環境，越發有利於中小企業的發展。現在市場環境的複雜性和多變性在加強，而這顯然是有利於小企業的。當今條件下大企業的傳統優勢，如規模、資金、影響力等正在逐步喪失作用，而小企業的優勢日漸突出，快速機動、適應性強、市場反應靈敏等特徵更加重要，傳統的規模、資金劣勢在互聯網時代已經不是很重要了。這是一個適合小企業發展的時代，大企業的生存反而需要擔憂了。四是中小企業沒有必要也不太可能成長為大企業，各自領域不同，經營的方法有差異，並非靠累積就可以實現轉型。大企業不再像過去那樣必然歷經中小企業階段，在新的投資模式下通常都是一步到位形成的，沒有哪一家企業等得了多年的緩慢成長，否則會錯失太多市場機會。

中國企業起步和發展相對較晚，大部分的規模與實力都遠不如國際市場上的企業，相比之下都應該屬於中小企業的範疇，就應該按照中小企業的發展思路來開拓國際市場。在克服觀念和認識上的障礙之後，在國際市場上開展行銷活動需要高度

第二章　國際市場行銷主體

關注以下四點。

一、注重國際市場信息的收集與調研

　　國際行銷機會的獲得很大程度上依賴於準確而及時的信息，大企業通常都有自己遍及全球的商情信息網路，他們所做的各種行銷或投資決策主要依賴於公司的情報信息系統。而信息的獲得與適應效率一直以來都是中小企業的軟肋，獲取信息的相對成本遠遠高於大企業，所以中小企業當然不可能有像大企業那樣豐富的國際商情網路。此外，信息帶來的回報有在絕對效能上與大企業相距甚遠。要想成功，中小企業必須十分注意收集國際市場信息，特別是從成本低廉、內容豐富的二手資料中汲取有價值的信息。例如，美國的中小企業都非常樂意使用從屬美國商務部的機構和外國商務局提供的包括出口諮詢、市場調查、尋找代理商或經銷商的各種服務，它們也常常從年會費僅為 250 美元的世界貿易中心的全球網路中獲得有關貿易展銷會、出口洽談會、貿易團出訪、貿易機會等有價值的信息。加州一家專門生產急救醫療器械的公司主管認為，他的公司之所以能順利開展出口業務，得益於他充分利用商務部系統和世貿中心系統提供的信息服務。他和他的銀行通過加州的世貿中心系統，找到在各國經銷該商品的客商：在中國香港，他通過當地的世貿中心系統建立起遠東銷售網；在韓國，他在美商務部駐首爾辦事處的信息庫裡，為自己的產品找到合適的經銷商。中國香港數以萬計的中小企業之所以能通過這塊彈丸之地在國際市場上大顯身手，很大程度上得益於香港貿易發展局和美國鄧白氏商業國際有限公司在港分支機構等提供的多層次信息服務。如先從《國際商報》《國際經貿消息》《中國貿促報》《國際市場》《世界經濟科技》等報紙、雜誌上剪下有用的消息，分門別類地編輯，再通過長期的累積和跟蹤，整理出大量有用的信息，為發現海外市場機會提供有力的支持。

　　對長期封閉在國內的中小企業來講，能夠有機會獲得國外第一手資料是很寶貴的。畢竟發現海外市場機會最有效的辦法是到國外去看一看，比一比。在日本，與豐田、索尼、三菱商社、雅馬哈等一樣有名的尼西奇股份公司是一家只有 700 人的中型企業，卻是世界上最大的尿布專業生產廠，年銷售額 5,000 萬美元以上，產品遠銷全球 70 多個國家和地區。該公司的成功很大程度上應歸功於收集信息。他們做出專門生產尿布的決定就是從日本政府發表的人口普查資料中得到啟發的。公司一位經理隨旅遊團訪問中國，每到一處，不是醉心名勝古跡、瓷器古董，而是打聽中國的尿布市場信息，並收集中國的尿布。短短數天的遊程，他竟收集到十幾種中國尿布，令中國陪同也大吃一驚。他們從中國零布拼湊的尿布得到啟發，生產出了更加豐富多彩的尿布，打入了國際市場。中泰合資的上海易初摩托車有限公司明文規定：任何人員出國，從總經理到修理工，不管公差任務是什麼，回國後必須交一份當地市場的調查報告。公司由此獲得並編寫了許多有價值的市場信息，對開發非洲

國際市場行銷

和東南亞市場起了積極的作用。

當然，現在的情況有所改變。互聯網時代的到來，使得大量信息能夠在網路上幾乎以零成本的代價獲取，這就得使得中小企業在信息獲得方面的劣勢不再明顯，中小企業的發展又有了利好的一面。但即便如此，中小企業也不能放鬆在這方面的努力，畢竟專業、有效的數據信息仍然是要付費的，而且信息的作用效能永遠沒有辦法與大企業比較。

二、拾遺補缺，在大企業顧及不到的地方尋求發展

國際市場上的許多商品是為大企業所壟斷的。特別是對諸如汽車、工程機械、石油化工、醫療器械、家用電器、藥品、食品等價格貴或需求量大、通用性強、購買頻率高的商品，大企業之間會展開激烈爭奪。大企業依賴大批量生產方式，充分發揮生產和行銷上的規模效應，這是小企業望塵莫及的。然而，大批量生產方式必然會引起分工協作的發展。在現代生產體系中，大企業想真正獲得規模效益，謀求利潤最大化，就必然會擺脫樣樣都由自己生產這種傳統體制，把相當一部分零部件或加工過程、裝配過程轉移出去，求助於社會分工和協作，而把自己有限的資源集中到產生附加值最高的那些環節。這些大企業顧及不到的邊角料市場就為中小企業在國際上的發展提供了機會。由於大企業與中小企業各有其優點與不足，因此對大企業來說，效率不高、效益不好的產品，可能正是中小企業能發揮優勢的產品。成功的中小企業非常注意避免直接與大企業競爭，而是盡可能與大企業合作，做大企業發展中必不可少的夥伴。在國際市場行銷中，合作往往比競爭更有利於中小企業的發展。

瑞士的羅技電子集團，創立了十多年，始終把為大企業配套作為企業發展、走向國際市場的途徑。它為了為 IBM、Compaq 等大型電腦製造集團配套生產鼠標，在全球範圍內選擇了三大生產基地，研發出幾百種不同型號的鼠標以滿足大公司的不同需要，成了這些大公司在國際競爭中不可缺少的夥伴。

中小企業的人、財、物力都有限，但如能利用得當，也可以找到合適的機會，大有作為。產品不在大小，只要國際市場有需求，小產品也會有大市場。美國 JHB 公司就是由三位不滿意美國紐扣市場供應狀況的家庭主婦開創的。她們抱怨在美國買不到質量好、分類細、包裝小的紐扣，便決定自己成立公司，從遠東進口紐扣，在美國經過分類、包裝、加工再銷往國內外，且數年之後，公司就在全美布點並向海外開拓。有哪一家大公司想到要為全世界的觀賞熱帶魚提供精心配製的飼料？在大公司眼裡，這或許是個又小又特別的市場，無暇顧及，或根本沒想到過這是一個國際性的市場。但是，德國一位貝斯博士從這裡發現了很好的機會，他在 1955 年創辦了 Tetra 公司，專門生產和銷售這種很特殊的小產品，現在年出口額高達 2 億美元。

第二章　國際市場行銷主體

　　隨著國與國之間各種層次交流的增加，許多在人們眼裡根本不可能出口的東西也開始走出國門。美國一家生產面圈機器的小公司把這種機器出口到加拿大和歐洲，居然大受歡迎。一家生產汽車擦洗系統的公司把這種設備出口到中國、俄羅斯等幾十個國家，年出口額也達到 5,000 萬美元。非洲在許多人眼裡是個貧窮、落後、購買力低下的地方，大企業興趣不大，但中國的自行車、縫紉機、手錶、抽水機和日用雜品在那裡發現了很好的市場機會。最近北京的金龍牌平板車也以散件形式出口到了坦桑尼亞，大受歡迎。連該國總統也稱讚說這為非洲人民做了件好事。因為非洲道路條件差，許多路不能通汽車，自行車的裝載又有限，而平板車能兩頭兼顧，於是從未有出口歷史的平板車在非洲找到了用武之地。

三、在專門化的原則下開拓海外市場

　　即便避不開大企業的鋒芒，巡演之間面對與大企業競爭，中小企業也不必過於擔憂。利用市場細分以優勢取勝往往可行。隨著經濟的發展和消費水準的提高，市場逐漸細分成不同的部分。市場越是細分，由一個大公司來控制市場的可能性就越小，中小企業參與競爭的機會就越多。成功的中小企業會把自己有限的資源與能力集中在某個細分市場上，精於某個產品或產品線，力爭做這一類細分市場中的老大。他們依靠自己獨特的技術、專利或產品在某個專門化領域、某個細分市場上發展壯大，極少分散到其他領域，也不會為其他行業暫時的高利而心動，倉促投資。他們首先使現有的產品或產品線通過地域的拓展發揮規模效益和已有的競爭優勢，利用海外市場機會，跨越國界，打遍天下。

　　德國的數百家出口小巨人是執行這一原則的行家裡手。他們認為風險分散化戰略有悖於他們的特點。一位高級經理總結道：「如果你是中小企業，你要進攻的陣地必須是狹窄地，你最好將你的業務對準某個細分市場。如果你是集中目標的話，你就必須為你的專門化在全世界尋找客戶以補償研究與開發的投資和達到規模效益。」這些企業生產諸如鮮魚加工機械、紙張切割機、控制測量儀、熱帶魚飼料、溫帶植物種子等數百種專門化的一流產品。這些企業在某個細分的世界市場上，穩步擴大佔有率，不斷發掘機會。

　　中國現在也有不少中小企業開始了國際化經營，但其中許多企業對國際化經營沒有一個明確的策略，被國際市場上各種各樣的機會所迷惑，覺得這個可賺錢，那個也不錯，風聞什麼產品暢銷，就一擁而上，眼見哪種方式有效，就紛紛模仿，沒有自己的特色，什麼都想抓。但在大公司和專業化的中小企業競爭面前，他們往往什麼事也做不成。中科院所屬聯想計算機集團是為數不多能堅持其發展方向的國際化企業之一。公司以高科技的聯想微機風靡國際計算機市場之後，國外企業紛紛找上門要求與它合作，機會很多，但公司並沒有忘乎所以，不是一上來就撲向美國、德國等計算機公司眾多的國家，也不是一下子就再開發新的產品線，他們採取了一

國際市場行銷

種謹慎而積極的國際化發展策略，先是在香港建立了一家銷售合資公司，取得經驗後，又在香港建立起一個生產基地，然後再去美國等尋找市場機會。公司把銷售收入中相當一部分再投回聯想機的擴充與提高，始終抓住聯想微機這一細分市場做文章，牌子越做越響，公司越做越大。

四、充分發揮自己的優勢

參與國際市場競爭，需要的決定性因素不是企業的大小，而是企業的相對競爭優勢，中小企業在尋找和開拓國際市場方面，由於規模小，在資金、技術、信息、人力等各方面較之大企業有許多困難。但正因為小，可以發揮靈活、適應性強、調頭快、容易鑽空檔、找缺口、集中力量專門化等特點。大有大的難處，小有小的優勢，只要注意揚長避短，發揮自己與眾不同的特點，小企業也能在強手如林的國際市場上發掘機會，站穩腳跟。

在一個越來越強調變化、快捷和個性化的時代，決策果斷是中小企業在國際市場上競爭的一個非常有力的武器。沒有繁瑣規則的限制，機動、快速、靈活的應變力在當今市場上大有用武之地。借中國改革開放之際來華投資、做生意並賺到超額利潤的，主要是成千上萬個敢冒風險、抓機會的國外中小企業。而大公司大規模的生產體系、層次分明的官僚組織結構、規範化的決策系統使得其對許多好機會無法及時捕捉，對市場所需要的小批量、多品種、個性化的產品難以很好地提供。擁有權與經營權的分離以及風險可能影響大企業的總體形象或給無形資產帶來損失，使得大企業的經理們對風險普遍持有比小企業經理更為慎重的態度，這或許也就是直到 20 世紀末，大公司才姍姍來到中國市場的一個原因。

另外，抓住機會的同時也意味著擔起了風險。成功的中小企業在國際市場上能發現並抓住機會的一個重要原因是果斷決策、敢冒風險。現代新型的風險投資機制使得中小企業不再由於抗風險能力低而對於風險較高的行業畏手畏腳，反而許多中小企業都為私人或家屬所擁有，經營者與所有者往往集於一身。只要有機會可抓，有利可圖，他們就敢冒風險。利用相對規模小，機制靈活，中小企業主管對情況瞭解得透，有情況可迅速反應。當然，敢於承受風險並非盲目地冒險。風險越大，成果也越誘人。

對經銷商和客戶的意見及時做出反應是中小企業能夠在國際市場上發現機會並抓住機會的另一個重要原因。而國際性大企業以其擁有的開創性技術和全球密布的銷售網，自覺或不自覺地以教育客戶的形象出現，客戶反應意見的渠道很長，中途往往就被過濾悼，反應不到高層主管。這往往會失掉一些很重要的信息，從而喪失掉潛在的機會。而且由於公司規模巨大，要做及時的調整也確有困難。美國俄亥俄州有一家主要生產精密量器具的小企業，產品一部分供出口。1977 年加拿大政府宣布開始採用公制度量衡後，這家公司便立即把部分產品改為公制計量以供應給加拿

第二章　國際市場行銷主體

大客商。及時的調整不僅使它留住了原來的客戶，而且還吸引了許多新客戶。而對那些大公司來說，儘管美國政府早在 1975 年就制定了英制轉換為公制的法案以符合世界上普遍採用的公制標準，但轉換費用之高、代價之大使這些大公司步伐緩慢。通用電氣公司估計要花 2 億美元的代價，福特汽車公司則認為一次性轉變要用去其資本投資的 75%。許多觀察家認為，除非有一個截止日期或經濟制裁，否則他們不會迅速改變。而這事實上意味著損失一些海外市場機會和削弱他們自己的國際競爭能力。比如，在尼日利亞，政府規定，不許進口英制度量的產品。這顯然就削弱了那些仍然堅持用英制度量生產產品的企業的出口能力。上海航空機械廠是個以生產汽車千斤頂為主的中型企業，產品主銷美國。他們的產品原來是按日本標準製造的，安全、質量均無問題，而且也已出口多年。但在美國客商提出希望按美國標準生產以增加美國人對產品的安全感後，廠裡立即組織人員進行重新設計。當美方又提出產品淨重最好不要超過 70 磅時，他們意識到這是一個很好的機會，因為低於 70 磅的物品在美國可以郵購，於是他們又及時地做出反應，使客戶非常滿意，主動提高了訂購價，訂購量也因此而增加，產品順利地進入了美國郵購市場，年創匯 400 多萬美元。

「八仙過海，各顯神通。」大中小企業在開展國際行銷時，關鍵在於要能更好地揚長避短，明白自己的優勢與劣勢，走適合自己的道路。

● 第四節　國際市場機會的分析與開拓

機會是一種對企業有利的，通過企業的努力有可能達到目標的條件。企業從事國際行銷的一個很大原因在於這個企業的國際市場提供了比國內市場更多的機會。國際市場是個買方市場，誰抓住了機會，誰就有了比別人更好發展的保障。成功的企業是與良好的機遇分不開的。索尼的產品能行銷全世界，耐克運動鞋能打進歐洲市場，大眾公司在滬的合資企業每年能獲利數億美元，關鍵之一是這些企業善於捕捉海外市場機會。在中國，隨著市場競爭機制的引進，機會這個詞的使用頻率越來越高。許多行銷人員苦苦追尋著，想獲得一個良好的機會。但市場對他們似乎特別苛刻，而對另外一些人，則似乎特別偏愛，機會不斷。有時候讀一篇報導，聽一次演講，與朋友的一次閒聊會使人閃出機會的火花，有時卻需要深入市場跑企業，訪客戶，通過大量的統計分析才會對潛在的市場機會恍然大悟。但機會又不是孤立存在的，它與企業的優點、企業所處的環境、新技術的出現、來自競爭者的威脅等緊密地聯繫在一起。這就是為什麼對有些企業看來不值一提的現象，對另外一些企業卻是海外開拓的良機，它們會抓住機會全力以赴從而將市場機會轉化為企業發展的機會。如果詢問負責國際行銷的企業主管們，什麼是他們最為關注的事情，十有八

國際市場行銷

九的回答是：發現和捕捉海外市場機會。但是，很遺憾的是，沒有一個通用且卓有成效的程序或方法幫助行銷人員捕捉到海外市場機會。特別是中小企業，由於受資金、規模、地域等多方限制，如何在國際市場上發現和分析市場機會是企業最關心的問題。

機會分析是企業國際行銷過程的出發點，直接影響和制約行銷過程的各個環節。企業制定戰略規劃時，首要任務是確定經營方向，而機會分析是確定企業經營方向的重要依據。產品決策是行銷組合的主體，而產品決策的各個方面，尤其是新產品的開發與市場機會分析有十分密切的關係。一般來說，市場機會的重要特徵是：

（1）公開性。客觀存在的市場機會都是公開的，但市場機會不同於專利，發現機會的企業並不能擁有獨占權，發現機會僅僅是成功的起點，並不等於大功告成。

（2）時間性。市場機會也是一種機遇，如果在一定時間內不加以利用，時過境遷，可能失去機會，也可能被競爭者捷足先登。發現機會沒有抓緊利用，機會效益（機會的效用價值）就會逐漸減弱以至完全消失。

（3）選擇性。任何市場機會都有其特定的實施條件。由於企業擁有的資源不同，競爭優勢不同，因此，在利用某一市場機會時，成功的概率也存在差別。企業既要善於發現市場機會，也還要善於識別適合本身條件與經營方向的市場機會。

機會分析主要考慮其潛在的吸引力（盈利性）和成功的可能性（企業優勢）大小。企業還必須深入分析市場機會的性質，以便尋找對自身發展最有利的市場機會。通過對環境市場機會與企業市場機會的分析，瞭解市場機會實質上是「未滿足的需求」。伴隨著需求的變化和產品生命週期的演變，會不斷出現新的市場機會。但對不同企業而言，環境市場機會並非都是最佳機會，只有理想業務和成熟業務才是最適宜的機會。通過行業市場機會與邊緣市場機會的分析，知道企業通常都有其特定的經營領域，出現在本企業經營領域內的市場機會叫作行業市場機會，出現於不同行業之間的交叉與結合部分的市場機會則稱為邊緣市場機會。一般說來，邊緣市場機會業務的進入難度要大於行業市場機會的業務，但行業與行業之間的邊緣地帶有時會存在市場空隙，企業在發展中也可在這一地帶發揮自身的優勢。通過目前市場機會與未來市場機會的分析，企業既要注意發現目前環境變化中的市場機會，也要面對未來，預測未來可能出現的大量需求或大多數人的消費傾向，發現和把握未來市場機會。

全世界共有200多個國家或地區。對於任何規模的企業而言，要想開拓所有國家或地區的市場都是不現實的。因此，國際市場調研首先需要對國際市場進行分析，識別那些最具增長潛力的市場。甄別這些國家或地區市場的標準有三個：①可進入性。企業進入市場首先要分析的因素包括關稅壁壘、非關稅壁壘、政府管制及其他阻礙企業進入市場的因素。②盈利性。需要評估市場的盈利性以及影響盈利性的宏觀變量，如貨幣的有效性、交易管理的存在、政府參與競爭、價格管制、替代產品等因素。③市場規模。潛在市場規模意味著企業投資的未來收益。對於確認的市場

第二章　國際市場行銷主體

機會,要進一步研究分析其市場規模及其成長性。此外主要對現有市場和潛在市場機會進行分析。現有市場是指這類市場上已有企業為消費者提供產品和服務,滿足消費者的需求。企業進入這類市場難度較大,除非其為市場帶來一個更好的產品或全新的概念。而潛在市場是指存在潛在顧客但沒有企業提供相應的產品和服務來滿足這種潛在需求。因為在這類市場上沒有直接競爭,所以企業只要做好產品宣傳,進入這類市場比進入現存市場相對要容易一些。

根據獲得海外市場行銷機會的難易程度,我們將其分為四個層次:找上門來的機會、主動尋找而獲得的機會、深入瞭解與分析後發現的市場機會和創造海外市場的機會。

一、找上門來的機會

隨著國際產業結構的調整、國際分工的深化和各國市場的開放,國外許多企業放棄了一些傳統的,但仍然有一定需求甚至較大需求的產品或零部件的生產,轉而走向國際市場。另外,也有許多國家因勞動力素質、技術原因等到國際市場購買他們所需要的產品。他們有的通過各類外貿公司向各國的外貿公司發函詢問能否提供所需的商品,有的則自己出來尋找。如美國一家公司的採購員就來到上海,要求上海供應4,000萬只燈泡,馬來西亞一家公司來到寶鋼集團公司,要求供應數萬噸特種鋼。世界規模最大的德國漢諾威展覽公司到中國舉行了十次介紹會,舉辦了兩個工業和技術展覽會,為漢諾威工業博覽會招商,希望中國企業踴躍參加。這個世界最大的工業博覽會吸引全球數以萬計的客商帶著訂單飛到漢諾威。中國許多外貿、工貿公司組織大批廠家參加了歷屆漢諾威博覽會。參展企業普遍反應,到漢諾威可大開眼界,獲得極豐富的世界市場信息和大量的成交機會。許多企業就是這樣開始接觸國際市場,發現出口機會,並且將生意越做越大。如今博覽會來華招商,也是一種送上門來的機會,不要輕易丟失。

但有時機會找上門來企業也未必知道。許多外國客商對中國的企業及其產品不瞭解,因此往往一開始以小批量的加工或特殊的訂單進行試探,以瞭解企業的技術水準、服務態度、產品質量,此乃投石問路。如果你只看眼前盈虧,就會覺得無利可圖而拒絕,那就把可能到手的機會送給了你的競爭對手。因此對客商投來之石,應認真對待,冷靜分析,對那些具有潛在市場的小生意不能嫌其量少利低而推掉。有位外商首次向中國一家軸承廠定做一種特殊規格的軸承,數量只有七套!廠長不怕吃眼前虧,當即組織生產,使外商滿意而歸。不久,外商來電訂購了一萬套這種產品。此後,小生意引來了大生意,這為這家廠的產品出口開拓了新的局面。中國電線電纜進出口聯營公司也並沒有因為自己是大公司而放棄了可能是大機會的小生意。以小求大的方針使他們不斷找到新的客戶、新的市場。

不過,找上門來的生意也並不一定都是機會,企業對此要保持清醒的頭腦,要

國際市場行銷

有分析的眼光，既不要把找上門來的機會拒之門外，也不要把別人布好的陷阱當機會一個勁地往裡鑽。例如，現在不少外商利用中國企業急於向外開拓、發展外向型經濟的心態，跑到中國來辦合資企業，聲稱能帶來多少資金，產品返銷比率多少。不少中國企業病急亂投醫，既不對合作方的資信做認真的調查，也不對產品出口的潛在市場做一番估計，倉促簽約，投資上馬。這些外商或者長期資金不到位，或者以大大高於國際市場價格的方法以實物作價投資，在賺了一批設備錢之後，根本不聞不問企業的生產，也無力打開海外市場。更多的則是通過控制進口原材料、零配件的採購權和成品的外銷渠道，高價進低價出，將企業利潤轉移出去，據為己有，而三資企業則成了虧損企業，中方的利益受到了很大的損害，還逃避了國家稅收。與此同時，外商的追加投資卻不斷增長，因此要對找上門來的生意進行分析，不要把陷阱當機會。

對一個將開拓國際市場作為發展方向的企業來說，找上門來的機會當然要抓住，但是不能僅僅依靠這些。激烈的國際競爭使得這種坐等上門的機會越來越少，而且從生產角度來講，找上門來的機會往往會對企業正常的經營計劃、生產安排帶來衝擊，易變性也較大，所以外向型企業的精力主要還是應放在主動發現合適、穩定的海外市場機會。

二、主動尋找而獲得的機會

國際市場上的競爭者都把提高市場佔有率作為重要目標，沒有人會拱手把市場讓出來，但是市場也非鐵板那樣無隙可鑽。從某種意義上來說，機會屬於那些時刻留心、時刻準備著的人。大連石化公司從一則新聞報導中獲悉加拿大一家煉油廠由於失火難以為美國費城提供食品蠟，大連石化公司以為這是一個將產品打入美國市場的極好機會。公司立即與美國有關公司取得聯繫，並立即試產食品蠟，僅用三個月就生產出了合格的產品，成為中國最早向美國出口散裝食品蠟的廠家。年創匯一千萬美元的瀋陽毛巾廠的不少出口機會也是這樣捕捉到的。一次廠領導在同來廠推銷設備的客商交談中得知阿拉伯國家伊斯蘭教徒戒衣需求量很大的信息，經與外貿部門共同努力，僅從伊拉克一次就得到訂貨48萬條。當他們從廣播中聽說俄羅斯對毛巾製品的需求情況，便馬上派人去北京與俄方有關人員聯繫，使毛巾、浴巾源源不斷地進入了俄羅斯市場。

中國不少企業的產品在海外有需求，但沒有合適的渠道。對它們來說，抓住海外市場機會的重點就是要找到願意經銷的進口商或代理商。對於被封閉多年，既沒有自營出口權，又得不到外貿公司的幫助，連出國考察也難以輪上一次的許多中小企業來講，這確是一道難題。上海誠孚動力機廠生產的優質油泵嘴想打進國際市場，但外貿公司無暇顧及這類小產品，積極性不高。這導致出口市場很長一段時間打不開。該廠領導最後決定發動全廠1,500名職工通過親屬、同事、同學找外商，結果

第二章　國際市場行銷主體

發現有 6 名職工的親屬在國外和港澳做「老板」，他們利用這些關係，終於打開了香港渠道。頑強、執著地尋找機會是一個成功的企業家必須具備的素質。當年鄧小平訪問美國時，美國西方石油公司的董事長哈默博士想會見鄧小平，但卡特政府擔心哈默與蘇聯的關係會影響其與中國的關係，故在宴請會上沒列入哈默的名字。這位老人一點也不示弱，他不顧家人的反對，也不怕丟面子，在沒有請帖的情況下，連哄帶騙闖過二道門，進入國宴大廳並與鄧小平見面。兩個月後，接受了訪問邀請的哈默先生的專機降落在北京。他一週內簽訂了數個協議，以排頭兵的姿態打進了中國這個巨大的市場。

有些機會不是那麼一目了然、隨手可得，需要行銷人員有敏銳的洞察力和等待的耐心。日本轎車打入美國市場，利用的卻是國際石油危機提供的機會，這就是一個很好的例子。日本的小型、省油車早就想打入美國市場，無奈美國人習慣了乘坐大型、舒適的豪華車，加之油價便宜，日本的車幾乎沒有市場機會。20 世紀 70 年代初，年銷售量僅為 1,700 輛。1973 年的第一次石油危機，使美國人意識到石油作為一種資源的有限性與寶貴性。日商抓住這一機會，大做廣告，強調日產車的經濟、省油、省維修，結果小轎車進入了美國市場，當年的銷售量就達 15 萬輛。但當時並未危及美國汽車的霸主地位。1979 年的第二次石油危機，日商再次抓住機會發動銷售攻勢，並推出新型節能車廣為宣傳。這一年，日產車在美國市場的佔有率從 17%猛增到 24%，並開始獲取利潤。日本汽車公司終以堅韌不拔的毅力和決心，利用兩次危機帶來的機會，花了近 10 年的功夫，攻下了國際汽車市場。1991 年 8 月伊拉克入侵科威特，使世界石油市場陷於混亂，一些公司紛紛退出石化行業。但是在泰國正大集團董事長謝國民先生看來，這正是一個機會。他在正大集團在華企業總經理研討上說：「危機產生機會，明年我們將進軍國際石化市場。」對一個國際行銷人員來說，注意從各種渠道捕捉信息，並善於從信息中提煉出直接的或間接的、眼前的或將來的機會，是十分重要的。例如，1991 年泰國政府為了鼓勵農民發展農業，決定向每戶農家提供無息貸款 5,000 美元，用以購買農業機械設備；巴西政府最近結束長達 15 年的進口限制，並將擴大汽車、家電等 1,150 種耐用消費品的進口；臺灣已確認 3,319 項赴中國大陸投資項目等。這些消息可能會向企業提供一個或數個良好的機會，就看企業如何去識別和利用它了。

三、深入瞭解與分析後發現的市場機會

對大多數企業來講，可能並沒有找上門來的外國客戶或訂單，也沒有唾手可得的出口機會，對他們來說，最現實的可能在於深入瞭解，認真分析市場，包括產品需求、市場結構、競爭者狀況、發展趨勢等，找出直接的或間接的市場缺口、空檔、薄弱環節，適當補充自己的實力，然後打入市場。

上海汽車工業集團生產轎車、卡車、摩托車及各種汽車零配件。為了提高公司

國際市場行銷

的產品在國內、國際兩個市場的競爭力，吸引外國資金與技術，發揮規模效益，公司很重視將產品打入國際市場。但國際汽車市場是寡頭壟斷市場，被美、日、德國、法國、瑞典、義大利和後來居上的韓國等數十家大企業所壟斷。我們的汽車在價格、成本、質量和式樣上與這些企業的汽車存在著巨大的、短期內不可克服的差距，產品出口似乎可望而不可即。但是公司領導並沒有氣餒。他們經過深入的市場調查發現，儘管歐美、澳大利亞、東南亞街上到處行駛著豐田、尼桑、奔馳、大眾、福特、菲亞特等各種牌子的汽車，電視、電臺、報紙上各種汽車的廣告鋪天蓋地，但車行一般不出售零部件，而專門出售汽車零配件的商店不多，且零配件時常缺貨。因為80%以上的汽車零部件都是勞動密集型產品或料重工重的產品，成本高，售價卻相對較低，所以一般企業不願做，競爭者不多，而且只要汽車市場存在，零配件市場也就存在，比較穩定。公司領導認定：這是一個機會！整車出不去，就先出零配件，通過零部件的出口帶動公司將來整車的出口。公司先後投資數十億人民幣進行技術改造和擴建項目，並與多家外商合資或合作生產，使產品的質量與生產效率大大提高。零部件的出口從 35 萬美元迅速增長到 8,000 多萬美元，在國際市場上站穩了腳跟。

大中型企業在國際行銷中，更多的是依賴於這種通過對市場的深入分析而找到機會的方法。海外市場機會分析的一般過程如下：

（1）根據本企業的產品、能力和條件，在國際市場上找出適合自己的預選市場。沒有一家企業能向消費者提供他們所需的全部東西，也沒有一家企業能把產品賣給所有消費者。因此，面對巨大而複雜的國際市場，企業首先要找到適合自己產品、能夠發揮自己優勢的市場區域。

（2）對預選市場進行環境分析，以確定進入的市場。根據自己的能力和條件挑選的預選市場，並判定其是否存在對特定的行銷努力有巨大障礙的因素，如動盪的政局、常常訴諸使用反傾銷法、過嚴的當地政府干預與控制等。實際上是要確定市場是否具備足夠的吸引力。

（3）對市場進行細分，以確定目標市場。在產品激烈競爭的同時，企業想要在市場上佔有一席之地並有所發展，那就要首先放棄想讓市場上所有的人都買其產品的念頭，這是不可能的。他必須找出自己的位置，也就是說要找出特別願意接受其產品的消費群。不論是推出已有的產品或者設計新的產品，都應以滿足這一目標市場的需求為目的。只要他們喜歡，這個機會就會變成現實。耐克公司的運動鞋能夠在一直由阿迪達斯公司壟斷的歐洲運動鞋市場上占據越來越大的份額，關鍵在於耐克公司對歐洲運動鞋市場做了仔細而周密的分析，將市場分成若干子市場，把其中幾個定為目標市場。例如它一直把大眾消費者穿的高檔旅遊鞋作為自己最重要的目標市場，對這一類產品不斷改進，從而贏得了廣大消費者的青睞。對於許多專業運動使用的運動鞋，如網球鞋、田徑鞋，耐克公司不把它們作為自己的目標市場，甚至主動放棄。有得必有失，如今，耐克在歐洲運動鞋市場上的銷售額已離阿迪達斯

第二章　國際市場行銷主體

銷售額相差不遠了。

舉個例子來說明企業如何通過市場細分過程一步步尋找海外市場機會。上海機床廠是個磨床專業生產廠，產品 SMTW 在國內是金字招牌，暢銷全國。從 20 世紀 60 年代起，該廠就開始出口，但主要是作為援外產品出去的。20 世紀 80 年代初被機電部定為出口生產企業，企業開始以盈利為最終目標，主動尋找海外市場銷售機會，對市場進行了深入調查。SMTW 在東南亞地區已有多年歷史，但不少是作為援外產品出去的，產品在那裡享有盛譽，也有一定的需求量，但主要需要小型機床、簡單機床，一般的多，維修型的多。上海機床廠雖也生產這類機床，但重點是生產相對來說高、精、尖的產品。因此東南亞雖作為預選市場之一，但該市場前途不大；日本是個機床大國，卻是一個幾乎只出不進的市場且對質量要求特別嚴格，當時幾乎無法進入；西歐是個很大的市場，各類機床都有需求，但是德國產品的高質量使其在這個大市場佔有絕對優勢；美國是世界上最大的機床進出口國，年進口 10 多億美元，其中磨床占 20%，而且大批量進口的是中低檔機床。第一步分析下來，東南亞和美國是兩個比較合適的預選市場。東南亞應該說是占盡天時、地利、人和的優勢。但是企業也有難言的苦衷。正因為是傳統市場、渠道已經建成，在主要銷售地都設立了終生代理商，大部分是華僑。若企業的擴展超出這些代理商的範圍就會招致他們的抗議，價格也無法提高，而且他們的經銷能力又主要集中在小型、簡單機床。所以企業在此市場無多少利益可圖。而美國市場，除了需求量大，對進口管制也比較鬆，配額限制少，關稅低，且信息反饋極快。另外，一旦在美國市場獲得成功，由此而得的聲譽和經驗將使企業較易打入西歐市場。最重要的是美國大量需要的中低檔產品正是上海機床廠最有能力提供的。因此第二步分析下來，該廠將美國作為主要的出口國。美國磨床市場有相當多的競爭者，西歐、日本、韓國和臺灣的多家企業都已在美經營多年。怎樣在這個競爭市場上找到自己的位置呢？公司將自己的能力與各路競爭者的優劣勢做了比較；高檔磨床現在被歐洲、日本的產品所控制，雖然上海的產品機械性能不差，但一些關鍵元件和電氣部分絕對比不過他們，無優勢可談；低檔產品主要被韓國及臺灣的產品所占據，他們也實行低檔低價策略，而且他們的銷售手段十分靈活，也無優勢可談；關於中檔磨床，西歐、日本也供應，但售價太高，而韓國及臺灣尚達不到 SMTW 的技術水準，這是一個機會。於是公司決定將目標定在中檔低價市場上，充分發揮自己在中檔磨床市場上質量好、價格低、交貨及時、服務良好的優勢，順利地打入美國磨床市場。

四、創造海外市場的機會

在現有的市場上尋找空缺或發現易於發揮自己優勢的區域是找到機會的重要途徑。但是有些產品市場具有數以百計的品種，要找到一個尚未填滿的空缺，可能性很小。另外由於競爭激烈，即便企業發現了很好的市場機會也可能難以如願以償。

國際市場行銷

因此，如有可能，最好的辦法是另闢蹊徑，用新產品、新服務激發客戶的購買慾望。簡而言之，創造出新的市場機會。當今最新的行銷觀點已經不再是強調發現和滿足消費者的需求，一味地被動跟隨消費者的需求必然限制企業的發展。而創造需求的理念是化被動為主動，強調企業主動去找尋和開發連消費者自己都沒有意識到的需求，通過各種條件的創造，激發出消費者的新需求，同時生產出產品來滿足，一舉兩得。創造需求的思路拓寬了企業的發展空間，也為企業帶來了更多的市場機會。

世界著名的日本索尼公司是創造市場的典範。它成功的最大秘密就在於它有滿足未來需求的能力。它們預測甚至憑直覺得出消費品變化的趨勢、新的要求。產品成功之後，便將產品介紹給公眾，開創出市場機會。這樣做，似乎有悖於行銷原則：有市場、有需求後再生產。其實它是一種建立在市場的基礎上的超前意識，有其獨到之處。正如索尼公司董事長盛田邵夫所說：「我們不僅根據市場調查來生產產品，而且要用我們的產品去開闢世界。」索尼具有這種傳統。從20世紀50年代在日本製造出第一臺磁帶錄音機，並將其成功地推向市場，到20世紀80年代初，製造出便攜式立體聲收錄機（walkman），索尼成功地創造了一個個市場機會。20世紀80年代初，索尼公司的一些工程師在調整和改裝便攜式聽寫機時，好奇地將它改裝為四聲道立體聲收錄機，然後接上耳機，意外地感到音質很好。公司最高領導得知後，敏銳地感覺到可以生產這樣的錄音機，並將笨重的耳機輕型化。樣機一改再改，不久便試製出了只有204個零件、重量僅400克的walkman。公司領導認準這個產品的市場對象是全世界的青少年。因此當最後樣機定型時，公司已經在生產廠準備好了一切設備和人員，安裝起生產線，討論通過了廣告和商標。walkman從開始發明到推上市場，僅僅用了5個月的時間，沒有市場調查，也沒有新產品預測，一炮打響。全世界的青少年為之振奮，一種強烈的購買慾望被激發出來。如今，全球的青少年都以擁有索尼的耳機感到榮耀。而walkman這種產品的換代用品一直到今天都仍然有廣大青少年使用。

創造市場機會的關鍵在於挖掘出顧客潛在的需求意識。隨著市場的日益飽和，產品競爭日益激烈，懂得如何發現尚未清晰的市場需求，並將這種發現轉化為成功的新產品超前開發，駕馭和引導市場變化，以新取勝將越發顯出其重要性。中國一些家電企業在對國際市場進行調研後，發現隨著旅遊熱和保健熱的興起，電子旅遊用品和保健器具將風靡西方發達國家市場。於是企業超前開發了一系列有關產品投入國際市場，銷路很好，賣價也高，取得了良好的效益。

創造市場機會對行銷人員來說是一種巨大的挑戰，較之前面三種機會的獲取更難，但只要用心、留意和積極探索，不乏成功的例子。當日本、美國的卡通片大受中國孩子歡迎時，大批的玩具機器人、恐龍等迅速地從中國香港和臺灣湧入了中國大陸。日本商人開發出會自動報時、自動定向的鐘，對穆斯林每日五次的祈禱極有作用，出口到中東國家，大受歡迎，銷路極佳。當日本人的飲食習慣迅速向西方國家靠攏，動物脂肪攝入量大增時，中國的烏龍茶在日本迅速打開了市場，銷售量突

第二章　國際市場行銷主體

飛猛進，因為烏龍茶能夠減肥，防治動脈硬化，減少冠心病發病率等。

第五節　進入國際市場的方式分析

　　企業開展國際市場行銷，不僅要選擇目標市場，還要選擇進入目標市場的最佳途徑，以便順利地實現國際市場行銷目標。企業進入國際市場從事行銷活動，其內容可分為產品、技術、勞務、資本等多方面，每一項內容都有進入國際市場的特定方式。為了企業能順利進入國際市場，要針對企業進入國際市場的途徑的內容、特點進行研究，以便選擇進入國際市場的最佳途徑。從總體上區分，海外市場開拓有在本國製造後再出口和在國外製造與銷售兩種。產品出口分為間接出口與直接出口，其中間接出口又分為外貿收購與外貿代理。國外製造分為合營與獨資經營，其中合營又分為組裝、合同生產、許可經營和合資經營。下面就這些主要方式逐一介紹。

一、產品出口

　　產品出口是指生產企業根據國外市場的需求在國內組織生產，然後把產品出口到國外銷售。這是中國企業從事國際市場行銷的傳統途徑，也是世界各國進入國際市場普遍採用的途徑。這一途徑由於可以利用本國的人力、物力資源換取外匯，因而容易得到政府的各種支持。所以該方式成為中國企業目前進入國際市場的主要途徑。商品出口貿易有兩種基本形式：間接出口和直接出口。

　　（一）間接出口

　　間接出口就是企業把生產出來的產品賣給國內的出口中間商，然後由這些中間商組織產品的出口。這是一種被動的出口形式。由於間接出口是利用專業性的外貿公司出口自己的產品，因此生產企業在出口銷售中沒有任何主動權。這是企業涉足國際市場初期常用的方法。企業採用間接出口的方式，自己不直接參與國際市場行銷活動，因而有很多優點：第一，投資少，不需要增加專門投資。間接出口的企業一般不需要改變自己的生產線和行銷組織與任務，也就不需要設立專門的對外行銷機構，不需要瞭解國際市場行銷的產品、價格、銷售渠道、促銷、結算、運輸等專門知識，從而節約了這些方面的投資。第二，風險較小。間接出口由中間商負責產品的出口銷售業務，企業只要把產品交給中間商就完事大吉，出口的風險由這些中間商承擔，生產企業沒有什麼風險。第三，可以學習一些有關國際行銷的知識和經驗，從而為以後直接出口或國外直接投資創造條件。但是，間接出口也存在明顯的缺點：其一，企業無法真正全面瞭解國際市場情況，因而無法掌握國際市場行銷的主動權。間接出口的業務是由中間商來完成的。企業與國際市場隔離開來，企業不僅對市場行情、市場需求不熟悉，對國際市場信息的瞭解也只能通過中間商進行，

國際市場行銷

因而企業得到的國際市場信息可能既不全面又失真,企業的產品、價格、利潤等完全受制於出口中間商,也就無法根據國際市場的要求調整自己的產品結構,生產什麼,怎樣生產,完全聽從中間商的安排,從而使企業完全處於被動地位,喪失了國際行銷的控制權。其二,企業的利潤較低。由於間接出口所得的利潤要在生產企業和出口中間商之間分配,並且分配的權力在出口中間商手中,因而給生產企業的利潤一般較少。

從上述間接出口的優缺點可以看出,該方式對於那些力量較弱、對國際市場情況瞭解較少的企業來說是適用的。但由於該方式限制了企業在國際市場上的發展,隨著企業實力的增強,應逐步向直接出口或到國外直接投資的方式過渡。

由於間接出口把出口的任務全部交給了出口的中間商,中間商的工作狀況就成為制約企業國際市場行銷的主要因素。因此,選擇合格的出口中間商就成為企業進行國際市場行銷活動的重要任務。目前有兩種方式可選擇:

1. 外貿收購

這是企業將產品賣給外貿公司,再由外貿公司通過各種渠道出口產品的一種方法。這種方法可以說是國際行銷最低層次的活動。它對企業而言最省事,既不需要專職外銷人員,也無須考慮渠道問題,不存在資金負擔,沒有外匯風險,企業的機構也不必調整變化。中國企業出口長期以來都使用這個方法,並且至今大部分企業的出口仍採用這種方法。國內現在對此方法的批評很多。但是客觀地說,外貿收購也有其優點。對諸如農產品、原材料、礦產品等出口,由於國際市場價格波動較大,此贏彼虧,很講究信息和規模效益,此時由國家外貿公司收購與統一經營是對企業、國家都有利的。對初次進入出口市場或出口規模比較小、交易次數比較少的企業來講,外貿收購也有其優越之處,加之生產企業現在也有權自己尋找外貿收購部門,促進了外貿部門之間的競爭。浙江瑞安的一家鎮辦企業瑞安生物化工廠的產品藥用胱氨酸就是通過省外貿公司在日本的銷售點和公司打的促銷廣告,在日本市場贏得了很好的聲譽。企業對此非常滿意。上海一些企業在獲得了自營出口權之後,仍然未放棄讓外貿收購一部分產品出口,這也說明了外貿收購有其存在的必要性,關鍵看你如何有效地使用它。

2. 外貿代理

外貿代理是西方國家早就通行的一種經營方式。特別是中小企業,因其資金有限、缺乏外貿經營人才和能力,加上外貿手續複雜,搞產、供、銷一條龍的外銷經營體制顯然是不可能的。故國外大部分生產企業的產品出口,通行的辦法是外貿代理。

代理方(外貿公司、出口商)與委託方(生產企業)在外銷商品中的關係,大致有以下五個方面。

(1) 代理方幫助或負責尋求國外的銷售機會,與委託方一起與進口商洽談,並最終由代理方與進口商簽訂合同,辦理冗繁的手續。

第二章　國際市場行銷主體

（2）雙方一起派人員出國考察，瞭解和處理現場問題，雙方人員經常互相交流。

（3）代理方負責反應國外用戶的要求，委託方則負責不斷改進產品。

（4）外銷價格由雙方商訂，一般按國際市場價格出售。

（5）委託方付給代理方銷售額的 3%～5% 作為佣金。

出口採用代理使企業的利益與出口效益直接掛勾，自負盈虧，風險增加，參與感加強，使企業主動根據市場變化調整各項策略。而且企業可以自由挑選外貿企業作為夥伴，也明顯地提高了外貿企業的服務質量，更主動地發揮其各種特長和優勢。就中國目前推行代理制的情況而言，雖然尚有些問題需要解決，如資金週轉、工貿進一步協調等，但總體上效果很好，深受出口企業歡迎。由於生產企業可自由選擇代理機構，因此尋找一個良好的合作夥伴至關重要。在國際貿易出口代理中，主要有以下幾個渠道。

（1）委託專業外貿公司代理。這是最主要的渠道，也是企業較為熟悉的。

（2）委託本國具有進出口自營權的大型生產企業代理。許多國家的大型生產廠商都設有經營進出口的公司，並在主要銷售國家和地區設分公司、子公司或辦事處。因此中小企業也可委託這些大企業外銷。美國通用電氣公司 50 年以前就開始為本公司以外的產品代理出口。上海寶山鋼鐵廠進出口公司成立以來，為上海不少冶金企業的出口發揮了積極的作用。由於寶鋼在海外的聲譽好，專業性強，且有專用碼頭，收費又低，上海不少冶金企業就通過寶鋼進出口公司出口產品。上海機床廠通過美國的 ECOTECH 機床銷售公司出口本廠的產品，這也為杭州、無錫、武漢、南通等地的一批棚床廠的產品出口美國建立聯繫。

（二）直接出口

直接出口是指企業將產品直接賣給國外的顧客，這些顧客可能是最終用戶也可能是各類中間商。直接出口是指出口企業不通過國內的中間媒介，由自己獨立完成一切對外出口業務。這一方式的特點是企業自己設立出口銷售網點而不使用國內出口商。這是那些獲得自營出口權的大企業和外向型企業採用的出口銷售形式。

由於企業直接參與國際市場行銷活動，因而直接出口的優點很多：第一，可以使企業迅速瞭解國際市場情況，從而掌握和控制國際市場銷售。企業在直接出口過程中，直接與外國的中間商和用戶打交道，因而可以迅速瞭解國際市場上供求的變化和競爭狀況等信息，並可根據國際市場的變化組織行銷活動，掌握市場競爭的主動權。第二，企業可以根據國際市場的供求狀況決定產品的價格，從而增加了潛在的利潤量。企業採用直接出口的形式，利潤不需要與國內的出口中間商分享，因而利潤增加。第三，增長了企業從事國際市場行銷的知識和經驗，使企業有能力駕馭國際市場。企業在國際市場行銷中，直接與外商打交道，既瞭解了各國的國情，也學會了從事國際市場行銷的知識，這就為企業在國際市場的汪洋大海裡搏擊風浪打下了基礎。但是，事物總是包含著兩個方面的，直接出口能給企業帶來較大利益，

國際市場行銷

也必然存在一定的不足。其一是投資增加。企業在直接出口中，要建立自己的國際市場行銷組織，要擁有一定的銷售渠道；要不斷根據國際市場情況改變自己的生產和銷售活動；並因增加了產品的在途運輸時間而增加了資金的占用時間，從而使企業的投資增加。其二是風險較大。間接出口的風險主要由出口中間商承擔，現在要由企業自己承擔，因而風險較大，尤其當目標市場國家採用各種關稅壁壘或非關稅壁壘限制進口時，會增加出口的困難。直接出口標誌著企業開始了真正的國際行銷活動。目前中國已有數千家生產企業獲得了外貿經營權，可以直接出口，而數萬家合資企業也擁有外貿自營權。企業從事直接出口，可以採用以下幾種形式：

1. 直接賣給最終用戶

把產品直接賣給國外最終用戶，而不經由各層中間商，雖然為數不多，但也不屬罕見。這種方法跟產品特性有很大關係。高技術、高價值的產品（如飛機、輪船、大型計算機等）通常是直接售給用戶的。隨著行銷手段的改進，一些精密機械、大型機床、半成品零配件等產品也愈來愈多地採用直接售給最終用戶的手段。

2. 賣給國外中間商

絕大部分的產品是通過國外的中間商轉到消費者手裡的。一般有以下三種類型的國外中間商可以利用。

（1）國外代理商。公司可委託國外代理商銷售產品。有三種類型的代理商，包括：①佣金代理商。這種代理商借助於委託人的產品目錄和樣品進行推銷，但並不掌握產品庫存，不承擔信貸風險。把收到的訂單轉交給委託人，由公司直接向買主發貨。代理商根據銷售額的大小收取一定的佣金。②存貨代理商。這種代理商除進行推銷外，還保存一定的庫存，但並不擁有產品所有權。他只收取銷售佣金和倉儲費用。③提供零部件和服務設施的代理商。這種代理商除了推銷產品外，還提供零部件和維修服務。他除向委託人收取佣金外，還要向買主收取服務費用。

就銷售而言，代理人還可分成獨家代理與一般代理。獨家代理是代理人依照代理協議，接受企業的授權，在某一特定的區域內和一定時期內享有獨家代理銷售指定商品的專營權利，並根據業績收取佣金。根據協議，不經代理人同意，委託人不得直接或間接向該區內銷售這個產品，而代理人也不得在此區域內再經營其他廠商的同類產品。一般代理制則沒有這些制約。顯然，獨家代理較之一般代理的積極性和責任性要高得多，在委託代理中用得較多的是獨家代理。有些國家（如埃及）規定必須要用獨家代理形式。

（2）國外經銷商。出口企業把產品賣給國外經銷商，由他們再轉售給各類客戶。經銷商通過賤買貴賣獲得利潤。經銷也有包銷和一般經銷的區別。包銷是出口企業通過協議把某一種出口商品賣給外國買主讓他在一特定區域和期限內獨家銷售。包銷協議生效後，在規定期限內出口企業不能再通過其他途徑向特定區域內銷售指定的產品。作為對應義務，包銷人要保證在一定期限內購買一定數量或金額的包銷商品，一般經銷則沒有此種約束。顯然包銷也有利有弊。利主要在於企業可有計劃、

第二章　國際市場行銷主體

有步驟地安排出口生產、均衡供貨、收匯保證。弊主要在於如果價格上揚，你也只能按協議價賣給包銷商，因此對有競爭力的、行情看好的產品一般不用包銷方法。

（3）國外批發商。通常批發商的商品來源是進口商和經銷商。但是也有批發商直接進口。特別是在歐洲，具有批發性質的大採購組織在進口國外商品方面扮演著重要的角色。因此生產企業也可通過國外的批發商直接進口。

3. 在國外設立辦事處或銷售子公司

企業在國外設立機構是直接出口的最高級形式。在國外有機構當然能使企業直接地進行出口市場的行銷管理，獲取第一手資料，提供更好的服務，擴大企業的影響。但是建立和維持一個海外機構的費用也是相當昂貴的，除非市場潛力較大，發展前途良好，或通過中間商銷售成本較高和有其他阻力，否則在海外專設機構就應相當謹慎。

二、國外製造

無論是直接出口還是間接出口，其共同特點是在本國製造後再出口，但是有許多情況使得企業在本國製造產品後再出口的成本過高或困難很大，如上漲的國內勞動力成本、過高的運輸費用、關稅壁壘、嚴厲的國內環境保護法、資金的缺乏、外國政府的限制等，這就迫使企業考慮除出口之外的其他途徑。另外，為了更接近當地市場，更好地獲取市場信息、雇傭當地優秀的人才或廉價的勞動力，提供更好的銷售服務，企業也會考慮到國外去生產與製造產品。國外製造也可分成兩種形式，一種是合營生產，另一種是獨資生產。

合營是指企業與外國合作者一起在國外建立生產及銷售機構，合營主要有以下四種形式：

1. 組裝

國外製造產品的第一種方式，就是由企業在本國內將所有的或絕大部分的零配件製造完成之後，運往國外加以組裝成產品的生產方式。組裝實際上是讓渡了一部分生產能力給海外。這種方法的主要優點是運費低、關稅低，另外也可能由於組裝工人工資低而使整個產品的成本降低。而且能夠為當地提供一定的就業機會，提高當地的技術水準，因此容易為當地政府接受。成套的小汽車零部件從英國運到遠東國家的海運費，要比整臺汽車的運費低 1/3 到 1/2。加上關稅的優惠、組裝勞力的便宜，整臺汽車的成本要比直接從英國原裝進口汽車低 23%～30%。

2. 合同生產

這是企業委託國外市場當地的製造商代為生產產品，而產品行銷工作仍由企業自己負責的一種方法。合同生產與組裝相比是把全部的生產能力讓渡給了海外。合同生產的最大好處在於當國外市場較小或進口限制太多且又不適合在當地投資設廠，企業可以用很少的投資迅速進入目標市場，而且市場控制權仍在企業自己手中。如

國際市場行銷

果某些產品從競爭角度考慮，行銷策略及服務水準較之生產技術更為重要時，那合同生產是一種非常合適的方式。美國一些名牌產品就是採用此法打入各國的。當然這種方式也有其一些局限性。要在國外找到合適的生產夥伴並不容易，生產利潤也全部歸當地企業所有。而且合同期滿，對方可能會成為一個強有力的競爭者。

3. 許可經營

所謂許可經營是指企業授權國外企業使用本企業的專利、專有技術或產品製造技術、商標和品牌名稱進行生產和銷售，並向被授權企業收取許可費用或分享利潤的一種方式。與合同生產相比，不僅讓渡了生產，也讓渡了銷售，只是品牌和市場控制權在自己手中。其中，授權對方使用自己創造的商標、品牌名稱又稱為特許經營。特許經營有一個明顯的好處就是可以用他人的錢財和人力來擴展自己的企業和產品，迅速打入一個陌生的、把握不大或難以打入的市場。特許經營作為進入國際市場的方式之一，其優點有以下幾點：一是投資少，風險小，收益大。不需要增加投資就擴大了經營規模和佔領了國際市場，因而風險較小，收益卻較豐厚。二是保持了產品的特色，擴大了企業的影響，提高了企業和產品的知名度。三是統一技術，分散經營，容易進入目標市場和控制被特許人。特許經營的缺點是其利潤水準受被特許人的經營所限，並且在經營中被特許人可能發展成為企業新的有力的競爭對手。

能夠採用特許經營的方式進入國際市場的行業大都與人們的生活消費有關，並且都是一些投資較少、技術要求不高和可轉移性較強的行業，如軟飲料、快餐、旅店、汽車出租和娛樂項目等，其他行業不宜採用該方式進入國際市場。企業在採用特許經營進入國際市場時，要與被特許人簽訂書面協議，其協議內容主要包括：①嚴格按特許人的要求從事經營，包括產品、技術、保密等要求，否則將取消特許合同。②規定被特許人的銷售區域，以便合理增設特許經營網點。③規定特許經營開業費和特許經營權使用費。著名的麥當勞、肯德基等都是用特許經營走向世界的。這對有影響、有潛力、想發展但苦於資金、人手不足的企業來說是一個捷徑。國內一些著名的服裝店、鞋業店和飯店已開始嘗試利用這種方式把自己的牌子拓展到全國去。隨著經驗的累積和影響的擴大，利用特許經營把具有特色的中國商品打到國際市場上去會越來越引起國際行銷人員的注意。

4. 合資經營

國際合資經營是指中國企業到境外與一個或一個以上的外國企業共同投資創辦經營企業，生產商品或勞務，投放當地市場或出口其他國家市場，雙方共享所有權、共同管理、共擔風險、共負盈虧。合資的方法既可以是購買當地某企業的股權，或給某企業新增資金，也可以是共同出資新建一個企業。

企業到國外創辦合資企業的基本方法有兩種：一種是購買當地企業的部分股份和財產，從而使自己成為外國企業的合資經營者；另一種是與外國企業共同投資創辦新企業，具體辦法可以實行設備、無形資產等財產作價投資，也可以投資外匯購買新的企業資產。境外創辦合資企業還有一種特殊的方式，即中國企業在獨資經營

第二章　國際市場行銷主體

中由於各種原因需要出售部分股份或財產，外國公司購買了這些股份或財產後成為企業的所有者之一，參與企業經營。由於這不是企業國外投資時採用的方法，而是一種特殊情況，因而在這裡我們不把它作為研究的重點。

　　企業採用合資經營的方式進入國際市場有許多優點：①可以把國內的機器設備等有形資產和商標、專利等無形資產輸出國外，從而使資本輸出帶動了商品輸出；②可以與國外企業提供的資金、物資、技術、信息及其無形資產合併使用，從而擴大了企業規模，彌補了行銷力量的不足。③可以得到東道國給外資企業和本國企業的各種優惠待遇，如便於取得銀行貸款及各種物資，便於同當地的政府官員、供應商、銷售商、消費者、大眾傳播媒介搞好關係等。④企業的政治風險較小。這是因為在合資企業中，政府對外資的各種不利政策也直接影響到本國企業的投資，因而採用該方式的政治風險較小。這些優點為那些在經濟上達不到建立獨資企業的要求，而又想在國外直接投資以直接進入國際市場行銷的企業提供了用武之地。但是，採用這種方式也存在許多困難，主要表現在很難找到合格的合作夥伴。因為合作者大都從自己的利益出發考慮問題，有的希望擴大投資而要求把利潤轉化為再投資，有的希望盡快收回投資而要求把利潤取走，這就產生了協調上的困難。為此，選擇合適的合資人就成為合資經營成功的關鍵。

　　為了保證所選擇的合資經營者能達到自己的要求，企業在選擇合資人時要做好兩項工作：其一是一定要按程序辦事，選擇過程的各個步驟既不能跳躍也不能省略。選擇合資人的程序包括提出候選對象應具備的總體條件、尋找可能的候選對象、選擇出較為理想的候選對象、談判並簽署合資經營協議。其二是嚴格按條件審查候選對象。候選對象應具備的主要條件是：①當地的投資環境尤其是東道國政府對合資經營的態度及要求。到外國創辦合資企業的首要條件是當地具備了良好的投資環境，既包括交通、通信等硬環境，也包括人文、法律、管理效率等軟環境，尤其是東道國政府的歡迎態度。如果東道國政府歡迎外國公司到本國創辦合資企業，並把這些歡迎的表示通過法律、規定、政策等固定下來，就為企業到境外投資準備了前提條件。同時，要明確東道國政府對合資企業的管理要求，如登記要求、納稅要求、組織管理要求、員工要求等。只有這些條件許可才能考慮投資事宜。②外資方與我方在行銷目標上的一致性。只有外資方與我方在投資目標上有較大的一致性時才能考慮合資問題。③各方的投資份額。合資經營企業的投資份額決定著自己在經營中的權利和地位。從投資各方所占的比例來看，有自己占多數而對方占少數、對方占多數而自己占少數和各占50%三種類型。合資時必須根據當地政府的有關規定和自己投資比例的有利性決定。④各方投資的內容結構。辦合資企業需要資金、技術、設備、無形資產等多方面內容，合資企業成立時可以由雙方出資金現購，也可以雙方各出一小部分資金，大部分由設備、技術、無形資產等折價投資。從目前各國舉辦的合資經營企業來看，後一種方法占多數。採用後一種方法時，其內容結構必須合理，物資作價必須公平。⑤合資企業的法律性質。由於合資企業採用的是合資入股

國際市場行銷

的方式，因而企業的法律性質必須明確。無論是有限責任公司，還是股份有限公司，都要明確未來資本的增加方式、來源及股份的轉讓問題。⑥公司董事會的人員構成及組織形式。合資企業的領導人員構成一般為誰的投資份額多，由誰出任公司的董事長，另一方則出任副董事長，其他人員由雙方按投資的比例協商決定。一般說來，應由中國企業出任的領導職務需由國內人員擔任，其他人員可在當地聘任。⑦公司的內部管理要求。公司的內部管理包括生產管理、財務管理、銷售管理、人事管理等多項內容，如生產管理中的產品質量要求、新產品開發；財務管理中的會計制度、資金利潤率；銷售管理中的商標、目標市場分佈、銷售渠道、促銷、定價；人事管理中的人員招聘、報酬水準；等等，都必須在創辦公司時明確說明。⑧其他事項。通過對上述條件的全面衡量，便可選出較為理想的合作者。

　　合資企業的建立可能是出於經濟上的或政治上的原因。比如當地企業可能缺少資金、技術或管理力量，不能單獨經營好一個企業；企業想更直接地介入國外市場；外國政府要求建立合資企業作為准許進入該國市場的交換條件。合資經營這一方式已越來越受到重視。1946年以前，跨國公司在海外的子公司中3/4是獨資建立的，而現在3/4以上是通過合資形式建立的。合資經營有許多明顯的好處，如受當地政府歡迎，能利用原有企業的銷售渠道，可以直接對生產和行銷進行管理，有持久的收入等。這種方式的缺點在於企業要投入較多的資金與管理資源，承擔較大的風險，合夥人之間可能因對投資、經銷方法或其他政策有不同的意見而產生矛盾。

　　5. 獨資經營

　　獨資經營是指企業到外國去投資創辦由自己經營的工廠或子公司，這是企業進入國際市場的最高級形式。理論上，所謂獨資經營是指企業百分之百地擁有國外子公司的所有權。然而實際上，只要擁有95%或者更少些的所有權，企業就能擁有完全的管理和控制。這可以通過購買現成的企業或建設一個新企業而達到，也可以通過買下原來合資方的股份而成為獨資經營者。獨資企業可以主要是裝配來自他國的零部件，也可以完全自己製造產品。這種方式吸引之處在於利潤獨享，子公司可以完全按照母公司的行銷意圖行事，可以根據市場需求迅速地修改產品，不存在合資企業中經常出現的矛盾、衝突等。

　　企業到國外辦獨資企業的好處很多。第一，它容易衝破貿易保護主義的限制，使產品迅速進入國際市場。各國為了保護本國企業的利益，均對自己的市場採取了一些保護措施，用關稅的和非關稅的各種限制阻止外國產品進口。到國外辦企業就可以克服這一障礙，使產品迅速進入國際市場。第二，容易得到東道國的支持和樹立良好的企業形象。企業把資金和技術輸出國外，給東道國創造了較多的就業機會，為解決世界普遍存在的失業問題提供了條件，因而容易得到東道國的支持。同時，企業在經營活動中，與當地的政府官員、供應商、銷售商和顧客建立了較多的聯繫，從而有利於樹立企業的良好形象，為企業行銷創造良好的外部環境，以擴大產品銷售。第三，可以降低產品成本，提高市場競爭力。到國外創辦獨資企業，大部分產

第二章　國際市場行銷主體

品要就地銷售，縮短了產品的運輸距離，且不需繳納進出口關稅，從而降低了產品成本，提高了產品在國際市場上的競爭力。第四，有利於熟悉國際市場行情，掌握國際市場行銷的主動權。企業在行銷活動中，可以及時收集國際市場信息，瞭解國際市場要求，從而生產出適銷對路的產品，並可以熟悉國際市場行銷慣例，以便在國際市場行銷中立於不敗之地。第五，有利於累積國際市場行銷經驗，培養精通國際市場行銷的人才。在國外創辦獨資企業使企業的組織管理者時時、事事要同外國人打交道，這樣可以使這些人員不斷得到鍛煉，累積經驗，為企業進一步擴大規模、開拓市場創造條件。第六，可以為國內的資金尋找有利的投資場所。企業擁有的資金總要投放一個有利的投資場所，以取得更大的投資效益。在國內市場需求較小、繼續在國內投資已無發展前途、生產產品出口又受外國進口配額限制的情況下，到國外辦企業既可找到有利的投資場所，又能開拓國際市場，可謂一舉兩得。此外，國外辦獨資企業還可帶動設備、物資的出口，並可保留對投資充分的控制權，這將有利於企業的長遠發展。

但是，到國外創辦獨資企業也存在許多不利之處，主要表現在投資風險大，既有以市場問題、匯率問題為中心的經濟風險，又有以勞工問題、政策問題和戰爭問題為中心的政治風險。只有對這些風險進行認真研究，制定出預防或克服它的措施和辦法，才能到國際市場上去投資。此外獨資容易引起當地企業、消費者甚至政府的民族情緒，有些國家從政治上考慮禁止外國企業獨資生產。

到國外辦獨資企業需要有較多的投資，但不同行業所需的一次性投資數量是不同的。一般說來，勞動密集型行業需要的一次性投資少，技術密集型行業需要的一次性投資多，企業應根據自己的資金狀況進行選擇，以便使有限的投資取得最大的效益。

到國外辦獨資企業的類型主要有三種。第一種是出口導向型投資，即到那些經濟欠發達的發展中國家投資，利用當地勞動力成本低的優勢，生產了產品再組織出口。這種投資類型與東道國沒有貿易摩擦，因而普遍受東道國的歡迎。但由於該方式還要組織再出口，只有那些本國勞動力成本高於投資所在國的企業才能採用。第二種是進口替代型投資，即外國政府希望企業到該國去投資生產某種產品，以替代其每年需要的大量進口。這種類型由於可給外國節約每年進口某種商品用的大量外匯，並可在不久的將來自己組織生產，因而容易得到東道國的補貼，盈利率較高。第三種是市場開發型投資，即到國外創辦企業是為了開發該國市場。這是許多國外投資者使用的投資類型。一般說來，這種投資是為了長遠打算，因而在短期內收效較小。

從間接出口到海外獨資依次排列，涉足國際市場的程度由淺到深，投入的資金由少到多，風險由小到大，獲得的經驗由少到多，收益由低到高。需要提出的是，這些方式沒有好壞優劣之分，也沒有一個順序等級排列。企業不必按照順序逐步涉足，也不限於採取一種方式，要根據自己的能力與經驗、各市場的規模與特點、產品特性、有關政府法規、競爭者或合作者的能力與手段等多種因素選擇與組合，以達到較好的經濟效益。一般來說，初次進入國際市場的企業都先採用間接出口的方

國際市場行銷

式以探索市場，累積經驗。對已有豐富國際行銷經驗的跨國公司來說，即便是一個全新的海外市場，該公司也可能一開始就採用合資的手段進入。英國學者米勒頓與巴里斯對50家英國企業國際化經營的研究表明，其中13家跨國公司在海外拓展時，有10家曾數次用在當地設廠的一步到位辦法進入市場。相比之下，日本的大企業海外拓展就採用穩步發展的方法。上海航空機械廠在自營出口的同時，也同時用外貿代理和外貿收購的辦法讓幾家外貿公司發揮各自的優勢和積極性進入多個市場。首都鋼鐵公司除了出口自產的和其他企業的各種鋼鐵產品以外，還通過參股、購買、新建等手段在海外建立起十幾個獨資、合資生產性企業或銷售公司，通過招標形式進入國外工程承包市場。積極的海外開拓已使一些大型企業成為跨行業、跨地區、跨國經營的國際性企業集團。

● 第六節　國際市場進入方式的選擇

上節對企業進入國際市場的方式做了介紹。對於一個企業來說，不太可能也沒有必要同時採用所有的方式，而只能從中做出選擇。為了保證選擇的準確性，必須瞭解選擇進入方式的依據和標準。

一、選擇進入國際市場方式的依據

看一種方式是否適應進入國際市場的要求，需要考慮多方面的條件，這些條件有的來自企業內部，有的來自企業外部；外部條件中既有目標市場所在國的因素，又有本國的因素。全面分析這些因素，是保證選擇正確進入方式的前提。

1. 企業內部條件

國際市場行銷活動是由企業去完成的，因而企業內部條件就成為選擇哪種或哪幾種方式進入國際市場的基本依據或首要條件。在選擇進入國際市場方式方面，企業的內部條件主要包括企業實力、戰略目標和產品特點三方面內容。

企業實力的大小是決定企業選擇哪種進入國際市場方式的主要依據。需要說明的是，我們這裡講的企業實力是指參與國際市場行銷的那部分實力。在中國的企業中，有的是外向型企業，以參與國際市場行銷為主，其實力可以全部計算在內；有的企業參與國際市場行銷的僅僅是一部分，並且這一部分又有大有小，因而在考察時必須做出明確劃分，否則會導致選擇失誤。企業的實力包括企業的資源和能力兩個方面。企業的資源是指企業擁有的人力、物力、財力、技術、無形資產、市場等。企業擁有的資源越多，其在國際市場上的活動範圍越廣泛，進入方式的選擇餘地就越大，各種方式均可採用。但一般說來，擁有資源多的企業多採用國外投資創辦企業的方式。對於那些擁有資源較少的企業來說，進入國際市場的方式只能以出口為

第二章　國際市場行銷主體

主。企業能力是指企業利用自己的資源所形成的生產能力、管理能力、行銷能力等。企業能力決定著所生產產品的數量、質量、技術水準等，這些條件從不同的方面制約著進入國際市場方式的選擇。如果企業各方面的能力很強，可以在國內生產，出口銷售，更主要的是應採取到國外投資辦企業的辦法，可以在許多國家創辦合資企業，也可以在部分國家創辦獨資企業。如果企業各方面的能力不足，那只能採用間接出口的方式。

企業的戰略目標是企業在較長時期內預期達到的目標成果，它決定著企業的發展方向。如果一個企業的規模較大，發展目標是不斷擴大規模，要進入國內甚至國際上的幾百家大企業行列，就必須走國外投資的道路，而不能僅靠先國內生產再出口銷售。當然，在其發展過程中，為了累積經驗，減少風險，可以在不同的時期分別採用間接出口、直接出口、合資經營、獨資經營等不同形式。如果一個企業的規模較小，目前的發展目標僅以在國內為主，對國際市場的開發無論人力或財力的投入都較少，那就只能走間接出口的道路。如果一個企業在技術上有優勢，但總體力量不足，其近期目標是為大發展做準備，就可走技術出口和勞務出口的路子，做許可證貿易、承包合同和勞務輸出。

產品特點是指所生產的產品在質量、技術等方面與其他產品的差異性和類似性。如果生產的是高技術產品，具有質量、技術等各方面的競爭優勢，這類商品宜採用出口銷售的辦法進入國際市場。如果自己的產品與外國生產的產品差別較小，那宜採用到國外投資的辦法，就地生產，就地銷售，通過減少關稅和運費的辦法提高產品的競爭力。如果自己的產品對售後服務的要求較高，那應採用直接出口或國外投資進入國際市場。如果自己的產品是技術、勞務或無形資產，那可採用許可證貿易、承包合同或勞務輸出的方式。

2. 國際市場因素

企業要參與國際市場行銷活動，其進入方式受國際市場因素的影響較大。影響選擇國際市場進入方式的因素主要有宏觀環境、市場容量、競爭狀況和資源狀況。

國際市場的宏觀環境對企業選擇進入方式的影響可以表現在許多方面。政治環境中的政治制度、政局的穩定性和各種法規會給企業的對外投資帶來不同的風險。對政局不穩的國家只能進行出口貿易，而不能進行對外投資；對於鼓勵外國企業到本國投資的國家來說，則可以到該國進行投資創辦企業；對於限制進口的商品來說，只能走國外投資的道路。經濟環境中的國家的經濟模式、個人收入水準、稅收、外匯管理等，對進入方式的影響主要表現在收益的差別上，可通過投入與產出的對比決定進入方式。社會文化環境決定著該國人民對外國企業和商品的接受程度。對那些開放程度較大的國家來說，採用哪種方式進入該國都可以；對開放程度較小的國家來說，只能採用出口商品或技術的形式。自然地理環境主要影響運輸費用，到運輸成本過高的國家最好採用國外投資辦企業的辦法。技術環境對進入方式的影響主要表現在對國外的技術要求上。技術水準較高的國家大都出口技術，卻需要進口技

國際市場行銷

術水準較低的產品。企業經營這類產品時只能採用出口方式，而不能到國外辦企業，因為該國的勞動力價格太高。對技術水準較高的產品來說，為了便於進入國際市場，則必須到國外去辦公司。

國際市場容量的大小對進入方式的影響比較單一。對於目標市場所在國的市場容量較大的商品，採用出口貿易很難滿足市場需求，因而應採用國外投資辦企業的辦法。對於市場容量比較小的國家來說，則可採用出口商品和技術的辦法。

國際市場的競爭狀況因各國的情況不同而有所不同，但基本上可分為三種類型，即完全競爭、不完全競爭和壟斷。完全競爭是指無數規模不大的企業形成的競爭，每一個企業對市場的影響都較小，其市場佔有的份額也較小，因而既可以採用商品出口的形式，也可以到國外去辦企業。不完全競爭是指市場上存在較多競爭，但也有少數大企業在某些方面形成了壟斷。壟斷則是指少數大企業已壟斷了整個市場。在這種情況下，如果搞出口貿易，其數量有限，只能通過國外投資的辦法進入市場。

國際市場的資源狀況包括目標市場所在國的人力、財力、設備、原材料、能源、基礎設施等的供應狀況和在這些國家組織產品生產的生產成本。對於資源供應不足或生產成本很高的國家來說，只能走出口商品、許可證貿易、承包合同和勞務輸出的道路；對於能滿足供應且生產成本較低的國家來說，最好是到國外投資。

3. 本國市場條件

企業是否到國外市場從事行銷活動，主要取決於兩個因素，一是本國政府是否支持，二是參與國際市場行銷能否取得較大效益。這兩個因素同時影響著進入國際市場方式的選擇。從本國政府的政策來說，如果支持企業參與國際市場行銷，那要看對哪種進入方式的支持力度更大，企業應採用那些政府支持力度大的方式。企業參與國際市場行銷的內在動力是取得較高的經濟效益。國際市場經濟效益的高低首先取決於同國內市場行銷的比較。如果國內市場的效益較好，企業就不會到國際市場行銷。當然，衡量國內市場的經濟效益要從目前和長遠兩個方面看。有的企業看到國內市場目前效益不錯，但從長遠來看可能陷入困境，則也會把市場由國內轉到國外。企業在選擇進入國際市場行銷的方式時也要通過比較效益來確定。如果國內生產的成本較低，在進入方式上就選擇出口貿易。如果國內生產的成本較高，出口貿易已無競爭力，就會選擇國外投資。

二、選擇進入國際市場方式的標準

為了保證在進入國際市場方式選擇上的正確性，不僅要瞭解選擇的依據，還必須掌握選擇的標準。只有按這些標準去進行選擇，才能使選擇帶來更大的經濟效益。在選擇標準問題上，既要考慮客觀的因素，又要考慮主觀的因素。最理想的標準包括三個方面，即效益標準、風險標準和便利標準。

第二章　國際市場行銷主體

1. 效益標準

效益標準是指企業選擇的進入國際市場的方式能給企業帶來最大的經濟效益。由於經濟效益是投入和產出的比較，因而效益標準通常用兩個指標來衡量。一是利潤率，二是一次投資量。企業進行國際市場行銷的直接目的就是取得較高的利潤率，因而不同方式帶來的利潤率的高低就成為考慮是否選擇該方式的首要因素。當然，利潤率的高低與投資有關，只有投資數量達到生產的規模批量時，經濟效益才最好。如果自己沒有足夠的投資能力，儘管實踐證明某種方式最佳，自己採用時也不會取得較高的效益。同時，以經濟效益為標準還要考慮目前效益和長遠效益，其中國際聲譽的提高帶來的長遠效益是必須考慮的內容之一。

對於某種進入方式的效益標準在量上是很難掌握的，因為企業還沒有採用這種方式的先例，只能通過瞭解其他企業的同類信息來推斷。在推斷本企業採用該方式能夠取得的經濟效益時，既不能太樂觀，又不能太悲觀。太樂觀會因選擇失誤達不到行銷目標，太悲觀會因選擇失誤而喪失進入國際市場的機會。為增強其準確性，還要考慮各種風險因素。

2. 風險標準

風險標準是指企業所選擇的進入國際市場的方式要風險最小。風險是國際市場環境給企業行銷可能帶來的危險，包括政治風險和經濟風險兩個方面。認真研究這些風險的內容和特點是降低風險、防範風險的重要內容。

政治風險表現為國有化風險、戰爭風險和轉移風險三種形式。國有化是指東道國把外國投資建的企業及其資產收歸國有。國有化風險由於其影響很大，受傷害的企業又得不到任何補償，因而這種政策一般是伴隨著政府的更迭而產生的，持續掌權的政府一般不採用這一政策。戰爭風險是由內戰、邊境戰爭、騷亂以及與政治因素相關的恐怖事件給企業帶來的損失。這類風險的爆發有其突然性，企業在早期很難預防。這類風險發生後企業一般得不到補償，即使得到保險公司的補償也只能補償直接損失而不能補償間接損失。轉移風險是指東道國政府通過外匯管制等措施，使外國企業無法將其投資和所得的利潤匯回本國或轉移到其他國家。這種風險的損失雖不像其他方式那麼嚴重，但對外國企業選擇進入該國市場的方式來說，這無疑是一個重要的影響因素。

經濟風險主要表現為信用風險、匯兌風險、運輸風險、商業風險等。這些風險對不同進入方式的影響有較大的差異。對於出口貿易的各種方式來說，這些風險均不同程度地存在；對於國外投資來說，信用風險和匯兌風險大些，其他風險則很小。

為了真正瞭解各種風險對不同方式的作用程度，必須對風險的狀況進行評估。首先，要全面瞭解一個國家的政治經濟狀況，並對這些情況進行風險因素分析，看該國存在哪些風險類型。其次，要綜合分析該國對不同的進入方式帶來損失的風險類型。一般說來，每種進入方式都會受多種風險的影響，要根據具體情況，把可能產生的風險分別與不同的方式相對應。再次，要識別不同的風險對不同進入方式的

國際市場行銷

影響程度。不同的風險對不同的進入方式產生著不同的影響，例如，政治風險對國外投資的影響較大，經濟風險對出口貿易的影響較大。最後，要推測各種風險發生的概率。各種風險發生的概率是不同的，有些風險發生的概率很小，但風險帶來的損失很大；有些風險發生的概率大，但每次風險造成的損失不大。因此，衡量風險的大小，需要用風險發生的概率與風險損失額的乘積來推測。根據風險程度對不同方式的影響，從中做出有利的選擇。

3. 便利標準

便利標準是指企業採用該方式進入國際市場最順利和最方便。進入國際市場是否方便，取決於企業條件、本國政策與目標市場國家條件的協調一致性。如果企業有自營出口權和大量準備出口的商品，國家又鼓勵此類商品出口，目標市場所在國又急需要進口這類商品，那麼直接出口就是最方便的進入方式。如果前兩個方面的條件協調一致，而目標市場所在國對這種產品卻限制進口數量，那麼直接出口的方式就不能取得較好效果，因為企業要擴大進入國際市場的數量，就必須考慮到國外投資。在這一標準中，目標市場所在國進入市場的障礙起著主導作用，因為國內和企業內部條件的協調比同外國市場的協調容易得多。

上述三項標準是一個有機的整體，不能只考慮一個方面而忽視另一個方面，並要特別注意三項標準的統一性，以保證所選擇的進入方式達到最優化。

目前，在使用標準問題上，有的企業不做認真地分析和全面評價就隨意決定進入方式，從而出現了選擇失誤或效益不高。如有的企業把在某一國家進入方式的成功推而廣之，認為該方式可以全世界通用，從而出現了碰壁和失去進入市場的機會。有的則採取實用標準，哪種方式能進入就選哪種，而不管經濟效益和風險狀況，還有的把標準定得很低，只要能出口與盈利就行。這些做法雖然在短期內可以取得一定效益，但從長遠來看是不利的，必須注意改進，用更科學的標準來指導企業的選擇工作。

本章小結

本章主要從國際行銷主體的角度首先分析企業發展國際市場行銷的原因，從內部和外部層面提出市場競爭的壓力、追求更大效益的動力、政府的政策、新的市場空間的追求、獲取先進的科技管理知識信息的願望、避免貿易壁壘和貿易保護主義的干擾和良好投資環境的吸引力是現代企業從事國際市場行銷的主要動因。其次，本章站在國內的角度闡述中國企業發展國際市場行銷過程中存在的主要問題，對意識觀念、具體的行銷能力技巧、背景環境等方面進行說明，進而針對中國大量的中小企業如何發展國際市場行銷提出了注重國際市場信息的收集與調研、在大企業顧及不到的地方尋求發展、在專門化的原則下開拓海外市場、充分發揮自己的優勢等發展思路和途徑。再次，本章對國際市場行銷的機會的把握進行說明，分析了機會

第二章　國際市場行銷主體

的特點和種類，提出了把握機會的方式。本章詳細對比和描述了企業行銷進入國際市場的方式。進入方式包括本國製造後再出口與在國外製造銷售兩種。產品出口分為間接出口與直接出口，其中，間接出口又分為外貿收購與外貿代理。海外製造分為合營與獨資，其中，合營又分為組裝、合同生產、特許經營和合資。在方式特徵描述之外，還突出說明不同方式的優劣和適應性。最後，本章對進入國際市場方式選擇的依據進行分析，並提出比較通行的相關選擇標準。

關鍵術語

企業主體　中小企業　市場開拓　機會分析　產品出口　國外製造　市場的選擇

復習思考題

1. 中小企業進入國際市場面臨的主要問題有哪些？
2. 企業在進行市場開拓時需要注意哪些問題？
3. 請結合具體企業實例談談企業應如何發展國際市場行銷。

第三章　國際市場行銷環境

本章要點

- 國際市場行銷環境的特點
- 國際市場行銷環境的構成
- 國際市場行銷環境的融合

開篇案例

三個業務員尋找市場

美國一個制鞋公司要尋找國外市場。公司派了一個業務員去非洲一個島國讓他瞭解一下能否將本公司的鞋銷給他們。這個業務員到非洲後待了一天發回一封電報：這裡的人不穿鞋，沒有市場，我即刻返回。公司又派出了一名業務員。第二個人在非洲待了一個星期發回一封電報：這裡的人不穿鞋，鞋的市場很大，我準備把本公司生產的鞋賣給他們。公司總裁得到兩種不同的結果後，為了解到更真實的情況又派去了第三個人。該人到非洲待了三個星期，發回一封電報：這裡的人不穿鞋，原因是他們有腳疾。他們也想穿鞋，過去不需要我們公司生產的鞋，因為我們的鞋太窄，我們必須生產寬鞋，才能適合他們對鞋的需求。這裡的部落首領不讓我們做買賣，除非我們借助於政府的力量和公關活動做市場行銷。我們打開這個市場需要投入大約1.5萬美元。這樣我們每年能賣大約2萬雙鞋，在這裡賣鞋可以賺錢，投資收益率約為15%。

第三章　國際市場行銷環境

資料來源：菲利普・R.凱特奧拉.國際市場行銷學［M］.

章節正文

第一節　國際市場行銷環境概述

現代行銷學認為，企業經營成敗的關鍵，在於企業能否適應不斷變化的市場行銷環境。由於生產力水準的不斷提高和科學技術的進步，當代企業外部環境的變化速度遠遠超過企業內部因素變化的速度。因此，企業的生存和發展，越來越決定於其適應外界環境變化的能力。一般意義上，「環境」是指與某一特定作用體之間存在潛在關係的所有外在因素及實體的總和體系。當代企業市場行銷的本質就是在複雜多變的環境中運用市場行銷原理和規律，調動企業可控的要素去適應市場環境不可控因素的變化。

一、國際市場行銷環境的概念

行銷環境（Marketing Environment）是指存在於企業行銷部門外部的不可控因素和力量。這些因素和力量是影響企業行銷活動及其目標實現的外部條件。國際市場行銷環境是指影響企業跨國經營活動的所有外部力量和機構的總和。企業是社會的經濟細胞，企業的行銷活動不可能脫離周圍環境而孤立地進行。企業行銷活動要以環境為依據，主動地去適應環境，同時通過行銷努力影響外部環境，使環境有利於企業的生存和發展，有利於提高企業行銷活動的有效性。因此，重視研究行銷環境及其變化，是企業行銷活動的最基本課題。

行銷環境的內容比較廣泛，可以根據不同標志加以分類。基於不同觀點，行銷學者提出了各具特色的環境分析方法。菲利普・科特勒採用劃分為微觀環境和宏觀環境的方法。微觀環境與宏觀環境之間不是並列關係，而是主從關係，微觀環境受制於宏觀環境，微觀環境中的所有因素都要受宏觀環境中各種力量的影響。

國際市場行銷的本質是在國際環境中運用市場行銷原理和規律，即在一個更為複雜和更為不定的國際環境中去調動企業可控因素去適應國際環境不可控因素的變化。國際市場行銷環境包括企業內部力量的微觀環境和由外部因素構成的宏觀環境。國際市場行銷環境可分為人口經濟、社會文化、政治法律、科學技術、自然資源等幾大類環境因素。

國際市場行銷

1. 按照內容劃分

按照內容劃分，國際市場行銷環境包括微觀環境和宏觀環境。微觀環境（Micro Environment）是指直接地與企業的行銷活動發生相互作用和影響的因素，包括企業自身、供應者、行銷仲介、顧客、競爭者和公眾。微觀環境直接影響與制約企業的行銷活動，多半與企業具有或多或少的經濟聯繫，也稱直接行銷環境或作業環境。所有的微觀環境因素都會受到宏觀環境的影響和制約。

宏觀環境（Macro Environment）是指間接地與企業的行銷活動發生相互作用和影響的諸因素，包括人口環境、經濟環境、自然環境、技術環境、政法環境和社會文化環境。宏觀環境一般以微觀環境為媒介去影響和制約企業的行銷活動，在特定場合也可直接影響企業的行銷活動。宏觀環境被稱作間接行銷環境。宏觀環境因素與微觀環境因素共同構成多因素、多層次的企業行銷環境的綜合體。

2. 按照對企業行銷活動的影響劃分

按照對企業行銷活動的影響，國際市場行銷環境可分為環境機會和環境威脅。環境機會是指行銷環境中對企業市場行銷有利的各項因素的總和。企業應對市場機會和成功的可能性做出恰當的評價，結合企業自身的資源和能力，及時將市場機會轉化為企業機會。環境威脅是指行銷環境中對企業行銷不利的各項因素的總和。如果不採取果斷的市場行銷行為，這種不利因素將會影響企業的市場地位。行銷者應善於識別所面臨的或潛伏的威脅，並正確評估其嚴重性和可能性，進而制定應變計劃。

二、國際市場行銷環境的特徵

1. 客觀性

企業的國際市場行銷活動，是在不同國家（地區）的經濟、文化和政治法律等外界環境條件下進行的。這些外界條件是客觀存在的，不以企業意志為轉移。企業只要從事國際市場行銷活動，就必須面對各種環境條件，也必然受到各種各樣環境因素的影響和制約，因此，企業要主動適應環境的變化和要求，制定並不斷調整市場行銷策略。事物發展與環境變化的關係是適者生存、不適者淘汰，它也完全適用於企業與環境的關係。企業善於適應環境就能生存和發展，不能適應環境的變化就難免被淘汰。

2. 差異性

不同的國家或地區之間，宏觀環境存在著廣泛的差異，微觀環境也千差萬別。正因行銷環境的差異，企業必須採用各有特點和針對性的行銷策略。市場行銷環境的差異性不但表現為不同的企業受不同環境的影響，而且表現為同樣一種環境因素的變化對不同企業的影響也不相同。同時，不同企業對同一環境因素及其變化所產生的影響也會有不同的認識與理解。

第三章　國際市場行銷環境

3. 多變性

國際市場行銷環境總是處在一個不斷變化的過程中，它是一個動態系統。不同國家的企業，在發展的過程中必須適應環境的變化，不斷地調整和修正自己的行銷策略；否則，將會喪失市場機會。構成行銷環境的諸因素都受眾多因素的影響，每一環境因素都隨著社會經濟的發展而不斷變化。行銷環境的變化，既會給企業提供機會，也會給企業帶來威脅。雖然企業難以準確預見未來環境的變化，但可以通過設立預警系統（Warning System），追蹤不斷變化的環境，及時調整行銷策略。要注意的是，行銷環境也具有一定的相對穩定性，可謂「變化是絕對的，靜止是相對的」。企業的行銷活動既要適應環境的變化，不斷地調整和修正自己的行銷策略，又要認識到行銷環境的相對穩定性，以及時捕捉市場機會。

4. 相關性

國際市場行銷環境是一個系統。在這個系統中，各個影響因素相互依存、相互作用和相互制約。這是由於社會經濟現象的出現往往不是由某單一因素所能決定的，而是受到一系列相關因素影響的結果。某一因素的變化會帶動其他因素相應變化，形成新的行銷環境。例如，競爭者是企業重要的微觀環境因素，而宏觀環境中的政治法律因素或經濟政策的變動，均能影響一個行業競爭者加入的數量，從而形成不同的競爭格局。又如，市場需求不僅受消費者收入水準、愛好以及社會文化等方面因素的影響，政治法律因素的變化往往也會對其產生決定性的影響。因此，要充分注意各種因素之間的相互作用。

5. 不可控性

影響國際市場行銷環境的因素是多方面的，也是複雜的，並表現出不可控性。例如一個國家的政治法律制度、人口增長以及一些社會文化習俗等，企業不可能隨意改變。另外，各個環境因素之間也經常存在著矛盾關係。如消費者對家用轎車的興趣與熱情，就可能與客觀存在的汽油供應緊張、汽油價格持續上升相矛盾。這就促使企業不得不進一步權衡，在利用可以利用的資源前提下去開發新產品，而且企業的行為還必須與政府及各管理部門的要求相符合。雖然一般而言，企業只有改變自己適應環境，但企業面對行銷環境並非無能為力和束手無策，完全可以充分發揮自己的主觀能動性，以避免威脅，利用機會，甚至可以發揮自己的能力，嘗試改變或者局部改變環境。

三、國際市場行銷環境的發展趨勢

當今，世界經濟正以勢不可擋的趨勢朝著全球市場一體化、企業生存數字化、商業競爭國際化的方向發展。以互聯網、知識經濟、高新技術為代表的新經濟迅速發展，新經濟及需求的特點越來越體現信息化、網路化、差異化、個性化。新世紀的行銷正是處於這樣一個高度競爭、瞬息萬變的宏觀環境中。

國際市場行銷

1. 信息技術正在發生著日新月異的飛速變化

進入 21 世紀,信息技術的變化之快,超過了許多公司的適應能力,信息技術的基礎設施在技術和兼容性方面已經達到了令人欣慰的程度。下一個引起變革的浪潮,包括移動電子商務以及應用軟件從個人電腦普遍地移到以互聯網為基礎的平臺上,可供企業獲取及時的、充分的信息資源,對信息技術和信息的適用以及決策程度將造成質的變化。

2. 企業競爭國際化的加劇

20 世紀企業之間的競爭,大多是一國企業之間的競爭,競爭規則往往達不到規範化的要求,非公平競爭因素常常摻入其中,搞點小動作,拉點關係,取得某個當權者的支持就能使企業佔有優勢,可輕易地取得差別利益。新的世紀,世界各國,各地的企業進入,競爭規則越來越標準化,競爭的層次提高,競爭的激烈程度增強。所以,企業必須按規範的、符合新世紀行銷要求的競爭規則,來適應企業經營的國際化。

3. 環境保護對企業的要求越來越嚴格

環境問題已經被國際社會及各個國家放到了非常重要的位置,它是經濟持續發展的關鍵。因此,環保方面的法規、政策對企業要求越來越嚴格,有些企業由於不符合環保要求而被淘汰,新的世紀更是如此。所以,21 世紀的企業必須考慮環保問題,必須有預見性,預測到產品的經營環境在環保方面的變化,盡早地根據環保要求更新設備,調整生產經營。如果企業及時地按環保政策和標準生產了符合要求的產品(在其他企業沒及時做到的情況下),就抓住了機會,就可獲取豐厚的利潤,就能較快地促進企業的發展。

4. 市場需求的離散化、多樣化、高檔化

隨著人們經濟、文化、生活水準的提高,人們需求的離散化、多樣化、高檔化越來越突出。將來在消費上標新立異、特點明顯的消費者日益增多,這為企業有效細分市場,尋找特殊消費群體,有針對性地生產與經營個性化產品創造了機會。這就要求企業在構思、設計、生產以及推銷產品上,要個性化、多樣化,形成為多目標市場、多顧客群體經營和服務的局面。將來在消費上追求高檔品、奢侈品的人日益增多,低檔品很多要消失,高檔品進入主流消費。在中國的很多國外公司已清楚地看到了這一點,已開始為企業高檔品的生產與消費造勢、宣傳、引導。

四、國際市場行銷環境對企業市場行銷的影響

國際市場行銷環境通過其內容的不斷增加及其自身各因素的不斷變化,對企業行銷活動產生影響。首先,國際市場行銷環境的內容隨著市場經濟的發展而不斷變化。環境因素由內向外不斷擴展,被國外學者稱為「外界環境化」現象。其次,環境因素經常處於不斷變化之中。環境的變化既有環境因素主次地位的互換,也有可

第三章　國際市場行銷環境

控程度以至是否可控的變化，還有矛盾關係的協調。隨著中國社會主義市場經濟體制的建立與完善，市場行銷宏觀環境的變化也將日益顯著。當構成企業行銷環境的各個方面的因素被放到一個以不同地域、不同歷史、不同文化背景、不同經濟發展階段的國際市場中，所構成的行銷環境變得範圍更廣，也更複雜了。比如商標的所有權問題，採用大陸法系的國家奉行註冊在先的原則，而採用普通法系的國家則奉行使用在先的原則。美國人談判喜歡開門見山，直接介入主題，馬上談出結果，阿拉伯人在談判中卻看重個人感情，總要先花上一兩個小時談無關要緊的事。實行民主制的國家，經貿政策透明度高，領導人換屆對生意不會有很大的影響，而實行「獨裁制」、軍人執政的國家卻是朝令夕改，讓人摸不透，但一旦打通關係，也可做成大買賣。自行車在發達國家作為運動工具，在發展中國家則作為交通工具、運輸工具，在某些落後部落則成為財富的象徵。

　　一個企業在一國經營，要把握經營環境的各個方面，並把它們綜合起來考慮，本身就很複雜了。如果公司的行銷活動進入國際市場，那影響公司的因素就會增加。企業涉及的購銷市場和東道國越多，後者就會成倍數地增加。企業行銷活動涉及的銷售市場數目多，情況複雜，而且這些市場又是互相聯繫的，因此在產品多樣化方針和某種程度的集權與分權相平衡的組織原則下進行行銷的跨國公司，在各國、各地區的外部銷售業務活動中，勢必既有互相配合、協調和補充的一面，又有互相矛盾、滲透和排斥的一面。銷售市場的這種複雜性給企業的行銷戰略管理帶來困難。英國著名管理學家彼得·德魯克（Peter Drucker）在其著作《不連續的時代》（The Age of Discontinuity）中指出，世界的經濟與技術正面臨一個不連續的時代。換言之，在技術上和經濟政策上，在產業結構和經濟理論上，在管理的知識上，以後都將是一個瞬息萬變的時代。他認為，50年來世界的產業、技術等結構都是延續1913年以前的傳統基礎。但是，由於知識的突破，新技術的發明，社會、經濟、政治、文化等結構的轉變，人們所熟悉的生活將面臨革命性的改變，並將出現一個「不連續的時代」。複雜性、多樣性、變化和不確定性是國際市場行銷環境的主要趨勢。這些趨勢對企業的行銷管理有很大的影響。如果對外部環境的多種因素的作用沒有正確的基本估計，或者對其作用力量的強弱、作用範圍的大小，發揮作用時間的早晚和作用時間的持續長短，以及作用的機制如何等問題沒有比較正確的估計，那麼，外部環境因素多樣性給企業帶來的新機會或附加機會就可能會變成額外的負擔和損失。

　　行銷環境是企業行銷活動的制約因素，行銷活動依賴於這些環境才得以正常進行。這表現在：行銷管理者雖可控制企業的大部分行銷活動，但必須注意環境對行銷決策的影響，不得超越環境的限制；行銷管理者雖能分析、認識行銷環境提供的機會，但無法控制所有因素的變化，更無法有效地控制競爭對手；由於行銷決策與環境之間的關係複雜多變，行銷管理者無法直接把握企業行銷決策實施的最終結果。此外，企業行銷活動所需的各種資源需要在環境許可的條件下取得，企業生產與經

營的各種產品也需要獲得消費者或用戶的認可與接納。

雖然企業行銷活動必須與其所處的外部和內部環境相適應，但行銷活動並非能被動地接受環境的影響。行銷管理者應採取積極、主動的態度，能動地去適應行銷環境。就宏觀環境而言，企業可以以不同的方式增強適應環境的能力，避免來自環境的威脅，有效地把握市場機會。在一定條件下，也可運用自身的資源，積極影響和改變某些環境因素，創造更有利於企業行銷活動的空間。菲利普‧科特勒的大市場行銷理論認為，企業為成功地進入特定的市場，在策略上應協調地使用經濟、心理、政治和公共關係等手段，以博得外國或地方有關方面的合作與支持，消除封閉型或保護型的市場存在的壁壘，為企業從事行銷活動創造一個寬鬆的外部環境。就微觀環境而言，直接影響企業行銷能力的各種參與者，事實上都是企業行銷部門的利益共同體。企業內部其他部門與行銷部門利益的一致自不待言。按市場行銷的雙贏原則，企業行銷活動的成功，應為顧客、供應商和行銷中間商帶來利益，並造福於社會公眾。即使是競爭者，也存在互相學習、互相促進的因素，有時也會採取聯合行動，甚至成為合作者。

「適者生存」既是自然界演化的法則，也是企業行銷活動的法則。如果企業不能很好地適應外界環境的變化，那很可能在競爭中失敗，從而被市場淘汰。強調企業對所處環境的反應，並不意味著企業對環境是無能為力或束手無策的，只能消極地、被動地改變自己以適應環境，而是應從積極主動的角度出發，能動地去適應行銷環境。也就是說，企業可以以各種不同的方式增強適應環境的能力，規避來自行銷環境的威脅。

● 第二節　國際市場行銷微觀環境的構成

宏觀行銷環境（Macro Environment）是指那些作用於微觀行銷環境，並因此造成市場機會或環境威脅的主要社會力量，包括人口、自然、經濟、科學技術、政治法律和社會文化等企業不可控制的宏觀因素。企業及其直接環境都受到這些社會力量的制約和影響。由於直接行銷環境作用於企業的行銷活動，因此宏觀行銷環境也被稱作間接行銷環境。有關宏觀環境的介紹將在後面章節中重點說明，本節重點介紹微觀環境。

微觀行銷環境是指對企業服務其目標市場的行銷能力構成直接影響的各種力量，包括企業內部環境及其行銷渠道企業、目標顧客、競爭者和公眾等與企業具體業務密切相關的個人和組織，也被稱為直接行銷環境。行銷活動通常由企業中的行銷部門具體執行，但是也需要企業其他部門，如生產、研發、財務、人力資源部門的配合，因此企業內部環境通常也涵蓋在微觀行銷環境中。

第三章　國際市場行銷環境

一、企業內部環境

除市場行銷管理部門外，企業本身還包括最高管理層和其他職能部門，如製造部門、採購部門、研究開發部門及財務部門等。這些部門與市場行銷管理部門一起在最高管理層的領導下，為實現企業目標共同努力著。正是企業內部的這些力量構成了企業內部行銷環境。而市場行銷部門在制訂行銷計劃和制定決策時，不僅要考慮到企業外部的環境力量，而且要考慮到與企業內部其他力量的協調。

首先，企業的行銷經理只能在最高管理層所規定的範圍內進行決策，以最高管理層制定的企業任務、目標、戰略和相關政策為依據，制訂市場行銷計劃，並得到最高管理層批准後方可執行。

其次，行銷部門要成功地制訂和實施行銷計劃，還必須有其他職能部門的密切配合和協作。例如，財務部門負責解決實施行銷計劃所需的資金來源問題，並將資金在各產品、各品牌或各種行銷活動中進行分配；會計部門則負責成本與收益的核算，幫助行銷部門瞭解企業利潤目標實現的狀況；研究開發部門在研究和開發新產品方面給行銷部門以有力支持；採購部門則在獲得合適的原料或其他生產性投入方面擔當重要責任；製造部門的批量生產保證了適時地向市場提供產品。

二、供應商

供應商是影響企業行銷微觀環境的重要因素之一。供應商是指向企業及其競爭者提供生產產品和服務所需資源的企業或個人。供應商所提供的資源主要包括原材料、設備、能源、勞務、資金等。它對行銷的影響表現為資源的可靠性、資源的供應價格和資源的質量對行銷的影響。

①資源的可靠性。原材料、零部件、能源及機器設備等貨源的保證，是企業行銷活動順利進行的前提。例如糧食加工廠需要穀物來進行糧食加工，還需要具備人力、設備、能源等其他生產要素，才能使企業的生產活動正常開展。供應量不足，供應短缺，都可影響企業按期完成交貨任務。②資源的供應價格。供貨的價格會直接影響企業的成本。如果供應商提高原材料價格，生產企業將被迫提高其產品價格，由此可能影響到企業的銷售量和利潤。③資源的質量。供應貨物的質量直接影響到企業產品的質量。

針對上述影響，企業在尋找和選擇供應商時，應特別注意兩點：第一，企業必須充分考慮供應商的資信狀況。要選擇在質量和效率方面都信得過的供應商，並且要與主要供應商建立長期穩定的合作關係，保證企業生產資源供應的穩定性。第二，企業必須使自己的供應商多樣化。企業過分依賴一家或少數幾家供貨人，受到供應變化的影響和打擊的可能性就大。為了減少對企業的影響和制約，企業就要盡可能多地聯繫供貨人，向多個供應商採購，盡量避免過於依靠單一的供應商，避免與供

國際市場行銷

應商的關係發生變化時企業陷入困境。

三、中間商

　　中間商是協助公司尋找顧客或直接與顧客進行交易的企業。中間商分兩類：代理中間商和經銷中間商。代理中間商包括代理人、經紀人、製造商代表等，專門介紹客戶或與客戶磋商交易合同，但並不擁有商品所有權。經銷中間商，如批發商、零售商和其他再售商等，購買產品，擁有商品所有權，再售商品。中間商對企業產品從生產領域流向消費領域具有極其重要的影響。在與中間商建立合作關係後，要隨時瞭解和掌握其經營活動，並可採取一些激勵性合作措施，推動其業務活動的開展，而一旦中間商不能履行其職責或市場環境變化時，企業應及時解除與中間商的關係。

四、顧客

　　顧客是企業產品或服務的購買者，是企業經營活動的出發點和歸宿，是企業生存之本。企業的行銷活動是以滿足顧客需要為中心的。顧客變化著的需求，要求企業以不同的服務方式提供不同的產品，制約著企業行銷決策的制定和服務能力的形成，因此企業必須認真地研究顧客的類型、需求的特點、購買慾望和動機、購買規律以及從事購買的人員或組織的特點、購買方式等，在全面細緻地瞭解目標顧客的基礎上進行行銷決策。顧客可以從不同角度以不同的標準進行分類。按照購買動機，整個市場分為消費者市場、產業市場、中間商市場、政府市場和國際市場，每一種市場都有其獨特的顧客。

五、競爭者

　　一個組織很少能單獨為某一顧客市場服務。公司的行銷系統總會受到一群競爭對手的包圍和影響。企業競爭對手的狀況將直接影響企業的行銷活動。企業要成功，必須在滿足消費者需要和慾望方面比競爭對手做得更好。大體來說，一個企業在市場上所面對的競爭者主要有以下幾類。

　　願望競爭者是指提供不同產品以滿足當前顧客不同需求的競爭者。消費者的需要是多方面的，但很難同時滿足，在某一時刻可能只能滿足其中的一個需要。消費者經過慎重考慮做出購買決策，往往是提供不同產品的廠商為爭取該消費者成為現實顧客競相努力的結果。假定一個人勞累之後需要休息一下，這個人會問：「我現在要做些什麼呢？」他（她）的腦裡可能會閃現社交活動、體育運動和吃些東西的念頭。我們把這些稱為願望競爭因素。

　　屬類競爭者是指提供不同產品以滿足同一種需求的競爭者。屬類競爭是決定需要的類型之後的次一級競爭，也稱平行競爭。還是上面的例子，假如這個人很想解

第三章　國際市場行銷環境

決饑餓感，那麼問題就成為「我要吃些什麼呢?」，各種食品就會出現在心頭，如炸土豆片、糖果、軟飲料、水果。這些能表示滿足同一需要的不同方式，我們可稱為屬類競爭因素。

產品形式競爭者是指滿足同一需要的產品的各種形式間的競爭者。同一產品，規格、型號不同，性能、質量、價格各異，消費者將在充分收集信息後做出選擇。如購買彩電的消費者，要對規格、性能、質量、價格等進行比較後再做出決策。如果他（她）決定吃糖果，那麼又會問：「我要什麼樣的糖果呢?」，於是就會想起各種糖果來，如巧克力塊、甘草糖和水果糖，這些糖果都是滿足吃糖慾望的不同形式，它們稱為產品形式競爭因素。

品牌競爭者是指滿足同一需要的同種形式產品不同品牌之間的競爭。如購買彩電的顧客，可在同一規格的長虹、海爾、康佳、TCL等品牌之間做出選擇。消費者認為他要吃巧克力塊，這樣又會面對幾種牌子的選擇，如雀巢和火星等，這些稱為品牌競爭因素。

六、公眾

公眾是指對一個企業實現其目標的能力有實際的或潛在的興趣或影響的任何團體。公眾可能有助於增強一個企業實現自己目標的能力，也可能妨礙這種能力。鑒於公眾會對企業的命運產生巨大的影響，精明的企業就會採取具體的措施，成功地處理與主要公眾的關係。大多數企業都建立了公共關係部門，專門籌劃與各類公眾的建設性關係。公共關係部門負責收集與企業有關的公眾的意見和態度，發布消息、溝通信息，以建立信譽。如果出現不利於公司的反面宣傳，公共關係部門就會成為排解糾紛者。

當然，一個企業的公共關係事務完全交給公共關係部門處理，那將是一種錯誤。企業的全部雇員，從負責接待一般公眾的高級職員到向財界發表講話的財務副總經理，到走訪客戶的推銷代表，都應該參與公共關係的事務。

每個企業的周圍基本都有七類公眾。

1. 融資公眾

融資公眾是指影響企業融資能力的金融機構，如銀行、投資公司、證券經紀公司、保險公司等，它們影響企業獲得資金的能力。企業可以通過發布樂觀的年度財務報告，回答關於財務問題的詢問，穩健地運用資金，在融資公眾中樹立信譽。

2. 媒體公眾

媒體公眾是指那些刊載、播送新聞、特寫和社論的機構，特別是報紙、雜誌、電臺、電視臺。企業必須與媒體組織建立友善關係，爭取有更多更好的有利於本企業的新聞、特寫與社論。

3. 政府公眾

政府公眾是指負責管理企業行銷業務的有關政府機構。這些機構對產品的安全性、廣告的真實性等方面進行監督。此外，企業管理當局在制訂行銷計劃時，必須認真研究與考慮政府政策與措施的發展變化。企業的發展戰略與行銷計劃必須和政府的發展計劃、產業政策、法律法規保持一致，注意諮詢有關產品安全衛生、廣告真實性等法律問題，倡導同業者遵紀守法，向有關部門反應行業的實情，爭取立法。

4. 公民行動團體

一個企業行銷活動可能會受到消費者組織、環境保護組織、少數民族團體等的質訊。企業行銷活動關係到社會各方面的切身利益，必須密切注意來自社團公眾的批評和意見。

5. 地方公眾

每個企業都同當地的公眾團體，如鄰里居民和社區組織，保持聯繫。企業必須重視保持與當地公眾的良好關係，積極支持社區的重大活動，為社區的發展貢獻力量，爭取社區公眾理解和支持企業的行銷活動。

6. 一般公眾

一般公眾是指上述各種關係公眾之外的社會公眾。企業需要關注一般公眾對企業產品及經營活動的態度。雖然一般公眾並不是有組織地對企業採取行動，但是企業在一般公眾中的形象直接影響到他們是否購買本企業的產品。

7. 內部公眾

企業的員工，包括高層管理人員和一般職工，都屬於內部公眾。企業的行銷計劃需要全體職工的充分理解、支持和具體執行。企業要經常向員工通報有關情況，介紹企業發展計劃、發動員工出謀獻策、關心職工福利，獎勵有功人員，增強內部凝聚力。當企業雇員對自己的企業感到滿意的時候，他們的態度也就會感染企業以外的公眾。在一般情況下，企業的形象是靠企業的員工傳達給外部顧客的，特別是服務性企業。員工的責任感和滿意度，必然會傳播並影響外部公眾，從而有利於塑造良好的企業形象。

第三節 環境的融合

國際市場行銷環境畢竟不同於國內市場行銷環境。由於政治、經濟、法律、文化環境往往有較大差異，因此國外市場上消費者的購買能力、價值觀、偏好等會與本國市場的消費者有很大的不同，市場規則、銷售渠道、商業習慣等也會有很大的不同。這些將在以後幾章的國際市場行銷環境中加以專門的討論。環境的不同導致國內與國際市場的較大差異。歷史上，國內與國際市場是兩個並不交融的市場，這

第三章　國際市場行銷環境

使得企業走向國際市場的難度與阻力增加，也使一些企業即便面對國際市場的巨大機會也不願意涉足海外市場。當然，國際市場比國內市場有更大的不確定性也是企業卻步的重要原因。畢竟，進行國際行銷要碰到和處理國內行銷沒有或較少碰到的問題：不同的語言、風俗習慣；不同的產品標準、包裝規格或計量單位；不同的貿易方式、支付方式；不同的法律、稅收；利率變化、匯率變化、政治風險等。對於在國內市場經營狀況良好的企業，如果沒有承受壓力或企業領導具有戰略眼光，是不大願意冒此風險的。一是考慮到國內仍有相當大的發展餘地，二是考慮到進入他國市場的風險和成本。上海新光內衣針織廠是一家年創匯3,000多萬美元的企業，產品遠銷幾十個國家，但至今仍然主要通過外貿收購出口。該廠領導認為這種方法已經實行多年，企業既無風險又可省去許多麻煩，只要與外貿合作得好，這方法也不錯。

　　當然，也並不是所有的企業都需要、都有能力進入國際市場的。大多數國家的中小企業主要的行銷活動還是在國內市場。例如：儘管有自營出口權力，日本中小企業自營出口額僅占中小企業出口總額的30%。美國90%的製造廠商的產品出口是委託中間貿易商代理的。中國市場這麼大，不可能每個企業要發展為外向型。中國實行外貿體制改革後，當時下放一部分外貿權，讓一些大中型企業自營出口，有些企業就不要這個權利。因為權力的下放也意味著責任的承擔，必須要完成國家下達的創匯指標。而當時，這些企業對國際市場的環境、競爭、變化及行銷手段非常陌生，實際上尚未具備進行卓有成效的國際行銷的能力。同時，並非到國際市場上去創業、去競爭的企業都能獲得成功。絕大多數商品的國際市場是買方市場，賣方之間的競爭非常激烈，有競爭就必然有失敗者。不要說對市場競爭不熟悉的初次進入者，就是在國內外享有盛譽的大企業也有慘敗之時。美國最大的啤酒企業布施公司在擊敗國內對手方面極具優勢。1979—1989年，年銷售額從32億美元上升到95億美元，利潤從1.5億美元上升到7.6億美元，戰績可謂輝煌。由於美國國內人均啤酒消費量逐漸下降，近年來公司把眼光移向了國外。在雄厚的財力支持下，通過購買國外啤酒廠家、允許國外廠家生產和銷售美國牌子的啤酒、大做廣告等促銷活動，公司大張旗鼓地開展國際行銷活動。但在那些善於開發國際名牌啤酒的競爭對手面前，布施公司的措施顯得笨拙和軟弱。數年下來該公司至今未能從海外的經營中獲得好處。臺灣制革業的許多廠家抱怨島內競爭激烈，環境惡化，便紛紛轉到菲律賓、泰國等東南亞國家，想借助於那裡勞動力成本低、控制少、急於吸引外資等有利條件發展這些既非高技術，又非新產品的皮革製品出口。但是不足兩年，已有不少企業虧損、倒閉或撤出了。

　　確定誰是公司產品的購買者，對公司產品需求有多大，誰是公司潛在的競爭對手等問題相對來說在陌生的國際市場上更為突出。蘇州市吳江區發展兔毛生產幾起幾落，毛兔飼養量在30萬~120萬只的範圍內大幅度地波動，主要原因就是國際市場的變化與不確定性。中荷合資的上海菲利浦半導體公司，相當長一段時間處於虧

國際市場行銷

損經營。主要原因是，由於國際市場的變化，三年前項目洽談時安排的計劃現在無法順利執行。菲利浦總公司不能按約接受上海菲利浦70%的產品，而中國電子工業的迅速生長與電視機市場趨於飽和，使原計劃由上海菲利浦提供中國電視機行業30%的集成電路變得不可能，公司最後不得不做出戰略性的大調整才得以擺脫危機。另外，政府對外資投入後的發展會有什麼新的限制？對外國商品的湧入會有什麼態度變化？經濟、政治政策是否經常變化？變化如何？對外匯交易、外匯市場有什麼控制與干預？這些也是外向型企業所關注的。美國罐頭公司懼於國外經營的風險，而限制其國外營業量必須低於其全部業務量的50%，以保持其業務的穩定性就是一例。

儘管環境和歷史的原因導致國內與國際市場的分割，使國際行銷有更多的阻力與風險，但還是有越來越多的公司企業進入了國際市場。因為除了國際市場有更多的機會和有更大的發展天地之外，關鍵在於環境的融合使得國內國際兩個市場正日趨緊密地聯繫在一起，國內與國際不再是兩個差異巨大、缺乏聯繫、相互無關的市場，而日漸成為融合與統一的整體。造成環境融合與市場統一的原因與動力主要在以下三個方面。

一、國家之間的聯繫在加強

國與國之間在政治、軍事、經濟貿易、科技、社會文化等方方面面的合作與聯繫都在加強，使得一國經濟發展越來越依賴於與其他國家的聯繫與交往。曾經美國有一部分人要求政府和國會取消給中國的貿易最惠國待遇。美中貿易全國委員會分析指出，這將對中國和美國都造成很大的損害。因為兩國的經貿關係已相當密切。中國作為美國市場上最大的紡織品進口國，為美國消費者提供了價廉物美、富有競爭力的服裝、針棉織品、布匹等，而中國也因此獲得了大量的就業機會。2017年，中國從美國進口121,539億美元商品，這也為美國創造了許許多多的就業機會。海灣危機期間聯合國實施的對伊拉克的禁運，不僅使伊拉克的經濟遭受重大打擊，也嚴重損害了埃及、巴基斯坦、土耳其等許多國家的經濟，中國也因此遭受到數十億美元的損失。但中國一些生產消毒劑、清潔劑的化工廠卻因美國廠商的大量訂單而生意興旺，供不應求。第二次世界大戰後的世界發展史表明，發展中國家和地區的崛起，無一不是得益於發展外向型經濟。二十多年來，中國吸收了數百億美元的外資，建起了數萬家合資企業，引進了許多項目，進出口總額年年大幅度增加，處於改革開放前沿的沿海城市和地區因此得以迅速發展。而經濟特區，由於相對來說開放徹底，外向型成分高，也就成了中國經濟發展最快的地區。

二、國際組織壯大

國際組織存在的初衷，必然是力促國家的合作與交流，加強國際聯繫。過去，

第三章　國際市場行銷環境

國際組織實力弱，權力小，得到的認可度低，即便他們不斷盡力促進世界市場的融合，但心有餘而力不足，效果並不理性。而今不但各種國際性組織的數量、種類增多，而且作用日益加強。由於現在國際組織掌控的資源在增加，能給相關國家與地區帶來更多的利益與好處，號召力相應加強，權力也擴大了。當然在促進合作與交融的能力方面也提高很多，效果也改善了。國際組織不僅涉及像世界銀行、WTO、國際貨幣基金組織等經濟性組織，同樣也涉及奧委會、紅十字會等非經濟性組織。它們都能起到相似的作用，使國際國內兩個市場聯繫起來。

WTO 的出現使各國的關稅不斷降低，進出口相對更加容易。中國為加入世界貿易組織，已經取消了進口調節稅，實行許可證管理的進口商品也大為減少，且要在三年內逐步全部取消許可證，人民幣自由兌換也將在可預見的期間內實行。加入WTO 的衝擊已經使中國的企業深深感到，中國市場是國際市場的一個重要組成部分，企業的決策必須站在更高的基礎上進行。

世界銀行每年對華投資貸款額已超過 20 億美元。上海機床行業利用世界銀行的貸款進行行業更新改造，購置了許多國外先進的機器、設備和技術，極大地促進了行業外向型的發展，使出口機床檔次顯著提高，出口市場更為廣闊。

受歐盟地區一體化的影響，各種區域性組織如雨後春筍般湧現。美國、加拿大和墨西哥的北美自由貿易區已正式成立；由十一國組成的拉美一體化協會也已經宣告成立；加勒比共同體十三國聲稱要建立一個單一的地區市場；由十六國組成的西非國家經濟共同體、由十五國組成的東非南非特惠貿易區以及由六國組成的中非經濟聯盟這三大地區性集團將組成單一的非洲共同市場；亞太經濟圈也在構思之中。所有這些均表明區域經濟一體化可能會成為跨世紀全球經濟活動的主流。在消除了內部貿易壁壘的共同體內，國內國際市場趨於統一，各國企業間的競爭更趨於平等。

三、跨國公司作用加強

現在的跨國公司數量、規模、實力與過去相比已不可同日而語，一些大型跨國公司的影響力足以與國家匹敵。目前與跨國公司有關的貿易據估計已達到世界貿易總額的三分之二以上。其中又有 50% 左右是在跨國公司內部進行的。跨國公司的活動也必然使兩個市場更緊密地聯繫在一起。跨國公司以全球市場為戰略目標，要生存與發展下去就要有良好的國際合作與交流。國內與國際市場融合得越好，其發展就越有前途與空間。跨國公司通常能夠以內部的交流帶動所跨國家與地區的聯繫。它所關心的是在全球範圍內尋找最經濟的生產場所、最便利的存儲點和最有潛力的市場。這樣做的結果，就把原來本公司體系內部門間和部門內的分工擴展到世界範圍，將這種分工擴大為各國間企業的相互依賴與協作。跨國公司在各國的分支機構、子公司本身就是與機器設備、原材料和零部件的輸入與輸出混合在一起的。美國通用汽車公司生產的 J 牌汽車是由德國製造的車殼、澳大利亞製造的車廂、美國製造

國際市場行銷

的懸掛裝置、日本製造的變速器和巴西製造的引擎在美國本土組裝而成的。而引擎、變速器的不少零件又是從其他幾個國家輸入巴西與日本的。跨國公司的這些活動，具有強烈的國際性，大大推動了各國商品的國際流動。大眾汽車公司與上海汽車工業集團合資生產的桑塔納轎車，使得德國的設備、零件大量地進入了中國市場。而國產化率的提高帶動了上海一大批相關行業，許多零部件不僅返銷德國，也向世界各國的汽車零配件市場拓展。全球化經營的趨勢正方興未艾，一些二流企業也開始加入此行列。美國斯泰林公司，近年來在全球各地廣設分廠，國外收益已近公司總收益的30%。大企業的合作、兼併更是國際經濟關注的熱點。這些行為都將使各國市場進一步開放，聯繫進一步密切。

上述原因使得國內與國際市場融為一體，企業自己不走出去別人也會走進來。企業要在國內市場保住地位，很大程度上依賴於它們在國際市場上的成功；反之亦然。不過，強調國內國際市場的聯繫和向外發展，並不意味著企業可以忽略國內市場的開發。中國本身是個大市場，且沿海地區與內陸發展也不平衡。國際經濟有週期性，有其特有的風險。一個具有戰略眼光的企業家應該兼顧兩個市場，做到攻守自如，進退有餘。上海滬東造船廠依靠國內市場迅速發展擠入國際市場，並以質好價低的優勢逐漸拓展海外市場。當時世界造船業不景氣，許多船廠紛紛關閉，也嚴重影響了正在發展的滬東造船廠，致使貨單銳減，生產能力下降。該廠轉向積極鞏固國內造船市場上的佔有率，並發揮技術優勢，拓展了許多新的領域，為京、津、滬等大城市承建人行立交橋、大廈鋼架、電視塔、跨江大橋等工程，並借調整結構之機，大力提高員工素質和技術水準，為今後進一步開拓國際市場打下基礎。而造船業開始復甦時，該廠便生產出了代表21世紀船型的「柏林快航」，出口德國，贏得了聲譽，也贏得了更多的訂單。上海南洋襯衫廠是外貿出口專業廠家，產品90%以上供出口，但企業考慮到國際市場的變化和競爭，近幾年也努力開拓國內市場，用國際市場的新款式、新材料帶動國內市場，又用國內市場的競爭壓力推動國際行銷，真正做到國際國內兩個市場比翼齊飛，進退自如，效益提高。

本章小結

本章主要闡述對國際市場行銷環境概念的理解以及國際市場行銷環境的客觀性、差異性、多變性、相關性和不可控性特點。本章進一步描述國際市場行銷環境的發展趨勢，包括信息技術正在發生著日新月異的變化，企業競爭國際化的加劇，環境保護對企業的要求越來越嚴格和市場需求的離散化、多樣化、高檔化等。然後本章說明環境對企業市場行銷的影響以及對國際市場行銷環境的構成進行概括；主要包括經濟環境、政治環境、法律文化環境、自然科技環境等。本章強調國際行銷與國內行銷的主要差異在於環境的不同。最後本章就市場環境的融合問題進行介紹，強調環境融合的必然趨勢以及對企業國際行銷的影響。同時，本章就國際市場與國內

第三章　國際市場行銷環境

市場的融合的主要因素進行分析，包括國家之間的聯繫的加強、國際組織力量的壯大以及跨國公司作用的加強等。

關鍵術語

行銷環境　環境構成　政治經濟環境　法律文化環境　環境的融合　國際組織　跨國公司

復習思考題

1. 國際市場行銷環境的特點有哪些？
2. 國際市場環境的構成要素有哪些？
3. 請結合企業具體例子，說明國際市場與國內市場的融合。

第四章　經濟環境

本章要點

- 經濟環境的內涵
- 世界經濟環境
- 市場環境

開篇案例

托馬斯‧弗里德曼關於全球化的三個版本

　　全球化趨勢無疑將會對現有的商業模式、組織結構和業務流程產生巨大影響，這是國際市場行銷經濟環境最典型的特徵。在《世界是平的──21世紀簡史》一書中，弗里德曼將全球化劃分為三個階段。「全球化1.0」主要是國家間融合和全球化，開始於1492年哥倫布發現「新大陸」之時，持續到1,800年前後。勞動力推動著這一階段的全球化進程，這期間世界從大變為中等。「全球化2.0」是公司之間的融合，從1,800年一直到2,000年。各種硬件的發明和革新成為這次全球化的主要推動力──從蒸汽船、鐵路到電話和計算機的普及。這一進程因大蕭條和兩次世界大戰而被迫中斷，世界從中等變小。而在「全球化3.0」中，個人成為了主角，膚色或東西方的文化差異不再是合作或競爭的障礙。軟體的不斷創新、網路的普及，讓世界各地包括中國和印度的人們可以通過因特網輕鬆實現自己的社會分工。新一波的全球化，正在抹平一切疆界。世界變平了，從小縮成了微小。在本書中，弗里

第四章 經濟環境

德曼列舉了十股造成世界平坦化的重要力量，啓發人們思考：當前的潮流，對國家、公司、團體或個人而言，到底意味著什麼？這十股力量其中就包括了中國加入WTO這個重要因素。他認為，在世界變得更平坦的未來三十年之內，世界將從「賣給中國」變成「中國製造」，再到「中國設計」甚至「中國所夢想出來」。

資料來源：托馬斯·弗里德曼. 世界是平的——21世紀簡史［M］. 長沙：湖南科學技術出版社，2015.

章節正文

第一節　全球與區域的經濟環境

一、全球經濟環境

（一）全球經濟特點

一是世界經濟迅速增長。美國、歐元區國家、日本等發達國家的經濟發展使世界經濟得以繼續維持較高增速，發展中國家的經濟呈相互帶動、梯次發展的態勢。自2000年以來，世界經濟保持近4%的增速。美國經濟穩中有落，2006年美國出口額被德國超越，信息化指標不及北歐，次貸危機使美國經濟優勢不斷被分解，其負面影響還在擴大。主要西方國家面臨工業化以來最強烈的外部競爭。歐亞大陸成為世界經濟的主舞臺。據世界銀行統計數據顯示，目前歐亞大陸經濟總量和人口都占世界的70%左右，而美國目前在世界產值和世界人口中所占份額分別為16%左右和4.4%左右。同時，占世界人口80%的廣大發展中國家進入經濟較快增長期，在國際貿易、國際投資和國際分工體系中地位得到加強，對世界經濟影響力進一步擴大，改變了世界經濟的增長格局。據國際貨幣基金組織統計，按購買力平價計算，2013年發展中國家GDP占全球的50.4%（匯率法為39.4%），歷史上首次超過發達國家，預計2018年將提高到53.9%。

二是隨著金融創新，特別是金融衍生工具的開發和推廣，金融一體化程度提高，全球金融業呈爆炸式增長。巨額國際資本的無序流動和投機，不僅給發展中國家經濟造成很大損害，還使發達國家難以獨善其身。據美國麥肯錫公司的最新報告，全球金融業的核心資產總額已達140萬億美元。資本市場進一步成為全球金融市場的主體。銀行資產占全球金融資產總額的比重由1980年的42%下降到2005年的27%，金融資產進一步向發達國家集中。發達國家的金融資產占國民生產總值的比重目前已平均躍升至330%。經濟金融化趨勢一方面促進了全球資源有效配置，另一方面也增加了全球經濟的不穩定性、投機性和風險性。

國際市場行銷

　　三是國際資本市場和勞動力市場流動性增強，生產要素全球流動，形成全球市場。國際資本市場更加成熟，資本流動形式也在增加，全球勞動力市場一體化程度日益提高。據國際勞工組織統計，在2007年以後的10年中，發展中國家將有7億人口進入全球勞工市場。全球產業鏈的形成和資源配置中合理及不合理的部分進一步顯現，不均衡的全球增長模式正在塑造全球新經濟格局。從總體看，國際貿易、投資金融市場的自由化進程使生產要素流動在全球範圍內實現最佳配置。從國別看，全球化的收益分配和社會成本分佈嚴重失衡，窮國與富國的差距在擴大，輸家與贏家的兩極分化加劇。資本回報連創新高，勞動回報則越來越低，導致國家間發展不平等。發達國家主導當前的國際貿易、投資、金融和國際分工體系。相比之下，發展中國家人口占世界3/4，經濟總量只占1/4。非洲至少要到2047年才能成功脫貧。在北方陣營，美、歐、日是國際經濟三大支柱，但由於美國奉行經濟單邊主義，企圖壟斷國際經濟決策，三方經濟利益摩擦時有發生。南方陣營的經濟發展水準差距拉大，對經濟發展問題的基本訴求和利益關注點發生重大分化，多元化現象明顯，南南合作呈現高度複雜性。

　　四是新興市場經濟體系日益融入全球經濟體系，為經濟全球化注入新活力。大批新興發展中國家市場經濟體系日趨成熟，東亞、拉美、獨聯體國家經濟全面提速，非洲、中東地區國家經濟開始起飛。這些國家的國內資本市場迅速發展，對外資的依賴度明顯下降，對自身資源的保護和利用意識強化，一些出口導向型發展中國家逐步實現貿易結構多元化。「金磚五國（BRICS）」「新鑽十一國（Next-11）」等新興發展中國家繼續引領發展中國家經濟增長，成為未來最為強勁的經濟增長點，促進全球化的發展。據世界銀行統計數據顯示，2016年金磚五國經濟占全球經濟的比重，已經從10年前的12%上升到23%；金磚國家國際貿易占世界國際貿易的比重從11%上升到16%；對外投資的比重從7%上升到12%；吸引外資的比重2016年達到16%，對世界經濟增長的貢獻率達50%。值得注意的是，發展中國家對國際資本的吸引力持續增加。發展中國家相互投資迅速增長，主要表現在亞洲內部以及亞洲對非洲的投資。2015年年末，全球外匯儲備總額約為10.93萬億美元。近年來，發展中國家開始將部分外匯儲備以「主權財富基金」的形式對外投資，金額可能高達1.5萬億美元，投資的主要方向是發達國家的證券市場和跨國併購，有關動向將對國際資本市場產生重要影響。

　　五是南北國家有關發展模式的交融增多，經濟領域多邊協調漸成趨勢，新興大國加速崛起，經濟力量「多極化」加速。經濟全球化背景下，發達國家與發展中國家相互利用，南北關係呈繁蕪交織的狀態。俄羅斯迅速復興與印度加快振興，打破了冷戰後中國一枝獨秀的局面，初步形成了新興大國崛起的第一梯隊。一批發展中國家邁入或走近經濟次大國行列，對維護世界經濟體系的穩定及貿易自由化的需要不斷增強，與發達國家的共同利益有所增加，雙方相互依存度有所提高，在經濟、金融等領域開展對話與合作的重要性與緊迫性日增。「G8（八國集團）+5」成為促

第四章　經濟環境

進南北對話的重要高端平臺,在協調發展中國家和發達國家應對金融危機、促進世界經濟金融穩定發展等方面發揮了積極作用。

六是各種區域或雙邊自由貿易安排發展迅速,國際貿易、跨國投資趨於活躍,自由貿易區談判方興未艾,新興力量與傳統大國結成經濟聯盟成為時尚。區域經濟合作既是各國順應時代潮流的必然產物,也是有關國家以區域發展為依託,為減緩經濟全球化無序衝擊而採取的合理選擇。區域經濟合作、區域集團化趨勢與經濟全球化發展並行不悖。這種總體上良性的經貿互動推動了政治上的良性發展,大國重啟戰爭的可能性幾乎為零。東亞、拉美、非洲等地區以發展中國家為主體的區域合作蓬勃發展。一些發展中國家之間區域合作勢頭加強,成為構築不同地區之間合作網路的重要紐帶。巴西、印度、南非已建立三國合作框架,亞洲與非洲、亞洲與拉美、拉美與中東之間的經濟聯繫日益緊密。各國均試圖通過強強聯合、強弱互補的模式加快區域集團建設,實現市場、資源的優化配置,謀求在新的世界經濟格局中占據優勢地位。美國全面推動建立美洲自由貿易區,歐盟借東擴之機加快區內金融、服務一體化進程,拉美兩大經濟組織——南方共同市場和安第斯共同體宣布加快自由貿易談判,東盟「10+3」和上海合作組織作為亞洲兩個支柱性機制深入發展。未來國際經濟關係將逐漸由國家之間的較量和競爭轉向區域經濟集團之間的角逐,圍繞全球經貿政策、金融體制的鬥爭與協調將主要在經濟集團之間展開。

七是國際資源價格大幅波動,國際能源格局調整步伐加快,對能源等戰略資源的爭奪成為影響國際經濟關係最大的不確定因素。一些資源大國,特別是油氣資源富集的國家把握了資源性產品價格上漲的良機,不僅從中獲取巨額收益,同時提升了在國際經濟體系中的地位。一些石油生產國加強了對國內石油資源的控制,減少了發達國家對其石油資源的掌控。伊朗、委內瑞拉等產油國將能源作為國際鬥爭的主要籌碼,公開向美「叫板」。美國目前控制著中亞、中東、西非和北美的將近世界70%的石油資源。全球能源戰略格局明顯向美傾斜,但在世界能源市場格局方面,俄羅斯的影響舉足輕重,石油輸出國組織的戰略影響不可低估。日本努力穩定傳統石油來源,並積極拓展新渠道。歐盟等積極增加石油戰略儲備,並尋求能源合作。隨著世界經濟的強勁復甦和繁榮,各方對能源的依賴將與日俱增。圍繞油氣資源、運輸管道和市場價格等,美、歐、日等大國還將展開激烈的國際能源爭奪戰。同時,隨著新興發展中大國對能源需求的快速增長及對能源安全的追求,相關能源企業迅速發展壯大,打破了發達國家企業在國際能源產業中的壟斷地位。

(二)經濟全球化

全球化是這個時代最鮮明的特徵,全球化首先是經濟的全球化。經濟全球化建立在國際勞動水準分工的基礎上,當代世界市場體系不斷迅速擴大,各個國家愈來愈深地被納入無所不包的世界市場體系。在全球化條件下,世界經濟和國際關係的行為主體是多元的,除了國家以外,還有企業,即跨國公司和跨國銀行。在全球化條件下,各國在新的水準型為主的國際勞動分工體系中佔有一定位置,被捲入不斷

國際市場行銷

擴大，無所不包的世界市場體系，各國之間的相互依賴已經達到空前的程度。當今的世界經濟已經成為全球經濟的整體，而各國經濟都是這個全球經濟中的一個組成部分。

20世紀70年代，以跨國公司的迅猛發展為標誌的經濟全球化進程開始了。1970年，全世界只有7,000多家跨國公司母公司，到1993年這一數字為35,000家，分佈在全球的附屬機構有17萬家。1996年，全球跨國公司總數已達44,508家，在全球的附屬企業達到276,659家。其中發展中國家和地區的跨國公司增加到7,932家。聯合國在其1999年的《世界投資報告》中發表的數字表明，全球跨國公司母公司已達到59,902家，附屬子公司已達508,239家。近年來，跨國公司發展的一個突出現象是，發展中國家的跨國公司異軍突起。1993年，屬於發展中國家和地區的跨國公司有2,700家，1996年即增加到7,932家。進入21世紀以後，這個數字呈現逐漸增加的趨勢。根據聯合國貿發會議《2017年世界投資報告》，國有跨國企業在全球經濟中的作用不斷擴大。全球大約有1,500家國有跨國企業，僅占全球跨國企業的1.5%，但它們擁有86,000多家海外分公司，相當於全球總數的10%。國有跨國企業公布的綠地投資在2016年占全球總數的11%，高於2010年的8%。它們的總部分佈廣泛，半數以上在發展中經濟體，近三分之一在歐盟。中國擁有的國有跨國企業數量最多，占全球的18%。

進入20世紀90年代以後，隨著新自由主義的盛行，出現了全球市場、全球銷售加速發展的狀況，全球貨物貿易總額日益增加。全球自由貿易體制的形成為開放的世界性市場奠定了堅實的制度基礎。隨著越來越多的國家和地區被融入統一的貿易體系，一個真正全球性的市場呈現在生產者面前，而跨國公司通過直接投資在全球範圍內進行生產佈局，使全球生產和全球銷售得以真正實現，並改變了國際貿易的形態。

由於跨國公司內部分工的發展，傳統的國際分工從生產領域向服務部門擴展，導致全球服務貿易以比一般商品貿易發展更快。據世界貿易組織的統計，1997年，僅僅排名前100家的世界大跨國公司之間的貿易額就占世界貿易總額的1/3，而跨國公司母公司與其子公司之間的貿易額又占世界貿易總額的1/3。在剩下的1/3中，絕大多數也都與跨國公司有關。

全球直接投資超過貿易發展，這是經濟全球化的另一個重要趨勢。根據聯合國貿發會議計算，1966—1980年，外國直接投資（FDI）的存量每年增長10.1%～14.2%，流量每年增長9.7%～14.3%。1980—1985年，存量和流量年增長率下降至5.3%和6.3%。1986—1994年存量和流量年增長率又上升到15%和18.4%。外國直接投資存量在1980年只占世界GDP的5%，1998年上升到14%；1993—2000年外國直接投資流量從2,000億美元上升到1.3萬億美元；2001—2005年外國直接投資流量雖然有小幅度下降，但是依舊維持在1萬億美元左右。根據聯合國貿發會議《2017年世界投資報告》，FDI將呈現溫和復甦的勢頭，2017年前景審慎樂觀。各主

第四章　經濟環境

要區域經濟實現增長、貿易增長回升以及跨國公司利潤率提升，將推動全球FDI流動小幅增長。預計全球FDI流量在2017年增長5%，達1.8萬億美元。2018年將進一步增加到1.85萬億美元，但仍低於2007年的歷史峰值。全球經濟政策的不確定性和地緣政治風險可能會阻礙全球FDI的復甦，美國稅務政策的變化也可能對跨境投資產生重大影響。全球FDI復甦之路仍然崎嶇。全球FDI流量繼2015年強勁上揚之後，在2016年失去了增長動力，全年下降2%，降至1.75萬億美元。主要原因是全球經濟增長乏力，同時經濟政策及地緣政治存在重大風險。發展中經濟體FDI流入量嚴重受挫，下降了14%，降至6,460億美元。所有發展中區域FDI流入量都出現下降。發達經濟體FDI繼上年的大幅增長之後進一步上揚。流入量增加了5%，達到1萬億美元。發達經濟體在全球FDI流入量中所占的份額擴大到了59%，但發展中及轉型經濟體在全球十大FDI流入地中仍占據6席。美國仍為最大外資流入地，創歷史新高。在幾個超大型併購交易的推動下，流入英國的FDI達2,540億美元，為全球第二位。中國吸收外資保持在1,340億美元的歷史高位，居全球第三位。

（三）全球性國際經濟組織

1. 國際貨幣基金組織

國際貨幣基金組織（International Monetary Fund，IMF）是政府間國際金融組織，1945年12月27日正式成立，1947年3月1日開始工作，1947年11月15日成為聯合國的專門機構，在經營上有其獨立性，總部設在華盛頓。國際貨幣基金組織的宗旨是：通過一個常設機構來促進國際貨幣合作，為國際貨幣問題的磋商和協作提供方法；通過國際貿易的擴大和平衡發展，把促進和保持成員的就業、生產資源的發展、實際收入的高水準，作為經濟政策的首要目標；穩定國際匯率，在成員之間保持有秩序的匯價安排，避免競爭性的匯價貶值；協助成員建立經常性交易的多邊支付制度，消除妨礙世界貿易的外匯管制；在有適當保證的條件下，基金組織向成員臨時提供普通資金，使其有信心利用此機會糾正國際收支的失調，而不採取危害本國或本地區以及國際繁榮的措施；按照以上目的，縮短成員國際收支不平衡的時間，減輕不平衡的程度等。國際貨幣基金組織的資金來源於各成員認繳的份額。成員享有提款權，即按所繳份額的一定比例借用外匯。1969年又創設「特別提款權」的貨幣（記帳）單位，作為國際流通手段的一個補充，以緩解某些成員的國際收入逆差。成員有義務提供經濟資料，並在外匯政策和管理方面接受該組織的監督。

中國是國際貨幣基金組織創始國之一。2015年11月30日，國際貨幣基金組織執董會批准人民幣加入特別提款權貨幣籃子，新的貨幣籃子將於2016年10月1日正式生效。2016年1月27日，國際貨幣基金組織宣布IMF2010年份額和治理改革方案已正式生效，這意味著中國正式成為IMF第三大股東。中國份額占比從3.996%升至6.394%，中國排名從第六位躍居第三位，僅次於美國和日本。

2. 世界銀行

世界銀行（World Bank）是世界銀行集團的簡稱，「世界銀行」這個名稱一直

國際市場行銷

用於指國際復興開發銀行（IBRD）和國際開發協會（IDA）。這些機構聯合向發展中國家提供低息貸款、無息信貸和贈款。它是一個國際組織，其一開始的使命是幫助在第二次世界大戰中被破壞的國家的重建。今天，它的任務是資助國家擺脫窮困，各機構在減輕貧困和提高生活水準的使命中發揮獨特的作用。今天，世界銀行的主要幫助對象是發展中國家，幫助它們建設教育、農業和工業設施。它向成員提供優惠貸款，同時向受貸國或受貸地區提出一定的要求，比如減少貪污或建立民主等。近年來世界銀行開始放棄它一直追求的經濟發展而更加集中於減少貧窮。它也開始更重視支持小型地區性的企業。它意識到乾淨的水、教育和可持續發展對經濟發展是非常關鍵的，並開始在這些項目中投巨資。作為對批評的反應，世界銀行採納了許多環境和社會保護政策來保證其項目在受貸國或受貸地區內不造成對當地人或人群的損害。雖然如此，非政府組織依然經常指責世界銀行的項目帶來環境和社會的破壞以及未達到它們原來的目的。

  3. 世界貿易組織

  世界貿易組織（World Trade Organization，WTO，簡稱為世貿組織）成立於1995年1月13日，總部設在日內瓦。世貿組織是一個獨立於聯合國的永久性國際組織，負責管理世界經濟和貿易秩序。1996年1月1日，它正式取代關貿總協定臨時機構。世貿組織是具有法人地位的國際組織，在調解成員爭端方面具有更高的權威性。它的前身是1947年訂立的關稅及貿易總協定。與關貿總協定相比，世貿組織涵蓋貨物貿易、服務貿易以及知識產權貿易，而關貿總協定只適用於商品貨物貿易。WTO是一個國際性的貿易組織，其成立的目的就在於要公平、公正地處理各國貿易活動中所發生的爭端，建立平等互利的國際貿易秩序。世貿組織與世界銀行、國際貨幣基金組織一起，並稱為當今世界經濟體制的「三大支柱」。目前，世貿組織的貿易量已占世界貿易的95%以上。世貿組織的宗旨是：促進經濟和貿易發展，提高生活水準，保證充分就業，保障實際收入和有效需求的增長；根據可持續發展的目標合理利用世界資源，擴大商品生產和服務；達成互惠互利的協議，大幅度削減和取消關稅及其他貿易壁壘並消除國際貿易中的歧視待遇。WTO作為正式的國際貿易組織，在法律上與聯合國等國際組織處於平等地位。它的職責範圍除了關貿總協定原有的組織實施多邊貿易協議以及提供多邊貿易談判場所和作為一個論壇之外，還負責定期審議其成員的貿易政策和統一處理成員之間產生的貿易爭端，並負責加強同國際貨幣基金組織和世界銀行的合作，以實現全球經濟決策的一致性。WTO協議的範圍包括從農業到紡織品與服裝，從服務業到政府採購，從原產地規則到知識產權等多項內容。

二、區域經濟環境

  （一）區域經濟一體化的定義

  經濟一體化（Economic Integration）最初用來表示企業間通過卡特爾、康採恩等

第四章 經濟環境

形式結合而成的經濟聯合體。20世紀50年代，有關學者將它引入國際經濟領域，用「國際經濟一體化」（International Economic Integration）來表示將各個獨立的國民經濟單位（一般為獨立的國家）結合成更大範圍的經濟合作區。在國際貿易中，一般稱之為區域經濟一體化或地區經濟一體化（Regional Economic Integration）。關於它的概念，不同的學者給予了不同的答案。這些概念大都停留在比較純粹的國際貿易領域中，討論得較多的是貿易壁壘與貿易利益。事實上，隨著區域經濟一體化組織的發展，其本身早已不僅僅局限在這一範疇，而是具備了更多的內涵，因而它的概念也在不斷發展。一般而言，區域經濟一體化，是指在參與成員範圍內減少與取消歧視性的貿易壁壘以及採用一定程度的共同的對外貿易與經濟發展的政策，以消除成員間的差異，促進資源的最佳利用，求得整體最優的經濟結構和經濟效果。從這個概念中，可以把握區域經濟一體化的幾個基本特徵：①成員間消除某些方面的歧視，並盡量採用共同的政策與措施；②在同樣的方面，共同保持對成員外的歧視，並限制單個成員的對外權限；③各成員本著互利互惠的原則參與其中，目的在於取得非合作條件下無法獲得的某些效果與利益；④它的性質可以視為，全球範圍內無法實現真正意義上的自由貿易與經濟合作，只能在局部地區的某些方面進行。

（二）區域經濟一體化的形式

按照貿易壁壘取消的程度或成員間合作的深度，區域經濟一體化的形式主要可以劃分為以下幾種形式：

（1）自由貿易區（Free Trade Area）。自由貿易區是指由簽訂了自由貿易協定的國家或地區組成的貿易區。在區內，各成員間廢除了關稅與數量限制，商品可在成員間完全自由移動，但各成員保持獨立的對區外成員的貿易壁壘。

（2）關稅同盟（Customs Union）。關稅同盟是指在各成員間完全取消關稅與其他貿易壁壘，並對同盟外國家與地區實行統一的關稅稅率而締結的同盟。關稅同盟在成員之間建立統一的關稅稅率，以使參與成員的商品在市場上處於有利地位而排除非同盟者商品的競爭。它開始帶有超國家的性質，比自由貿易區大大地進了一步。

（3）共同市場（Common Market）。共同市場是指在成員內完全廢除關稅與數量限制，建立統一的對非成員的關稅，並允許生產要素在成員間完全自由移動。

（4）經濟同盟（Economic Union）。經濟同盟是指各成員在內部實行較多的共同政策而建立的經濟聯合體。在此同盟內，商品與生產要素可以完全自由流動，建立了共同的對外關稅，成員制定和執行某些共同的經濟政策和社會政策，並逐步廢除這些方面的差異，使一體化的程度擴展到整個國民經濟，從而建立起一個龐大的經濟聯合體。全球主要的經濟一體化組織主要有：歐洲聯盟（EU）、北美自由貿易區（NAFTA），亞太經濟合作組織（APEC），東盟（ASEAN）十國，大阿拉伯自由貿易區（GAFTA）等。

區域一體化可以促進集團內部的貿易自由化，從而為各成員國企業間國際行銷提供寬鬆的經濟環境。這樣，區域內生產貿易企業得到優惠，區域外企業受到歧視，

國際市場行銷

市場規模的擴大導致區域內企業生產規模擴大,以替代區域外企業。同時,區域經濟一體化具有不同程度的保護性與排他性的特點,對非成員國企業的國際行銷會造成障礙。

第二節 東道國的經濟環境

企業所面臨的東道國的經濟環境,是其進行國際市場行銷的重要影響因素。不同的國家有著不同的經濟環境。一般而言,東道國經濟環境包含以下主要內容。

一、經濟制度與經濟體制

世界各國的經濟體制按經濟制度劃分,可分為社會主義經濟體制和資本主義經濟體制。按照財產所有權劃分,可分為私有制經濟和公有制經濟。按照資源配置的方法來劃分,可分為計劃經濟體制和市場經濟體制。生產資源的配置和使用由市場機制決定的是市場經濟體制,生產資源的配置和使用由政府通過行政指令性計劃決定的是計劃經濟體制。世界上並不存在純粹的市場經濟體制或計劃經濟體制,大多數國家實行的經濟體制介於兩者之間,區別在於是更接近市場經濟體制還是計劃經濟體制。這些劃分方法和內容在一個具體國家中是交叉的而不是孤立存在的。各種經濟體制之間相互交叉、相互制約、相互補充,形成現實的經濟體制。

導讀:中國經濟的現狀與未來

從經濟體制的角度分析市場行銷環境,更主要的是經濟體制不同的國家和地區,其經濟政策會存在不容忽視的差異,不同的經濟政策對企業行銷活動有直接的影響。企業在瞭解各國政策時,不能脫離對各國經濟制度的瞭解。經濟體制的屬性直接影響一國政府對經濟的干預程度,從而影響到企業的國際行銷活動。在計劃經濟體制國家,政府直接掌管國民經濟,對外國企業的產品和投資大都採取限制甚至禁止的態度,市場機制不健全,壟斷現象較為嚴重。這類體制不利於企業的國際行銷活動。在市場經濟體制國家,政府一般對外國企業的產品和投資持積極的歡迎態度,有的還會給予外國投資企業以優惠的政策和待遇。這些國家市場信息充分,市場機制健

第四章　經濟環境

全,價值規律和價格機制充分發揮其市場調節作用,優勝劣汰的市場競爭原則能得到充分體現,是國際行銷活動的良好場所。處於上述兩者之間的國家,如果政府干預經濟的程度較高,國際化經營企業的經營環境就比較嚴峻;如果政府對經濟實行有限干預,就比較有利於企業的國際行銷活動。

二、經濟發展階段或水準

一個國家所處的經濟發展階段不同,居民收入高低不同,消費者對產品的需求不同,從而直接或間接地影響到國際市場行銷。例如經濟發展水準較高的國家,其分銷渠道偏重於大規模的自動零售業,如超級市場、購物中心;而經濟發展水準較低的國家,則偏重於家庭式或小規模經營的零售業。因此,對不同經濟發展階段的國家,應採取不同的市場行銷策略。

(一) 羅斯托的經濟發展五階段論

關於經濟發展水準的劃分,眾說紛紜,莫衷一是。比較流行的是美國著名發展經濟學家羅斯托（W. W. Rostow）的「經濟成長階段理論」,他將世界各國的經濟發展歸納為以下五種階段:

第一階段為傳統社會階段。處於這一發展階段的國家經濟發展水準很低,國民經濟以農業為主,經濟活動以資源開發為主,生產方式以手工為主,現代科學技術尚未引入生產領域,國民文化素質低,大部分人為文盲或半文盲,甚至有些地方尚處在自給自足的經濟狀態中,勞動生產率、國民收入及購買力低下。處於傳統社會階段的國家,總體生產力水準低,未能採用現代科技方法從事生產,這是一個十分有限的國際行銷市場。

第二階段為起飛前夕階段。這個階段是起飛前的過渡階段,農業開始向工業轉移,現代的科學技術知識開始應用在工農業生產方面。產業結構不再是單一的農業,而是工業和農業並存並相互促進。各種交通運輸、通信及電力設施逐漸建立,只是規模還小,不能普遍施行。教育事業開始發展,人們的教育及保健亦受到重視,勞動者素質有所提高。這些國家通常會出現收入和財富分配不均,貧富懸殊,中產階級不多,因此進口產品的種類和檔次差異很大。

第三階段為起飛階段。在這個階段,大致已形成了經濟成長的雛形,各種社會設施及人力資源的運用已能維持經濟的穩定發展。國民經濟以較快的速度增長,生產手段現代化推動工業化進程加快。各種支柱產業漸趨成熟,各種基礎設施逐步完善,農業及各項產業逐漸現代化,勞動生產率明顯提高,國民收入與人均收入顯著增加,居民購買力迅速上升,國民生產總值增長比較快,工業占國民生產總值的比重越來越大。這些國家往往需要進口先進的機器設備等,以完善自己的工業體系,對工業製成品的進口限制逐漸減少。

第四階段為成熟階段。在這個階段,投資穩定增長、科技迅猛發展,能維持經

國際市場行銷

濟的長足發展，而且更現代化的科技手段也應用於經濟活動中，經濟結構起了重大變化，農業人數減少，工商業和服務行業大量發展。企業及其經濟活動全面進入世界經濟舞臺，開始全方位地參與國際競爭。在此階段，國家能多方面地參加國際市場行銷活動，消費者注重產品特性和質量，喜歡高質量、無須修理、高檔定型的產品。這些國家出口大、進口也大，進口產品各種各樣，包括原料、半成品、勞動密集型產品、奢侈品等，是國際行銷規模較大的市場。

第五階段為高消費階段。在這個階段，人們已經不滿足於普通的衣食住行，開始追求高生活質量，注重永久性消費產品及各項服務業的發展，個人收入猛增，公共設施、社會福利設施日益完善，整個經濟呈現大量生產、大量消費狀態。此時第三產業迅速發展，公共設施和社會福利日益完善。隨著人均收入的提高，高檔耐用消費品和社會服務等成為消費熱點。在這些國家中，整個社會富有和貧窮的人數極少，大多數消費者屬中產階級。消費者偏重理智動機，極少有情緒動機，因此產品必須既經濟又可靠。

從目前世界各國的經濟發展狀況來看，各國所處的經濟發展階段各不相同。大致說來，處於前三個階段的國家是發展中國家，處於後兩個階段的國家為發達國家。當然，不是每個國家的經濟發展都必須依次經過這五個階段，有的會跳過一兩個發展階段。並且各個國家每一發展階段持續的時間長短也不盡相同。各國經濟發展階段的差別，要求國際化經營企業根據具體情況制定不同的行銷戰略和策略。以分銷渠道為例，國外學者對經濟發展階段與分銷渠道之間的關係做過研究，得出以下結論：經濟發展階段越高的國家，它的分銷途徑越複雜而且廣泛；進口代理商的地位隨經濟發展而下降；製造商、批發商與零售商的職能逐漸減少，不再由某一分銷路線的成員單獨承擔；批發商的其他職能增加，只有財務職能下降；小型商店的數目下降，商店的平均規模在擴大；零售商的加成上升。隨著經濟發展階段的上升，分銷路線的控制權逐漸由傳統權勢人物移至中間商，再至製造商，最後大零售商崛起，控制分銷路線。

（二）從產業結構來看的四種類型經濟發展水準

市場學家菲利浦·柯特勒（Philip Kotler）把經濟發展水準分成四種類型。

（1）維持生存的經濟。處於這一類型的國家的經濟結構以傳統農業為主，製造業和其他產業微乎其微。由於勞動生產率極其低下，產品絕大部分供自身消費，剩餘產品很少，因而商品經濟很不發達，他們最多將自己消費餘下的少部分產品以物換物，取得簡單的貨物和服務，市場基本封閉，有限的對外貿易僅限於偶然調劑，幾乎沒有出口的機會，進入這類國家的市場機會很少。

（2）原料出口型經濟。這種經濟大都建立在一種或幾種自然資源豐富的基礎上，但是在其他方面十分貧乏，這類國家擁有某種儲量極為豐富的自然資源，如石油輸出國組織成員國擁有大量的石油資源，資源開採部門發展迅速。這類國家大部分收入來源於出口這些自然資源，其他產業部門遠為落後，國民經濟結構呈單一經

第四章　經濟環境

濟的不合理狀況。原料出口型國家可以通過資源出口獲取大量外匯，因而支付能力很強。這類國家對其支柱產業所需的先進生產設備、運輸工具等有旺盛的需求，是提煉設備、工具和備用品、材料處理設備以及卡車的理想市場。由於一些外國居住者和當地富人的需求，這些國家也成為一般消費品和奢侈品的市場。

（3）新興工業化型經濟。這類國家的加工及製造業迅速發展，並超過農業發展速度，帶動能源、原材料、中間產品和生產設備進口需求量大幅度增加，同時將其生產的優質、低價產品銷往世界各地。新的富裕階層和正在發展的中產階級則希望進口新的商品以滿足需求。這類國家有許多，如巴西、新加坡、韓國、墨西哥等，其居民購買力較強，消費需求呈現多元化趨勢，市場繁榮穩定。

（4）發達工業化型經濟。這類國家主要指北美、歐洲一些國家以及日本和澳大利亞。其經濟特點是產業結構層次高、工農業高度發達、生產力水準高、技術先進、資金充裕。這些國家是資本、技術及高科技產品、合成材料等的主要輸出國，同時需要進口大量的原材料和能源，中間產品和最終消費品也具有一定的市場。這種經濟類型的國家是製成品和投資資金的主要出口國。工業國之間互相進行製成品貿易，同時也向其他經濟類型國家出口商品，換取所需的原材料和半成品。工業國之間的大規模的、不同的生產活動，以及大量中產階級的存在，使這些國家成為各種商品的巨大市場。這類國家消費市場龐大，人均收入及消費水準高，是國際市場行銷的主要場所。

羅斯托的發展階段和柯特勒的市場類型有相似之處。他們所要揭示的是經濟發展的階段與經濟結構的改變，與收入水準的提高有密切的關係。隨著經濟結構的改變，進出口商品的結構、層次和數量會發生很大的變化，部門之間的結構變化通常以各部門的相對重要性的改變為轉移。例如，低收入國家的製造業多半以紡織品和食品加工業為主，而高收入的國家則以機器製造業和生產其他高、精、尖產品為主。這樣不同產品的市場特徵會有很大的區別。而由於收入水準的提高，消費者花費在必需品上份額減少，而用來購買製造業（第二產業）、商業和服務業（第三產業）所提供的奢侈品、服務、休閒及其他物品上的份額則會增加。當然，實際上許多國家的發展階段和產業結構常常是二元甚至多元的，實際的經濟狀況和市場狀況與典型模式之間存在不同程度的偏離。但是在預測與部門結構緊密相關的一國產業或產品增長前景時，典型模式仍然極其有用。

沙特阿拉伯屬於原料出口經濟類的國家。它獨占世界已探明石油儲量的20%左右，擁有日產1,050萬桶原油的生產能力，又是世界頭號石油輸出國，大部分國民收入靠輸出石油獲得，主要日用品和工業設備依賴進口，具有很強的國際支付能力。儘管財富分配嚴重不均，但國民平均收入水準仍有很快的提高，商品市場似乎是萬國展銷會，各國最豪華、最新穎的產品都可在此尋到蹤影，市場仍保持很濃的傳統色彩，禁忌較多，廣告受到限制，對產品質量及包裝等有特殊要求。另外，世界上最發達的資本主義國家美國，被羅斯托稱為處於「追求生活質量階段」。美國擁有

103

國際市場行銷

世界總人口的5%、總陸地面積的7%，卻生產著世界總產值的25%的產品，世界1/5的工業製成品，其總出口額占全球的11%。在過去十年裡高技術項目占了美國出口量的50%左右。與此同時，美國還是世界上最大的進口市場，進口額占全球的12%，進口需求廣泛。從原材料到製成品，從普通產品到高科技產品，需求包羅萬象。市場特點表現為市場容量大、市場變化快、銷售時效性強、重視廣告宣傳、銷售渠道複雜。

三、國家經濟狀況

（一）國際收支

國際收支是一個國家在一定時期由對外經濟往來和對外債權債務清算引起的所有貨幣收支，是一國對外政治、經濟等關係的縮影，同時也是一國在國際經濟中所處地位及升降的反應。一國的國際收支通常用國際收支平衡表來表示，它是系統地記錄一定時期內該國國際收支項目及金額的統計表。這張表是各國全面掌握本國對外經濟往來狀況的基本資料，是政府制定對外經濟政策的依據，同樣也是國際行銷決策制定者所要考慮的國際經濟因素。一國的國際收支狀況是影響該國匯率升降的直接因素。當一國國際收支處於逆差狀態，對外債務增加，或國際儲備日趨減少，該國貨幣的對外價值就會降低，在外匯市場上對外幣的需求增加，本國貨幣的匯率就比較疲軟，從而使該國貨幣在國際市場上成為弱勢貨幣或軟通貨；反之亦然。一國的國際收支狀況也影響該國的商品價格變化和通貨膨脹的程度。當一國國際收支保持經常順差，匯率較少波動，物價穩定，通貨供應量正常，有利於國民經濟和對外貿易的發展。同時，一國的國際收支狀況對該國的貨幣金融政策具有直接影響。保持國際收支的基本平衡，是各國政府的基本目標之一。西方國家總是根據其國際收支狀況來調整其貨幣金融政策，特別是在國際收支處於逆差狀態時，在對外舉債或動用儲備以彌補其逆差的同時，經常採取必要的政策措施，以防止其國際收支狀況不平衡或緩和其國際收支危機。這些政策措施包括：調整利率水準，制定鼓勵外國投資的政策措施，吸引外國資金流入；緊縮信用，控制國內通貨膨脹；加強市場干預，穩定貨幣匯率；從外匯資金上開源節流，擴大貿易和非貿易外匯收入，節約外匯開支，增加外匯累積；加強外匯管制，實行復匯率制等措施，改善國際收支狀況。這些措施對於外國中間商企業來說，有些是有利其發展的，有些則是不利的，因而要特別注意鑑別和把握。比如獨聯體和東歐各國，市場潛力很大，對各類消費品和資本都有很大的需求，但是由於國際收支狀況逐年惡化，通貨膨脹嚴重，因此出口企業同這些國家的廠商打交道，就有很大的局限性。

（二）經濟週期

對現代經濟活動實踐的分析已證明，不管是在何種經濟制度下，處於何等經濟發展階段，在一個國家，總的經濟活動的擴張和緊縮的交替或週期性波動都是客觀

第四章　經濟環境

存在的。經濟活動的綜合指標可以顯示出宏觀經濟的擴張和緊縮的交替。國民生產總值、工業生產指數、就業和失業人數、就業率和失業率以及個人收入等指標的波動，都可以顯出宏觀經濟活動的週期性波動。存貨量、零售量、股票市場價格和房屋建築價格等的時間序列，也可以顯示出宏觀經濟活動的週期波動。但在一系列經常波動的經濟變量中，有一些經濟變量波動比其他經濟變量的波動更大。比較而言，非耐用消費品的需求量波動較少，而耐用消費品和資本品的需求量波動十分劇烈。經濟學家們過去習慣於把經濟週期分為四個階段：繁榮、衰退、蕭條和復甦。現在除了繼續沿用這個劃分法之外，經常把經濟週期分為這樣四個階段：衰退、谷底、擴張和頂峰。擴張是經濟週期中總的經濟活動從谷底上升到峰頂的階段。在擴張階段，經濟活動全面上升：就業、生產、工資、價格、貨幣供給、利率和利潤一般都上升，而在衰退階段，經濟活動全面下降。延緩時間較短，下降幅度較小的衰退被叫作溫和衰退，延緩時間較長，下降幅度較大的衰退被叫作嚴重衰退。經濟週期的波動對商業活動有很大的影響。在衰退期，市場相對縮小，貨物流動慢，資金週轉慢，履約率低。有些商品不得不降價銷售；而在擴張期，需求旺盛，市場容量擴大，進出口增加，貨物資金流動快，商品能以正常價格或高價得以銷售，是進軍該市場的好時機。

（三）通貨膨脹

每一個國家都有其貨幣制度及貨幣政策，這是由不同的金融環境及不同的通貨膨脹率所致。大多數國家在經濟發展中都會遇到通貨膨脹問題，只是每個國家所受影響的程度不一。通貨膨脹對經濟發展來說是一個嚴重問題。將通貨膨脹控制在一定的限度內，是各國政府的努力目標。有些國家為了控制通貨膨脹，寧願犧牲更高的經濟增長速度。有些國家在一定時期內的通貨膨脹率極高。20世紀末，日本、美國等西方主要國家的通貨膨脹率低於2.5%，拉美國家平均高達100%以上，而格魯吉亞則高達2,300%。高通貨膨脹率會導致成本控制及定價上的困難。各國通貨膨脹率的差異，將影響到企業如何在各市場間移動資金與商品。一方面，在名義收入不變的前提下，通貨膨脹率越高，實際收入就越低，這就導致某些消費者的實際購買力下降，對市場產品的有效需求也下降。另一方面，消費者又擔心手中持有的貨幣會隨著通貨膨脹的持續升高而更加貶值，因而也會將手頭的貨幣急於轉換為商品或超前消費，這又會促進目前的市場需求。所以，通貨膨脹對於市場需求具有雙重的影響。通貨膨脹同時會引起原材料、勞動力等價格上升，這直接推動著企業產品成本的上升。企業為了減輕成本上升的壓力，維持日常的生產經營，並獲得一定的利潤率，就必須提高產品的價格，而且提價行為會隨著通貨膨脹的不斷升高而持續。根據價格—需求彈性理論，價格越高，需求量則越低，特別是需求彈性較大的商品，其需求量的下降速度要快於價格的上升速度。倘若企業不提價或提價幅度不大，企業又不能獲取足夠的現金流來維持經營和贏得一定的利潤。此外，由於通貨膨脹，企業今天的銷售收入到了明天其實際價值可能就已下降。當然，企業可以通過將收

國際市場行銷

入及時兌換成價值穩定的貨幣的方式，來減少或避免這種損失。另外，通貨膨脹過程並不是以穩定的、可預測的方式進行的，相反的是以不規則的方式進行的，這無疑強化了投資的不確定性。為了逃避風險，投資者寧願進行短期投資，而不願進行長期投資；寧願投資於傳統技術的生產，而不願投資於新技術的生產；寧願投資於現有存貨以投機取利，而不願投資於生產性企業以生產新產品。其結果是，經濟增長受到抑制，經濟發展受到阻礙。對於外國投資者來說，以東道國貨幣顯示的利潤收入將會減少，減弱投資地的吸引力。此外，當一國實行開放經濟，且傾向於維護固定匯率制時，若國內通貨膨脹高於全球通貨膨脹的平均值，則國內貨幣將會升值，其結果是國際貿易赤字擴大，導致外匯短缺。這會使國內急需的資本金和中間產品的進口減少，會阻礙經濟的增長。對國際行銷者來說，這也是一個不利的信號。因此，企業進入某個國際市場之前，應詳細瞭解該國的通貨膨脹狀況。對於那些在一定時期內通貨膨脹率很高的國家，企業在進入時一定要慎之又慎，並分析能否採取必要的防範措施。

（四）國內生產總值

衡量一國的經濟情況時，通常是以某些總體經濟指標（或經濟總量）作為依據的。而國內生產總值（Gross Domestic Product，GDP）就是其中最常用的指標，它是指一個國家或地區所有常住單位在一定時期內（通常為1年）生產活動的最終成果，即所有常住機構單位或產業部門一定時期內生產的可供最終使用的產品和勞務的價值。國內生產總值有三種表現形態，即價值形態、收入形態和產品形態。從價值形態看，它是所有常住單位一定時期內所生產的全部貨物和服務價值超過同期投入的全部固定資產貨物和服務價值的差額，即所有常住單位的增加值之和；從收入形態看，它是所有常住單位在一定時期內所創造並分配給常住單位和非常住單位的初次分配收入之和；從產品形態看，它是最終使用的貨物和服務減去進口貨物和服務。國內生產總值能夠全面反應全社會經濟活動的總規模，是衡量一個國家或地區經濟實力和購買力的重要指標，同時也是一個比較可靠的描述商品和服務潛在需求的指標。一般說來，高額的國內生產總值會創造巨大的市場需求量，從而為外國企業的產品出口提供市場機會。對於經濟發展程度相近的國家而言，一個國家的進口總量與其國內生產總值成正比。但不同商品的市場需求量與國內生產總值數量的關聯程度不等。具體來說，工業品（如水泥、機床、石油等）的市場需求量與國內生產總值的數量成正比例的關係比消費品更緊密。

（五）城市化與基礎設施

城市化是人類社會歷史進程中，社會生產力發展到一定階段後出現的，變落後的鄉村社會為現代先進的城市社會的自然歷史過程。在這個過程中，產業結構、就業結構和消費方式會發生重大變化；人們的行為方式和生活方式會由鄉村社區向城市社區轉化，鄉村人口比重逐漸降低，城市人口比重逐漸提高。城市化是各國社會經濟發展的必然趨勢。一般來講，城鄉居民之間一定程度的經濟和文化差異，必然

第四章 經濟環境

會導致其不同的消費行為。鄉村居民的衣食住行有相當部分是自給自足的，城市居民則必須以貨幣交換來滿足需求。城市的信息傳遞媒介比較發達，城市消費者掌握的信息較多，他們在購買時會應用這些信息對各種商品進行選擇。城市居民受教育程度較高，善於觀察和接受新事物，一些新產品和新的服務會在城市很快被接受。企業應注意消費行為方面的城鄉差異，相應調整行銷策略，以達到目標。

一個國家或地區的基礎設施主要包括其能源供應、運輸條件、通信設施和各種商務基礎設施。能源供應是指各種能源的可獲性及其成本。運輸條件是指各種運輸方式（包括公路、鐵路、航空和水運）的可獲性及其效率。通信設施是指各種信息傳遞媒介的發達程度及其傳遞信息的質量。商務基礎設施是指各種金融機構、廣告代理、商業網點、行銷調研組織的可獲性及其效率。一個國家的基礎設施是物質文明的綜合成果。基礎設施越完備，國際行銷活動的進行就越順利，市場吸引力就越大。

第三節　市場環境

在行銷學上理解的市場要素通常由人口、貨幣支付能力和購買慾望組成，購買慾望屬於行銷策略需要解決的問題，而人口和貨幣支付能力就成為行銷市場環境的組成部分，通常這兩個因素直接影響市場規模的大小。下面我們將對國際行銷的人口環境和收入狀況進行詳細的分析。

一、人口環境

人口是構成市場的第一位因素，因此人口的多少直接影響市場的潛在容量。在分析國際市場行銷環境時，企業最關心的是市場規模及其發展趨勢。人的需求正是企業行銷活動的基礎。所以，對人口環境的考察與分析是企業把握需求動態的關鍵。從量的角度看，一個國家（或地區）人口的數量是該國家（或地區）市場規模的重要標志。在人均消費水準一定的情況下，人口數量越多，市場需求規模就越大。人口特徵的分析，確使我們能夠更有效地進行市場預測，評估市場機會。從人口特徵的分佈、結構及變動趨勢等方面的分析中，能夠瞭解市場需求的特點和發展趨勢，可以掌握未來消費者傾向。下面則從人口數量、結構、分佈等方面討論一下人口環境及其變化對行銷活動的影響。

（一）人口數量與增長率

1. 人口數量

市場是由一定的人口所組成的。沒有人口就沒有市場。一個國家的市場規模與其人口總數成正比。很多產品的消費與人口規模有關，如食品、日用品、藥物、教

國際市場行銷

育用具等。所以，人口規模是確定市場潛量的第一個依據。隨著世界科學技術的進步、生產力的發展和人民生活條件的改善，世界人口平均壽命延長，死亡率下降，全球人口尤其是發展中國家的人口以 1：3 的比例持續增長。20 世紀，人類社會經歷了前所未有的進步與變化，而人口爆炸無疑是 20 世紀的一種標誌性特徵。根據聯合國發布的人口報告，2050 年世界人口預計將達到 93 億。世界人口以 1：3 的比例迅速增長意味著人類需求的增長和世界市場的擴大。東亞地區被人們稱為「最有潛力的市場」，除了因為該地區近年來經濟發展迅速外，也因為其人口數量龐大且增長較快，該地區的市場需求日益擴大。

目前世界上約有 200 個國家和地區，其中人口 1 億以上的有 13 個國家，它們是中國、印度、美國、印度尼西亞、巴西、巴基斯坦、孟加拉國、俄羅斯、尼日利亞、日本、墨西哥、菲律賓、埃塞俄比亞。這 13 國人口總數達 45 億，約占世界總人口的 60%。除了美國、日本外，其餘 11 個均為轉型經濟體或發展中國家，其中亞洲占了 7 個，非洲、南美洲各占 2 個。這些國家都是很具潛力的市場。從總體來講，發展中國家人口占全球人口的四分之三以上，是很值得開發的市場。

2. 人口增長率

人口增長率是預測市場規模增長的依據之一。世界人口增長率的高低影響著世界潛在的市場規模。人口增長率與出生率成正比，人口增長率高，則預示著該市場規模具有持續擴大的趨勢，新家庭的組成將增加商品的消費量，市場需求總量將進一步擴大。如果人們有足夠的購買能力，人口增長就意味著市場擴大。而人口高速增長如果超過了收入的增長，也可能意味著人均收入下降，市場吸引力降低，從而阻礙經濟的發展。

各國的人口增長率正處於分極、分化的格局，發展中國家人口急速膨脹。在 20 世紀，撒哈拉以南非洲人口平均增長率達 3.2%，南亞達到 2.3%，其他發展中國家平均達到 2.1%，而發達國家僅為 0.6%，發展中國家每個婦女生育 5 個孩子，而發達國家平均不到 2 個。發達國家的出生率下降，人口甚至出現負增長，導致這些國家市場需求增長緩慢，有的甚至開始萎縮。西歐的人口增長率低於保持現有人口規模所必要的水準，奧地利、挪威、丹麥等國的人口增長已出現負數。由於發達國家的人口增長率減少，因此從長遠來看，它們的市場容量會相對減少。目前由於它們的出生率降低，兒童數量減少，對兒童產品的需求量相對降低，這給兒童玩具、兒童食品、兒童服裝等行業的國際行銷帶來了「環境威脅」。歐洲以兒童市場為目標顧客的企業生存艱難，卻因為年輕夫婦有更多的閒暇和收入用於旅遊和娛樂，為另一些行業帶來福音。

(二) 人口分佈和人口密度

1. 人口分佈

由於各國自然環境和經濟發展水準有差異，世界人口的地理分佈是不均衡的。世界人口空間分佈分為人口稠密地區、人口稀少地區和基本未被開發的無人口地區。

第四章　經濟環境

據統計，占人口總數 2/3 的居民集中在占陸地面積 1/7 的土地上；從各大洲來看，亞洲人口最多，占世界人口總數的一半以上，亞洲、非洲和拉丁美洲的人口占世界總人口的 70%以上。世界人口主要分佈在北半球的亞熱帶、溫帶地區。人口稠密的地區主要有：南亞、東亞、西歐和美國東北部。世界人口稀少地區主要集中在北美、亞洲的高山地區和寒冷地帶，撒哈拉沙漠和中亞及澳大利亞的沙漠地帶，亞馬孫河、剛果河的濕熱地帶，南極洲等地區，這些地區由於自然條件惡劣尚未開發。人口分佈合理的標準是：一個國家或一個地區的人口密度與當地社會經濟的發展與資源提供的可能性是否相適應。東亞和南亞都是世界古老的文化中心，人類在此居住的歷史悠久，加之發展農業的自然條件優越；西歐是世界上資本主義發展最早和商業貿易活動頻繁的重要工業地帶；北美洲的大西洋沿岸及五大湖區，是世界上最發達的工業和金融貿易區。所以，這幾個區人口密度很高。世界上人口最多的地區按大洲來說是在亞洲，按地區來說是在南亞。

　　人口地理分佈在世界上有兩個變動趨勢：一是農村人口在減少，城市人口在增加；二是市區人口在減少，郊區人口在增加。20 世紀 50 年代，世界上僅約 20%的人口住在 2 萬人以上的城市，而今天，約有 50%的人口住在城市。特別是在發展中國家這種都市化的發展變化更大。與此同時，全球人口超過 1,000 萬以上的巨型都市將達 25 個，其中 20 個這種巨型都市將坐落在發展中國家。城市化是市場吸引力的一個重要標志。城市人口的增加，使分銷結構發生了很大的變化。農村人變為城市人，其消費結構、消費習慣也發生了一定的變化。同時，由於城市，特別是大都市城市病嚴重，交通擁擠，污染嚴重，住房緊張，許多人紛紛從市區遷居到郊區，使城市外圍人口密度增加，中心區人口減少，形成所謂「空心化」現象。這種動向，使許多國家的零售結構發生變化。如美國，在郊區住宅區出現了現代化的購物中心，使得城市商業中心的百貨商店和專業商店受到衝擊。因而，這類市郊的購買中心，成了國外分銷渠道的選擇之一。

　　2. 人口密度

　　人口密度是指單位面積內的人口數量，是衡量人口分佈的重要指標。一般把人口密度分為四個等級：第一級為密集區，其人口密度大於 100 人/平方千米；第二級為人口中等區，其人口密度為 25～100 人/平方千米；第三級為人口稀少區，其人口密度為 1～25 人/平方千米；第四級為人口極稀地區，其人口密度小於 1 人/平方千米。

　　人口密度對產品需求、促銷方式、分銷渠道都產生不同的影響，直接影響到企業的行銷成本和銷售量。人口密集的地方通常人均行銷成本較低，銷售額也會比較大。人口密度越大，對商品的需求量就越大；相反，人口越稀少，對商品的需求量就越少。例如，美國人口最稠密的地方是大西洋沿岸、五大湖邊緣和加利福尼亞沿海地區，這些地區也是美國最大城市的所在地。該地區對汽車的需求量明顯高於其他地區，並且還是貴重皮貨、化妝品和藝術品的大量集散地。

國際市場行銷

　　世界人口不僅增長快，分佈極不平衡，而且人口密度有很大的差異。如大洋洲，每平方千米 7 人；北美，每平方千米 29 人；亞洲和歐洲，每平方千米 250 人。在同一個地區不同國家之間的人口密度也有很大的差異。如歐洲地區，人口密度最低的是挪威，每平方千米為 33 人；最高的是荷蘭，每平方千米為 1,004 人。人口密度對於國際行銷管理者評估分銷渠道和運輸問題是很重要的。例如，美國人口密度僅為荷蘭的 1/15，所以儘管有最現代化的運輸網，美國的運輸成本仍高於荷蘭。但是在使用人口密度這個統計指標時須慎重，因為它是一個平均數。世界人口密度最高地區在亞洲，其中有日本、朝鮮、中國東部、中南半島、南亞次大陸、伊拉克南部、黎巴嫩、以色列、土耳其沿海地帶。在非洲有尼羅河下游，非洲的西北、西南以及幾內亞灣的沿海地區。在歐洲，除北歐與俄羅斯的歐洲部分的東部地區以外，都屬於人口密度較高的地區。在美洲，人口密集區主要是美國的東北部、巴西的東南部，以及阿根廷和烏拉圭沿拉普拉塔河的河口地區。人口密集地區的總面積約占世界陸地的 1/6，而其人口則占世界總人口的 4/6。這些人口密集的地區也是世界工業、農業比較發達的地區。世界上的每個大陸都有人口稀少的地區。總的分佈範圍集中在亞歐大陸的中部、北部，北美洲大陸的中部和北部，南美洲大陸的中部和南部，非洲大陸的撒哈拉地區，澳大利亞大陸的西部及南極大陸。中國人口分佈極不均勻，中國沿海省市的人口密度達到 1,407 人/平方千米。

　　(三) 人口結構

　　人口結構可從其自然結構（性別、年齡）和社會結構（文化素質、職業、民族和家庭）兩方面進行分析，下面僅就自然人口結構進行分析。

　　1. 年齡結構

　　年齡是細分市場的因素之一。不同年齡層次的人口構成不同的細分市場。消費者的年齡對市場行銷來說，意味著收入的多少、家庭大小，以及對商品的不同價值觀和不同需求。不同的年齡層次對商品有不同的需求，其購買偏好行為具有一定的共性。在美國，市場行銷學家將人口的年齡結構分為六個層次：兒童，年齡在 10 歲以下，他們是玩具、兒童食品等的主要市場；青少年，10~19 歲，他們是牛仔褲、錄音帶等的主要市場；成人青年，20~34 歲，他們是家具、運動器材的主要市場；早期中年人，35~49 歲，他們是住房、新汽車、服裝、娛樂業的主要市場；後期中年人，50~60 歲，他們是高級服裝、旅遊、娛樂業的主要市場；退休人員，65 歲以上，他們是藥物、助聽、按摩器等的主要市場。

　　目前，世界人口年齡結構正出現兩個明顯的趨勢：一是世界人口平均壽命在延長，許多國家的人口趨於高齡化，其特徵是老齡人口增長速度越來越高於全部人口的增長速度。目前，60 歲及以上的全球老年人口為 6.06 億，約占總人口的 10%。到 2020 年，老齡人口將達 10 億多，占總人口的 13% 左右，2050 年可能將達到近 19 億。發達國家的 60 歲及以上的老年人目前占其人口的 19%，到 21 世紀中期這一比例將高達 32%。人口老年化導致老人市場在擴大，這對經濟發展和國際市場行銷的

第四章　經濟環境

影響是很深遠的。這一變化將使與「銀髮消費」有關的商品，如醫藥、保健用品、眼鏡、助聽器等老年人用品和特殊服務的需求迅速增加，甚至還會帶來行銷組合策略上的新突破，如開發老年玩具、郵購和上門服務，為老年人提供廉價、優質服務等。二是世界範圍內出生率下降，如發達國家平均出生率為 1.1%，而在 20 世紀中葉則是 1.9%。全球平均數據則為 2.6% 和 3.5%。與過去不同，即使是在經濟落後的國家，人們對嬰幼兒的培養也很重視，不僅在身體發育上，還在智力培養上給他們以大量的投資。嬰幼兒市場成了一個龐大的、十分有開發價值的市場。同時由於出生率下降、嬰幼兒減少，西方國家許多經營兒童食品和用品的企業，或者到出生率較高的國家去尋找市場，或者轉變經營目標，這些年歐洲奶粉廠商大舉進攻中國市場便是一例。與此同時，發達國家出生率下降，兒童減少，使許多年輕的夫婦有更多的閒暇時間和收入用於旅遊、野餐，這給旅遊業、飲食業、旅館業、體育娛樂等行業提供了良好的市場行銷機會。

2. 性別結構

人口的性別構成與市場需求的關係密切。男性和女性在生理、心理和社會角色上的差異決定了他們不同的消費內容和特點。一些產品有明顯的性別屬性，只為男性或女性專用。而男女不同的心理和社會角色對消費行為有著直接的影響。一般來說，男性以陽剛粗獷為美，崇尚冒險精神，以事業為重，決策果斷，因而男性消費者的需求特徵常常表現為粗放型、冒險型、衝動型和事業型；女性比較溫柔細膩，善於謹慎從事，以生活和家庭為重，因而女性消費者的需求特點多為謹慎型、生活型和唯美型。隨著社會經濟的發展，男女的性別角色也在悄然變化，並影響到市場需求的變動。

3. 家庭結構

家庭是社會的細胞，也是某些商品的基本消費單位，例如住房、成套家具、電視機和廚房用品等商品的消費數量就和家庭單位的數量密切相關。一個國家或地區家庭單位的多少、家庭成員平均數量、家庭成員結構和家庭決策方式，對市場需求的影響很大。近 20 年來，家庭小型化趨勢愈演愈烈，特別是西方發達國家和一些發展中國家，以單身成年人住戶、幾人同居住戶和集體住戶等形式存在的非家庭住戶迅速增加。近 40 年來，中國的家庭結構也發生了較大的變化。家庭規模小型化是中國城鄉家庭結構變化的重要特徵之一。與此同時，家庭結構還呈現出以核心化家庭為主，小家庭式樣日益多樣化的趨勢。除核心家庭外，其他非核心化的小家庭式樣，如空巢家庭、丁克家庭、單身家庭和單親家庭等，正在構成中國城鄉家庭結構的重要內容。不同國家和地區由於家庭結構的差異，表現為對家庭用品（例如住宅、家電、汽車等）的規格、數量等方面的需求也不相同。企業進行國際行銷活動，必須考慮到家庭結構對行銷活動的影響。

國際市場行銷

二、收入狀況

　　收入是決定市場規模的另一個重要因素。嚴格來說，構成市場規模的人應是有支付能力的人。收入因素的內容很多，包括一個國家的國民總收入或國內總收入、人均收入與個人可支配收入、個人自由支配收入、財產分佈等。人均收入是用國民收入總量除以總人口的比值，這個指標大體反應了一個國家人民生活水準的高低，也在一定程度上決定了商品需求的構成。這一指標將收入與人口因素結合起來。它是常被用以描述一國經濟實力的統計數字，不但表示一國經濟發展的水準，而且象徵一國現代化程度，以及衡量在健康、教育、福利方面進步的情況。在評估市場規模大小及水準時，以人均收入為指標，是廣為接受的觀念。一般說來，人均收入高的國家的消費水準一般較高，對消費品的需求較大，對消費品的購買慾望就較大，對產品的檔次質量要求較高，對奢侈品、文化娛樂產品、休閒旅遊產品有更多的需求量，而人均收入低的國家則以維持日常生活需要的食品和一般消費品為主。世界各國的人均收入有很大的差距。例如，科威特人均收入超過 18,000 美元，而印度約為 260 美元。而曾經瑞士以人均 GNP 44,320 美元居世界之冠，比最低的剛果民主共和國和埃塞俄比亞等國的人均 GNP 高了四百倍。這顯示了一個嚴酷的事實：世界上貧窮國家仍居多數。在世界銀行統計的 126 個國家中，三分之二的國家人均 GNP 低於 2,300 美元，其中 40 個國家低於 500 美元。

　　儘管人均收入對評估市場規模有相當價值，但也要注意到它的一些限制，要考慮到人均收入對實際購買力反應的真實度，也就是要把收入與物價水準相結合。要考慮人均收入真實性如何，避免在統計上遺漏灰色收入部分。更需要提出的是收入不均會使人均收入失去意義。衡量一個國家（或地區）市場規模的大小，不但要看該國家（或地區）的人均收入高低，還要注意收入分配的均衡程度，因為收入分配的均衡程度不同，市場需求特徵也不同。本來，人均收入對瞭解市場規模有很大的意義，尤其是在人口所得差距彼此不大的狀況下，則更具可用性。但是，許多國家都存在貧富差距大、收入分配不公平的情況，這樣使得用人均收入的指標容易產生一些誤解。所以在評價一國經濟環境時，還必須考慮該國的收入分佈狀況，以便較為準確地評估其產品市場的實際購買力。尤其是在評估敏感產品，如轎車、高檔家具、高檔裝飾品的購買力時，更要注意階層間收入的差異。例如，相同人均收入水準和人口數量的兩個國家，其中一個國家收入較均衡，但另一個國家收入差別很大，那麼收入差別很大的國家由於大部分的財富聚集在少部分人手中，而大部分人又僅擁有很少的財富，因此，高檔消費品的市場規模會小於人均收入較均衡的國家。

　　我們根據世界銀行公布的收入分配的情況可看出，在發達國家中挪威和芬蘭是收入分佈較為平均的國家，它們最貧窮和最富有的 20% 家庭所占全部收入各為 10%、15% 和 35.3%、35.8%，發展中國家裡巴拿馬和瓜地馬拉的收入分配最不平

第四章　經濟環境

均，它們最窮的和最富的 20% 的家庭在全部收入中所占的比重為 2.0%，2.1% 和 60.1%，63%。最平均的國家是孟加拉國和盧旺達，它們這兩項指標分別為 10%，9.7% 和 37.2%，39.1%。國際通用的衡量收入分配均衡程度的標準是基尼系數（Gini Coefficient）。聯合國有關組織判斷收入差別的標準為：基尼系數在 0.2 以下表示收入絕對平均；0.2~0.3 表示比較平均；0.3~0.4 表示相對合理；0.4~0.5 表示收入差距較大（0.4 為聯合國警戒線）；0.6 以上表示收入懸殊。一般而言，低收入和高收入的人口較多，而中產階層較少時，這種情況稱為「雙峰收入分佈」。根據這個分佈，行銷者一定可發現這兩個群體的市場需求不同。巴西、墨西哥、印度這三個國家大多數人口都是低收入者。義大利是歐洲國家中二元經濟較明顯的國家，即南部貧窮與北部富庶涇渭分明，國際市場行銷人員應對此情況分別對待。

此外，收入因素可以影響消費者的消費結構，而瞭解不同國家消費結構的差異有助於企業制定正確的行銷策略。比如，由於經濟狀況的不同，某些國家可能會重生產、輕消費，那麼在該國，即使普通的必需品也會被視為奢侈品。另外，在大多數發達國家，資本貨物（如辦公設備、車輛等）的支出比重遠遠高於發展中國家，而發展中國家的居民會以較大比重的收入購買消費品，這與前面提到的恩格爾定律是一致的。除了發達國家和發展中國家之間存在消費結構差異外，發達國家之間的消費結構也不盡相同。例如，普通美國家庭的住房面積為 147.065,5 平方米，典型歐洲家庭的住房面積約為 97.548,2 平方米，而日本家庭平均只有 85.935,3 平方米。由此可以看出，一國或地區的消費結構在很大程度上影響著企業行銷活動的進行。

本章小結

本章主要對國際行銷的各種經濟環境進行描述和說明。本章主要涉及世界經濟環境背景和東道國的經濟環境狀況兩個方面。本章具體闡釋了世界經濟大環境對國際市場行銷的影響，描述了全球經濟特點、全球性經濟組織的作用和影響以及區域經濟一體化的形式和特徵。在東道國層面，就經濟制度與經濟體制的類別與差異、不同經濟發展階段和水準的差異進行了比較和描述，突出差異對開展行銷活動的影響。同時，本章還就國家的基本經濟狀況，包括國際收支、經濟週期、通貨膨脹、國內生產總值、城市化與基礎設施等其他有影響的經濟因素進行說明。最後從市場角度出發，本章說明了人口的規模、結構、變化，收支狀況，消費習慣等帶來的國際市場行銷的影響。

關鍵術語

全球經濟環境　東道國經濟環境　經濟制度　經濟體制　市場環境　人口結構　收入狀況

復習思考題

1. 當下的經濟格局對國際市場行銷產生的影響有哪些？世界經濟組織在國際市場行銷中扮演著怎樣的角色？
2. 造成國際影響的東道國經濟環境具體有哪些？
3. 請舉例說明市場環境如何具體影響企業的國際市場行銷。

第五章　政治環境

本章要點

- 政治環境的概念及研究意義
- 母國、國際性及東道國政治環境對國際市場行銷的影響
- 政治風險對國際市場行銷的影響
- 國際政治風險的防範措施

開篇案例

21世紀國際政治、法律制度環境的影響

國際環境對一個國家的安全有著重大的影響。國際環境是一種動態的過程，是國際關係結構體系對一個國家的影響和一個國家對此所做出的反應的一種互動的過程。21世紀初，經濟全球化在世界大部分地區正以更大的發展勢頭推進。國際政治、經濟和文化的聯繫更為密切。與此同時，世界各地反全球化運動也在蓬勃發展，各種力量間的競爭和對抗加劇，國際形勢不斷發生著變化。其中，最具震撼力的莫過於「9・11」事件對世界政治、經濟和國際關係帶來的重大影響。全球經濟持續低迷，恐怖主義的威脅上升、戰爭造成動盪、美國的單邊主義重新抬頭等一系列變化加劇了21世紀初世界形勢的不確定性，使國際環境更趨紛繁複雜。21世紀，國際環境的調整必將對世界各國產生重大的影響。

各國政府對環境的影響是通過政府政策、法令規定以及其他限制性措施起作用

國際市場行銷

的。各國政府對外商的政策和態度反應出其增進國家利益的根本想法。因此，國際化經營企業在進入一個國家之前必須盡可能評估該國的政治、法律和制度環境。然而，不但各個國家的國家主權與國際化經營企業的經營活動會發生衝突，引發種種糾紛，而且存在無數法律糾紛和制度上的差異，這給21世紀國際環境帶來巨大影響的同時也給國際化經營企業帶來了莫大的困難。

全球行銷的制度環境由各種政府和非政府代理機構組成。這些機構執行法律或制定商務行為指南。這些機構處理範圍寬廣的行銷問題，包括價格控制、進口和出口產品的估價、貿易法、標籤、食品和醫藥法規、雇用條件、共同砍價、廣告內容以及競爭手法等。如今，政治聯盟乃至國界的意義都在減弱。這種變化使得世界政治秩序的歷史基礎——主權國家的概念正在劇烈動搖。

當許多國家的政府還只是在研究環境，尤其是廢物再生問題的時候，德國已經頒布了一項關於包裝問題的法令。該法令將廢物處理的費用負擔轉移到業者身上。德國政府希望這項被稱為《包裝條例》的法律會創建一種「閉環經濟」。其目標是迫使製造商摒棄不必須使用的且不能再生的材料，而採用其他全新的方式生產和包裝產品。儘管遵從這項法律會產生一些成本，但業者們還是朝著封閉經濟邁出了堅實的步伐。德國的包裝法只是政治、法律制度環境影響行銷活動的一個實例。每個國家的政府都對本國企業與其他國家開展的商貿活動實行管制，並試圖控制外國企業獲取本國資源。每一個國家都有其獨特的法律制度體系，這些體系影響著全球性企業的經營活動，包括全球行銷企業捕捉市場機會的能力。

法律制度限制著跨國界的產品、服務、人員以及資金和訣竅的流動。全球行銷企業必須努力遵從東道國的每一條法規。這樣做並不是一帆風順的，因為各國的法律制度事實上經常是模糊不清和不斷變化的。

資料來源：沃倫·J.基坎，馬克·C.格林.全球行銷原理[M].

任何企業，無論其規模大小，無論是本土的還是跨國的，在國際市場行銷中必須考慮其所在國政治環境的影響。國際市場行銷活動一定會受到東道國政府與本國政府的干預，可能是行政干預，可能是政策干預。而東道國政府對外來企業或外來產品的態度和政策可能是歡迎的，也可能是限制的，這與其一定時期內的行為目標有密切關係。一旦政府目標發生改變，就可能產生風險。

第五章　政治環境

章節正文

● 第一節　政治環境概述

一、政治環境的概念

政治環境是指影響企業國際市場行銷活動的各種政治因素，分為母國（parent country）、東道國（host country）和國際性的政治環境因素三類。眾所周知，國際企業在東道國的各項活動都必須在當地政府的許可之下進行。政府是國際企業在當地分支機構整體中的一部分，是一個沉默的合夥人、一個具有無形控制力的合夥人。政府對企業行銷的影響，是通過政府政策、法令規定，以及其他限制性措施起作用的。政府對外商的政策和態度，反應出其增進國家利益的根本想法。因此，企業在進入一個國家之前必須盡可能評估該國的政治環境和法律環境。

一國政府對國際企業的競爭、利潤的態度，對國際行銷活動的限制或鼓勵，都會對國際企業產生直接或間接的影響。如當年的可口可樂公司就是乘中美兩國政治升溫之機，憑藉卡特政府的政治作用得以進入中國市場的；而也是可口可樂公司，由於與印度政府關係緊張，被印度政府要求公開其飲料配方而差點在印度市場銷聲匿跡。

一國的政治環境主要包括政府與政黨體制、政府政策的穩定性以及政治風險等。

二、政治環境的研究意義

政治環境是企業在國際市場行銷中面臨的一個重要而複雜的問題。企業對此必須保持高度的政治敏銳性，對政治環境中的各種因素給予足夠的重視。同時，任何一個從事國際市場行銷的企業都應該認識到：政治是經濟的集中體現，又對經濟產生巨大影響。當代社會任何經濟活動都不可能獨立於政治因素之外。因此，國際市場行銷人員必須具有敏銳的政治眼光和較強的洞察力，審時度勢，以迴避政治風險，減少經濟損失，當然也包括抓住機遇，創造良好的行銷環境。

第二節　母國的政治環境

跨國企業在決定進入目標市場後,最重要的問題當然是分析目標國的政治環境。但是很多時候,母國的政治環境對公司的國外分支機構也會產生限制和約束。例如,來自南非和美國政府的政治壓力迫使200多家美國公司撤離了南非市場,德國和日本的公司一度成為該市場上最主要的外國企業,但後來日本政府決定改變與南非的貿易夥伴關係,於是很多日本公司的分支機構受到政府限制並逐漸減少了在南非的業務。又如,法國決定在南太平洋進行核反應實驗時,來自澳大利亞的強大反對力量惡化了兩國之間的商務貿易關係。一般來說,跨國企業對於自己母國的政治環境都有比較深刻的理解和把握,能夠很好地研究政府政策和經濟法規。儘管如此,考察母國的政治環境仍然是政治環境分析的重要內容。此外,在多個國家都有分支機構的跨國企業還可能遇到來自母國和目標國之外的政治問題,即下面研究的國際層面的政治環境。

世界政治力量的結構包括單邊關係、多邊關係,這些都可能對國際市場行銷活動產生影響。無論採取怎樣的中立態度,跨國企業都不可避免地會捲入母國的國際關係中,這是因為國際商務活動的方方面面都是在世界政治結構的背景下運作的。

分析國際層面的政治環境,首先要考察母國和目標國的雙邊關係。比如,美國公司在國外市場的運作情況就與該國對美國政府的態度有直接關係。

其次要考察目標國與其他國家的關係。例如,如果目標國是歐盟成員國,跨國企業在進入該國市場時,就要考察區域市場其他國家的情況,綜合做出物流決策。

最後,還要考察目標國在某些國際組織中的地位。例如,北約組織由於遵守共同的軍事協定而對組織內部各國的政治有所影響;世貿組織在減少成員國貿易壁壘方面有很多規定;國際貨幣基金組織和世界銀行在幫助某國改善金融環境的同時也限制其行為。

總之,很多國際組織就成員國在專利、通信、交通等項目上達成規定,從而要求跨國企業在進入這些成員國並在當地市場經營時必須符合有關規定。

第三節　東道國的政治環境

企業從事跨國經營,通常是把資金投放到國外市場,其生產經營活動也都在當地進行,因而東道國政治環境的狀況對海外企業的生存和發展影響極大。

第五章　政治環境

一、東道國的政治體制及政黨體制

政治對經濟的干預方式在一定程度上取決於經濟體制，同時也取決於政治體制。行銷者應對目標市場的政治體制及執政黨的思想、政策方針等有所瞭解，這有助於企業估量在該市場從事經營的前景。

（一）政治體制

政治體制是指一國國體和政權組織形式以及相關的體制體系。各國政治制度紛繁複雜，發達國家與發展中國家、資本主義國家與社會主義國家的政治體制存在著很大差異，歸納起來大致可分為君主制和共和制兩種。

（1）君主制是以君主（皇帝、國王、大公、蘇丹和沙皇等）為國家元首的政體形式，是人類歷史上最古老、最普遍的政體形式。君主制又可分為君主專制制和君主立憲制兩類：在君主專制制的國家，君主獨攬國家的最高權力；在君主立憲制的國家，君主的權力受到憲法的限制，故又稱有限君主制。君主立憲制又可分為議會制和二元制。在議會制政體形式下，議會是國家最高立法機關和國家最高權力機關，君主不直接支配國家政權的政體形式，內閣必須從議會中產生，君主只履行任命手續。君主是「虛位元首」，按內閣的意志行使形式上的權力，主要代表國家進行禮儀活動。第二次世界大戰後，實行這一政體的國家除英國外，還有西班牙、葡萄牙、荷蘭、盧森堡、比利時、瑞典、挪威、加拿大、日本、泰國、馬來西亞等。在二元制君主立憲制的政體形式下，國家雖然也制定了憲法，設立了議會，但君主仍然保持封建專制時代的權威，集立法、行政、司法和軍事大權於一身，是權力中心和最高的實際統治者。1871—1918年的德意志帝國和1889—1945年的日本是二元君主制的典型國家。20世紀80年代，約旦、沙特阿拉伯、尼泊爾、摩洛哥等少數國家仍保留這種制度。

（2）共和制國家可分為議會制和總統制兩種。在議會制共和制國家中，議會擁有立法、組織和監督政府（內閣）等權力；政府（內閣）由占議會多數席位的政黨或政黨聯盟來組織，政府對議會負責，當議會通過對政府不信任案時，政府就得辭職或呈請國家元首解散議會，重新選舉；作為國家元首的總統只擁有虛位，沒有實權。實行議會制共和制的國家有義大利、德國、奧地利、印度等。而在總統制共和制國家中，總統既是國家元首又是政府首腦，總攬行政權力，統率陸、海、空三軍，行政機關（政府）和立法機關（議會）相互獨立，由當選的總統組織政府。美國是歷史上最早實行總統制共和制的典型國家。墨西哥、巴西、阿根廷、埃及、印度尼西亞等國也實行總統制共和制。

（二）政黨體制

國際行銷者除了要瞭解目標市場國的政治體制以外，還要瞭解它對國際貿易及國際投資的政策。為此，市場行銷者必須考察該國的政黨體制、各黨派的政治綱領，

特別是執政黨的思想，因為執政黨在國家經濟中起著舉足輕重的作用，有時決定著政府對國際貿易和投資的態度。

政黨體制可分為一黨制、兩黨制和多黨制三種基本形式。

（1）一黨制是指在一個國家中存在著一個政黨，或者雖然存在多個政黨，但只有一個政黨能夠掌握政權。一黨制在發展中國家較為普遍，墨西哥就是其中的典型。在一黨制國家中，執政黨綱領對政策的決策往往起決定性作用。

（2）兩黨制是指勢均力敵的兩大政黨通過競選交替組織政府，輪流執政。兩黨的哲學思想不同，主張和綱領不同，交替執政時，所產生的對國際市場行銷行為的影響要比對國內企業大得多。例如，英國自 20 世紀 20 年代以來，一直由保守黨和工黨輪流執政，但兩黨對國際貿易的態度截然不同：工黨主張通過限制進口來解決國際收支平衡問題，推行貿易保護主義；保守黨則主張自由化貿易政策，逐漸放寬對外國企業的限制。

（3）多黨制是指某些資本主義國家多黨並立、相互競爭，通常通過幾個黨聯合組成政府的制度。多黨制的特點有以下兩點：一是黨派眾多，在政治上比較活躍，二是黨派不穩定，分化改組時有發生，因此政府也不容易穩定。例如法蘭西第四共和國從 1945 年存在到 1957 年，更換了 24 屆政府。也有一種情況，即在一些國家中雖有許多政黨存在，但長期由一個黨執政，如日本、墨西哥、印度等，這些國家中執政黨以外的政黨對政治生活亦有相當大的影響。

二、東道國的政治穩定性

政治環境穩定是開展行銷活動的基礎。在一個政局動盪不安的國度裡從事行銷活動充滿著風險，因為政治環境的猝變可能使行之有效的行銷方案毀於一旦。但是，穩定並非意味著沒有變革，如果一個國家不斷進行主動的、漸進式的變革，且符合發展的潮流，行銷者就有調整行銷策略的餘地，而且能發現新的行銷機會。所以，分析政治環境的穩定性也是行銷者進入市場時須考慮的問題。分析政局穩定性大體可考慮以下幾個方面。

（一）政權更替的頻繁程度

如果東道國國家政權頻頻易手，政變時起，各政黨紛爭，力量對比時有變化，那屬政權不穩固。政權不穩固往往帶來政策的變化，使得企業無法在策略上做出適應性調整，也無法開展行銷活動。例如，香港商人曾在伊朗的德黑蘭興建一座跑馬場，這正好迎合了當時的國王巴列維喜歡看跑馬的興趣。但當跑馬場即將竣工時，巴列維政府被推翻，新政府禁止跑馬活動，投資商損失極為慘重。

（二）政治衝突

政治衝突是指一國的動亂、內亂、政變等不安全因素。有些國家頻繁發生暴力事件、治安混亂和示威遊行，政局動盪不安。政治衝突對國際企業的影響包括直接

第五章 政治環境

影響和間接影響兩個方面：直接影響是指對管理人員的人身傷害、公司財產的破壞及工人罷工等；間接影響是指政府對外來投資和經營在態度和政策上的變化等。

（三）政府政策的穩定性與持續性

政府政策的穩定性直接關係到企業業務適用的各項政策的持續性。某種程度上，可以說它是企業經營獲得的承諾。行銷者應關注政策的實施期限、變化頻度和突變的可能性，這對從事長期投資的國際企業來說顯得格外重要。儘管政府政策始終處於某種漸變狀態，但企業首要關注的是一國對外政策的根本性變化。這種根本性變化可對商業行為產生不利影響，可以定義為不穩定性。一些經濟政策往往是根據政治的需要而出抬的。參與國際競爭的跨國企業在東道國從事行銷活動時，必須在東道國政府的許可下進行行銷活動；否則，東道國政府會對外國公司的行銷活動實施控制或限制。

專欄5-1

政府首腦更替及政府政策的可能變化對國際市場行銷的影響

據報導，在柯林頓宣誓就任美國總統僅1周後，美國決定對鋼鐵徵收高關稅，這導致了美歐再次爆發貿易大戰。這種高達109%的臨時關稅使19個國家受到打擊，其中包括歐共體的7個國家。

西歐認為，美國此舉猶如打了夥伴們一記耳光：西班牙《國家報》用的標題是「克林頓對歐共體採取的第一個敵對行動」；義大利《新聞報》用的標題是「強硬的克林頓——歐共體和美國重新開戰」；在東京，時任首相官澤喜一說，在克林頓當政後，美國可能採取比較強硬的貿易政策；在布魯塞爾，歐共體的官員說，歐共體執行委員會對美國徵收這種關稅提出強烈批評；法國警告說，如果華盛頓不退讓，歐共體將進行反擊；法國總理貝雷戈瓦在記者招待會上說，美國的任何貿易保護主義的措施都會引起歐共體的反對。

資料來源：沃倫·J.基坎，馬克·C.格林.全球行銷原理[M].

三、東道國的政治利益

國際市場行銷者必須首先得到東道國政府的批准，才能在該國開展國際業務。東道國政府在其行政疆域之內擁有正當權力，往往根據自身的政治利益採取鼓勵、支持或者抑制、禁止等各種政策。就一般情況而言，跨國企業行為與東道國政治利益的一致程度決定了公司是否受限及受限程度。

（一）愛國主義和民族主義普遍存在於各國

民族主義是指以本民族的利益為思考問題的出發點，有時可能會產生反對和敵

國際市場行銷

視一切外民族的傾向。這些民族主義情緒的表現形式多種多樣，包括號召人民「只買國貨」（如「只買美國貨」）、進口限制、限制性關稅以及其他貿易壁壘。例如，當日本投資者購買洛克菲勒中心、鵝卵石沙灘高爾夫球場、哥倫比亞唱片公司及其他一些聲譽卓著的美國資產時，政治家、工會、新聞界及其他一些人提出是否應該限制日本「購買美國貨」。對於在日本銷售的美國產品，日本人同樣懷著民族主義情緒。當美國談判者迫使日本進口更多的大米以平衡兩國間的貿易差額時，這種情緒上升到一個新的高度。自給自足、自尊以及維護農民福利等在日本根深蒂固的觀念多年來一直拒絕改變。

儘管政黨和政府的更替可能會引起政府—企業關係的不穩定變化，但當今世界影響國際行銷最關鍵的政治因素是強烈的經濟民族主義。

民族主義認為，一國的經濟發展要更多地依靠本國自己的經濟力量，要特別維護本國民族工業的發展，保護民族的利益與安全。有人把這種主義稱為忠誠的民族主義或愛國主義，尤其對發展中國家而言，在經濟發展中更要維護本民族的利益。在世界政局總體穩定的情況下，大多數國家政府都將其主要任務定位為發展本國經濟。民族主義在此階段更多地表現為經濟民族主義，類似於重商主義，主張政府對進口或外國投資設置壁壘，保護國內產業或經濟的發展。類似地，消費者民族中心主義定義為消費者對購買本國產品或外國產品是否合理和是否符合道德要求，包括：消費者對自己國家的熱愛和關心；害怕進口產品給自己及其國家帶來經濟損失；不購買外國產品的意願或傾向；購買本國產品或外國產品與道德有關。例如韓國在經濟騰飛的二十年前對美貨和日貨有強烈興趣，但隨著國情教育和民族主義高漲，現在的韓國民眾已轉變為以使用國貨為榮。

人們要認清一個基本事實，無論哪一個國家，不管它做過什麼保證，也不會容忍外國公司對其市場和經濟的無限滲透，特別是東道國認為外商的決策沒有顧及本國的社會經濟發展需要時。即使在外國企業較少的美國，國會也頒布了一些條款，限制外商的侵入。例如，美國國會和政府中某一聯合委員會曾建議，成立一個類似其他國家的審查機構，不僅有權禁止有害的投資，而且有權從所有外商手中為國家抽取一定利潤。美國幾乎有一半的州對購買外國商品實行控制。

民族主義對外國企業的影響，無論在發達國家還是發展中國家都是一樣的，只是激烈程度不同而已。但是，所有的東道國都會在其國內控制利潤和借貸，控制外貿對本國公司的衝擊（如削減產品進口，推動本國產品出口），控制外資對本國企業的投資規模等。如近年美國國會認定華為、中興威脅其國家安全，建議美國公司特別是政府網路不要使用這兩家公司的產品和服務。緊接著，加拿大政府即宣布不會在其政府網路的建設中使用華為的設備。英國議會也決定對華為與英國電信公司的合作展開調查。

（二）所有的國家都希望維護其政治主權不受侵犯

進入本國市場的外國公司都會被認為在某種程度上威脅到本國主權，特別是那

第五章　政治環境

些規模大、分支機構多的跨國企業更容易引起目標國政府的警覺。同時，出於國家安全的考慮，很多國家的政府都在諸如國防、通信、能源或者自然資源等產業領域裡制定禁止外國公司進入的有關政策。

四、東道國的國際關係

國際行銷者不僅要研究東道國的國內政治環境，而且還應關注國際政治關係。首先，就當地市場而言，國際企業本身就是外國的一部分，無論其多麼中立，都自然地捲入國際關係；其次，企業的許多經營活動中供需單方或者雙方都會與其他國家的經營活動發生往來。這樣，企業就不可避免地涉及不同東道國之間的國際關係。

國際關係，特別是企業母國與東道國之間的國家關係，對行銷活動的業績和前途會產生直接而強烈的影響。兩國友好，經濟往來頻繁，就能給行銷活動創造較為寬鬆的國際關係環境；相反，兩國敵對、相互封鎖、管制、禁運、壁壘森嚴，就會給行銷活動設置障礙，增加風險。例如，在尼克松訪華前後，在中日邦交正常化前後，中國與美國、中國與日本的雙邊貿易都發生了巨大的變化。在 1960 年以前，古巴是美國公司國際市場行銷的一個主要目標，菲德爾·卡斯特羅一上臺，這些商務活動馬上就中止了。

行銷者還必須關注東道國與其他國家的關係。如果該國是某一區域性組織（如歐洲聯盟、東南亞國家聯盟等）的成員國，企業應認真分析這個事實及可能產生的影響，然後對是否進行貿易或投資做出決策。如果某國有特別友好的或特別敵視的國家，企業應認真研究該國進出口貿易的方向，從而調整相應的行銷策略。例如，許多阿拉伯國家不與以色列進行貿易，而且聯合抵制在以色列投資設廠的任何一個國家的企業，因為他們認為跨國公司在以色列的投資有利於以色列的經濟發展。福特汽車公司、可口可樂公司、施樂公司等均被列入過被抵制的黑名單。

● 第四節　政治風險的評價與應對

一、政治風險的概念

政治風險是指從事國際市場行銷的企業由於受東道國各種政治因素的影響而遭受損失的可能性。政治風險產生的直接根源在於東道國政體的改變、社會動盪與混亂、政治上的獨立、武裝衝突與戰爭、國際政治同盟關係的形成等。根據這一定義，政治風險應具備如下三個條件。

政治風險是由政治原因引起的經營危機。也就是說，政治風險不但包括政治事件，而且包括由政治動機引發的環境變化所帶來的企業經營危機。

政治風險不同於國際政治不安定，即東道國內的政治不安定不直接影響外國企

業的經營。然而，當這種政治不安定因素影響東道國政府的政策以及引發東道國公民對外國企業的態度的變化時，將影響外國企業的經營活動。此時，政治不安定因素就可稱得上是一種政治風險。

政治風險必然導致潛在的經營危機。也就是說，政治風險不僅影響企業的資產，而且還影響企業贏利。政治風險不僅包括沒收、國有化及持股限制等有關企業資產方面的資產危機，而且還包括銷售限制、義務出口及雇用國內員工比例等有關企業正常經營活動方面的營運危機。近年來，國有化與沒收等資產危機的次數明顯減少；相反，對外國人經營的企業採取的各種規定所引起的營運風險所占的比例越來越大。

專欄 5-2

政治主權對引進外資技術的影響

在20世紀70年代中期，強生公司和其他投資商為確保在印度所建公司中的控股地位，只得服從印度政府的一整套法規。這些法規中的許多條款後來被馬來西亞、印度尼西亞、菲律賓、尼日利亞、巴西及其他許多發展中國家部分或全部照搬。到了20世紀80年代，在經過以債務危機和低GNP增長為特徵的拉丁美洲「迷茫的10年」後，法律制定者改變了許多限制性和歧視性的法律，目的是重新吸引直接投資和他們所急需的西方技術。冷戰結束和政治聯盟關係的重組對這些變化產生了重要的影響。

資料來源：楊浩. 國際行銷 [M].

二、政治風險的類型

（一）沒收、徵用和國有化

沒收（confiscation）、徵用（expropriation）和國有化（nationalization）是政府對外國投資所採取的最嚴厲的措施。這三者常被交替採用，但三者間有細微的卻很重要的區別：沒收是最大的政治風險，即東道國政府將外國投資無償地收歸己有。徵用是政府對佔有的外國投資給予一定的補償，雖然風險比不上沒收，但也相當嚴重，因為這絕非外國投資者自願的交易，而且這種補償與被徵用企業的財產價值往往並不相等，甚至只是象徵性的。沒收和徵用都是對財產而言的。對於被沒收的財產，可由政府直接管理，但也可由政府授權的私人企業管理。國有化是指東道國政府將外國投資收歸國有，並由政府接管。國有化可能是無償的，也可能是有償的。無償的國有化即為沒收，有償的國有化即為徵用，但是這樣沒收和徵用來的外國財產都由政府直接管理。

第五章　政治環境

專欄 5-3

世界有關國家或地區國有化的情況

20 世紀 30 年代以來，世界一些國家鑒於外國企業在本國的日益擴張，深感本國經濟如過分依賴外資企業將會產生不良的後果，於是掀起了一場國有化的風潮。首先是墨西哥政府於 1937 年接管了外資鐵路業，1938 年又沒收了其境內的外國石油業。伊朗 1952 年將英國石油公司收歸國有。隨後，危地馬拉於 1953 年沒收了外國企業擁有的香蕉園。1962 年，巴西政府接收了美國國際電信及另一家電力公司在當地的投資事業。古巴更為激烈，將所有在其境內的外資企業均收歸國有。1983 年，法國政府把所有外國銀行收歸國有。

資料來源：蔡新春，何永祺. 國際市場行銷 [M]. 廣州：暨南大學出版社，2004.

（二）本國化

本國化（domestication）是指東道國政府利用較為隱蔽的手段，通過制定一系列政府法令逐步將外國投資歸為國家控制、占為國家所有的過程。其主要法令規定有如下幾點：

（1）將產權部分或全部轉給國民。
（2）將大量國民提拔進入高級管理層。
（3）將較為重要的決定交給國民。
（4）要求產品中具有更高的本地產品含量。
（5）要求苛刻的出口比例。

政府在一段時間內同時頒布這些規定的幾個或全部，目的就是迫使外國投資者與其國民共同擁有比本國化前更多的產權與管理權，並最終將控制權轉移到自己國民手中。

（三）外匯管制

外匯管制（exchange control）是一國政府通過法令對國際結算和外匯買賣等實行限制的一種制度。外匯管制對跨國企業行為會產生重要影響：一方面，企業的利潤不能匯回母公司；另一方面，由於目標國政府限制企業自由買進外匯，企業生產所需的原料、設備和零部件不能夠自由地從國外進口。

（四）貿易壁壘

貿易壁壘（trade carriers）是指一個國家為了限制外國商品進口所設置的障礙，分為關稅壁壘和非關稅壁壘兩種。前者一般是指一個國家基於增加本國財政收入、保護國內生產和國內市場的目的，通過較高的關稅來限制商品的進口。1983 年，美國突然提高機車進口稅，從原來的 4.4% 提升到 49%，目的就是阻止日本機車進口，

國際市場行銷

挽救本國僅存的哈雷機車製造公司。非關稅壁壘是指用進口許可證、進口配額、複雜的海關手續、過嚴的衛生、安全、技術質量標準，政府採購政策及國家補貼等各種各樣的法律和行政手段來限制商品的進口。當前，中國商品出口的主要障礙就是許多國家嚴格的配額限制。此外，大量的農產品、機電、五金、家電、日用消費品等出口還都直接受到許多國家的技術標準、衛生檢疫、商品包裝和標籤等非關稅壁壘的限制。

專欄 5-4

日本「肯定列表」制度將危及中國 1/3 農副產品出口

從 2006 年 5 月 29 日起，日本針對進口農產品的新規定《食品中殘留農業化學品肯定列表制度》開始付諸實施。這項制度規定一旦輸入食品中殘留物含量超過列表中的標準，將被禁止進口或流通，而其涉及了所有農業化學品，範圍之廣、標準之嚴前所未有，堪稱「世界上最苛刻的農殘比」。日本「肯定列表」制度下，每種食品、農產品涉及的殘留限量標準平均為 200 項，有的甚至超過 400 項。這一制度實施以後，檢測項目預計將增加 5 倍以上：如豬肉的檢測項目將從原來的 25 個飆升至 428 個；茶葉的檢測項目將從原來的 89 個增加到 276 個；大米則將從原來的 129 個檢測項目增加到 579 個。

日本是中國食品、農產品出口的第一大市場，占中國食品、農產品出口總量的 32%。「肯定列表」制度的實施將大幅抬高出口技術門檻，直接影響到中國近 80 億美元的農產品出口額，涉及 6,000 多家對日農產品出口企業，以及主產區的經濟發展和農民增收。

資料來源：慎海雄、姚玉潔、馮源.「肯定列表」制度將危及中國 1/3 農副產品出口 [EB/OL]. [2017-10-12]. http://www.dzwww.com/caijing/cjsl/t20060524_1534530.htm.

（五）價格控制

價格控制（price control）是指東道國政府用限價的辦法來影響外國企業的行銷活動。一個國家面臨或正在發生通貨膨脹的危機時，政府往往對重要物資、重要產品實行價格管制。這樣，產品銷售就會碰到很大的困難。

（六）勞動力管制

勞動力管制（labor restriction）是指一國政府立法對本國公民在外資企業工作加以特殊規定，包括工會制度、禁止解雇員工、要求提供額外服務等。例如，1977 年，日本的日立公司經英國政府批准在英國一個失業率較高的地區建立一家電視機組裝廠，可為當地提供 500 個就業機會。但英國工會堅決反對，認為此舉將嚴重打擊英國國內工業，最終導致 2,000 人失去工作機會。英國政府最終決定支持工會的

第五章　政治環境

立場，日立公司只好放棄原計劃。

三、政治風險的防範

（一）政治風險的評估

政治風險評估旨在預測政治的不穩定性，以幫助管理者確定與評價政治事件及其該事件對當前及將來的國際經營決策的影響。政治風險評估能夠：幫助經營者決定是否有必要進行保險；設計信息網路及預警系統；幫助經營者為未來不利的政治事件制訂應變計劃；建立過去政治事件資料庫供公司管理部門使用；就政治、經濟形勢向公司決策者提供建議、警告，對信息網路所收集的資料做出解釋。

近年來，西方許多跨國公司都越來越重視國際市場行銷中的政治風險評估，以便企業能夠對外部的政治環境變化做出快速反應。雖然政治風險多種多樣，但對具體的某一個企業而言，並不是所有的政治風險都會發生並對其產生影響。因此，進行政治風險評估時，應著重分析本企業在某一東道國從事國際市場行銷活動的政治敏銳性。敏銳性越高，則政治風險越高。這種分析主要著眼於兩類因素：一類是公司外部因素，一般為不可控因素；一類為公司內部因素，公司可採取措施進行調節。

1. 公司的外部因素

公司的外部因素主要考察以下幾個方面：

（1）公司母國與東道國之間的關係。當其他條件相同時，公司母國與東道國的關係越友好，則在該國的投資和行銷越順利，越容易受到歡迎和支持。否則，若兩國關係緊張，甚至出現敵對，則企業遭遇海外政治風險的可能性就會加大。

（2）產品或行業分佈（如通信、醫藥）是否屬於戰略部門。不同產業和產品的政治敏銳性不同，可能產生的政治性保護也不同。凡是政治敏銳性高的行業和產品，如重要原料、公共設施、交通通信、藥品、文化娛樂以及與一國國防安全有關的產品等，在東道國經營面臨的政治風險就較大。

（3）經營規模或地址是否位於大城市、首都等敏感地區。公司在東道國的經營規模越大，遭遇政治風險的可能性越大，尤其是當這些外國企業位於都市地區或重要城市時，其政治風險程度則更高。

（4）公司的知名度（visibility of the firm）。公司知名度是公司規模、所在位置、產品質量、廣告、品牌等因素的綜合反應。一般來說，一個國外企業在當地的知名度越高，政治風險的可能性就越大。

（5）東道國政治情況。各國都有自己不同的政治形勢，企業應時刻密切關注，並根據其具體的政治穩定狀況、對外商經營的限制程度等及時調整策略。一般情況下，東道國的政治局勢若有出現巨變的跡象，則企業面臨海外政治風險的可能性將會加大。

國際市場行銷

2. 公司的內部因素

公司的內部因素主要包括以下幾個方面：

（1）公司的行為。公司的任何經營政策和行為都會影響它在東道國政府和民眾心目中的形象，這一形象與其面臨的政治風險的高低直接相關。企業在東道國的形象越好，政治風險就越低；反之，政治風險就越高。

（2）公司對東道國的貢獻。企業在東道國投資常常可以為東道國帶來先進技術和設備，注入流動資金，帶來原材料，擴大出口，增加就業等。企業對東道國的貢獻越大，政治風險就越低。

（3）經營的當地化程度（localization of operation）。經營的當地化程度包括使用當地的資金、管理人員和技術人員情況，產品生產中使用當地原料、零部件和服務情況，在當地開發新產品，使用當地品牌情況等。

（二）降低政治風險的措施

國際化經營企業一般無法在短時間內改變東道國的政治環境，但在決定進入東道國進行國際市場行銷時，可採取適當的措施來取得東道國政府的信任和支持，以減少國際市場行銷的政治風險，同時也可慢慢地影響東道國對外資企業的態度和政策。以下是國際企業降低政治風險的一些措施。

（1）提高科技含量。外國投資企業的技術特性或其產品技術不易轉移，難於模仿，幾乎能消除所有風險，特別是在該產品的生產技術是獨一無二、不可替代的情況下，使用這種策略尤其有效。

（2）聯合投資。聯合投資可以是尋找當地的合夥人合資經營，也可以是與第三國的跨國公司一起投資。與當地合夥人聯合投資有助於減少反對跨國公司的情緒，與其他跨國公司聯合投資會增加公司討價還價的力量。

（3）在東道國籌資。國際企業採取在當地籌借資金，而不是向東道國大量帶進資金的辦法可以減少政治風險。

（4）擴大投資基準。國際企業聯合幾個投資者和銀行，為在東道國投資的許多項目提供資金。運用這一策略的優點是當企業受政府徵用或接管的打擊時，可得到銀行的支持和幫助，特別是銀行借債給東道國時，這種策略尤其有效。

（5）分散投資。一家擁有1億美元的外資公司就比一家只有100萬美元的外資公司被收歸國有的機會大。因為國有化所引起的輿論反響大，所以資本較少的外資公司不值得東道國進行政治干預。因此要在這些地區投資，可考慮將資金分散到不同行業，以化整為零的策略來減少政府干預帶來的損失。

此外，跨國企業在東道國行銷還應做到以下幾點。

（1）入鄉隨俗，尊重當地的風俗習慣（如東道國特有的節假日），用當地語言進行交流。

（2）價格要公平，獲取的利潤要適當，不應該只是公司自己獲利，而應兼顧當地僱員和東道國，使其都能受益。

第五章　政治環境

（3）尊重和配合當地國家目標，明確自己處於客人地位，同當地政府建立和發展良好關係。

（4）國際企業應該興辦有益於當地發展的公共事業，以此對東道國的經濟和文化做出貢獻。

（5）培訓當地有關的管理和技術人員，不要試圖使顧客「洋化」，特別是以此作為爭奪客戶的手段是不明智的。

（6）企業的職員和家屬在國外環境中的舉止要得當。

（7）設在東道國以外的國際企業的總部最好不要包攬一切經營業務，應多選一些有能力的本地人，並積極參加當地的社交活動。

（8）提供企業多方面的資料，發給有關部門，使當地對企業有較深入的瞭解，減少敵意。

本章小結

政治環境是企業開展國際行銷活動所面對的一個重要影響因素，企業進行跨國行銷活動必須要注意政治環境差異。政治環境主要包括母國、東道國和國際性的政治環境因素三類，其中，東道國的政治環境對國際企業產生著最直接、最重要的影響，並給國際企業在東道國的行銷活動帶來不確定的政治風險。因此，跨國行銷企業應該科學地評估、預測政治風險，採取合理、有效的措施來防範和降低政治風險。

關鍵術語

政治風險　國有化　本國化　政體

復習思考題

1. 影響國際市場行銷的東道國政治因素主要有哪些？
2. 政治風險有哪些類型？國際化經營企業應如何規避這些風險？

第六章 法律環境

本章要點

- 法律環境中國際市場行銷有關的法律公約制度及規則對國際市場行銷的影響
- 目標國法律環境、法律制度、法律地位對國際市場行銷的影響，以及法律對行銷組合影響的差異
- 國家法律爭端的解決、裁定與解決途徑

開篇案例

2014 年上半年中國光伏企業遭遇多國反傾銷

2014 年上半年，中國光伏行業可謂禍不單行，美國「雙反」餘波未了，澳大利亞和印度又擠進來「湊熱鬧」，就連之前達成協議的歐盟也撕毀承諾，重提「雙反」。雖然在 2011 年美國「雙反」後中國晶體硅行業整體抗「雙反」能力已大為增強，但不斷擴大的規模還是引起了業內一些人士的憂慮。也許，面對「雙反」，除了積極應對，中國企業還應做出長遠打算，擺脫這種時不時跳出來的、沒完沒了的貿易糾纏。

自 2014 年 1 月 23 日美國商務部發布公告以來，對進口自中國的光伏產品發起反傾銷和反補貼合併調查，同時對原產於臺灣地區的光伏產品啟動反傾銷調查。這是美國自 2011 年 11 月以來第二次對中國光伏產品發起「雙反」調查。事實上，美國並不是 2014 年唯一對中國光伏產業發起反傾銷、反補貼調查的國家，查看今年中

第六章　法律環境

國光伏產品的「雙反」記錄，真可用「十面埋伏」來形容。澳大利亞、印度隨後也宣布對自中國進口的光伏產品發起反傾銷調查。而在 2014 年 1 月 23 日美國商務部公布第二次「雙反」初裁結果後幾天，歐盟又指責中國光伏企業違反當初的價格承諾，要無條件對中國光伏產品實施之前的終裁稅率。雖然印度、澳大利亞反傾銷對國內光伏企業的實質性影響並不大，但業內人士擔心，歐、美、印、澳的接連打擊會引發包括巴西在內的更多市場紛紛效仿，致使光伏企業陷入四面楚歌的境地。

阿特斯陽光電力集團董事長瞿曉鏵就表示，美國此輪「雙反」調查對中國光伏行業的影響會比業內想像的大得多。整個行業剛從谷底爬出來，經受不起進一步的衝擊。所以整個中國光伏行業應該共同行動起來，把新的貿易壁壘打掉，避免其從歐美向印度、澳洲蔓延。一旦貿易壁壘變成全球的，光伏行業就沒有辦法操作，也無法進步了。

陽光電源副總裁鄭桂標也表示，他較為擔心的是貿易保護未來不只是發生在光伏組件的產業鏈上，也會出現在包括逆變器在內的其他組件上，並且擔心在澳大利亞、英國等國內光伏企業佔有率較高的市場重蹈歐美「雙反」的覆轍。

中國企業該如何擺脫「雙反」危機？

自 2011 年美國第一次對中國提出「雙反」以來，中國光伏產業遭受重創，中國的光伏產業格局發生顛覆性的變化，不少昔日的龍頭企業因此破產或遇到經營困難。之後的兩年，國內光伏企業吸取教訓，開始反思如何應對「雙反」。中國光伏企業開始嘗試把「雞蛋放在不同的籃子裡」，多元化開拓新興市場，並在產業鏈上做不同的佈局，努力開拓下游市場，迎來整個光伏行業的轉機。據海關統計，今年 5 月份中國出口有所好轉，進口則由升轉降。按美元計算，當月出口 1,954.7 億美元，同比增長 7%，增速較 4 月提高 6.1 個百分點，當月進口為 1,595.5 億美元，下降 1.6%，較 4 月份回落。

但是隨著中國光伏企業的佈局調整，國外的「雙反」也開始「升級換代」了，今年美國第二次對中國晶體硅光伏產品發動「雙反」調查，並將調查範圍擴大至臺灣地區。

商務部國際貿易經濟合作研究院研究員梅新育認為，這次「雙反」可以說是針對中國大陸企業做出的應對措施進行的圍堵。上一次「雙反」政策僅僅是針對一般貿易中直接從中國大陸出口的產品。這一次則把加工貿易和中國大陸企業在境外投資生產的這些東西都納入「雙反」範疇，實際上針對的是國際貿易。

面對國外「雙反」的「窮追不捨」，也許中國光伏企業需要進行更深刻的思索，如何化被動為主動。對此，樊振華認為可以通過國際合作的形式來擺脫「雙反」紛爭。樊振華說：「通過國際合作，一方面可以化解在產品競爭過程當中的摩擦，另一方面，自己整個的投資組合也能實現多元化，整體上化解這些貿易摩擦，或者其他一些市場風險、政治風險等。」另外，開拓國內市場也被認為是一個解決之道。此前，正是因為國內市場沒有打開才造成了中國晶體硅產品長期依賴出口的局面。

國際市場行銷

近年來，中國政府已認識到並開始著力支持光伏產業的發展。為打開國內光伏應用市場，首次將一個產業發展問題上升到國務院層面的會議上進行討論。在此問題受到格外重視後，國內又相繼出抬多項利於國內光伏市場啓動的政策。

一味遷就並非破除國際貿易壁壘的最佳解決之道。出抬強有力的反制措施，同時擴大國內市場的應用，才能阻止國內先進製造業外流，其中，國家的引導作用不容忽視。

中國可再生能源學會理事長石定寰則表示，在全球經濟形勢不穩定的情況下，貿易摩擦高發態勢很難避免。處在國際貿易相對弱勢地位的中國企業應更好地熟悉和適應國際貿易遊戲規則，政府應與企業合力，一起走出困境。

資料來源：中研網訊．2014 上半年中國光伏企業遭遇多國反傾銷［EB/OL］．[2018-03-08]．http://www.chinairn.com/news/20140626/153234546.shtml.

章節正文

第一節 法律環境概述

一、法律環境的概念

法律環境是指主權國頒布的各種經濟法規法令，如商標法、廣告法、投資法、專利法、競爭法、商檢法、環保法、海關稅法及保護消費者的種種法令，以及各國之間締結的貿易條約、協定和國際貿易法規等。

到目前為止，還沒有相當於各國立法機構的國際法制機構，同樣也沒有國際性執行機構以實施國際法。雖然在海牙設立了國際法庭，但其功能仍有限。國家之間的爭議主要通過談判、協商、調停的方式來解決。國家通過簽訂國際條約、聲明，承認某種國際法準則，以及按照國際法和國際慣例進行交往與活動，這就形成了國際法。

二、國際法

（一）國際法概述

國際法是調整交往中國家間相互關係，並規定其權利與義務的原則與制度。其主體（權利與義務的承擔者）一般是國家而不是個人。國際法又稱國際公法，以區別於國際私法或法律衝突，後者處理的是不同國家的國內法之間的差異。國際法也與國內法截然不同，國內法是一個國家內部的法律，它調整在其管轄範圍內的個人及其他法律實體的行為。國際法包括各國間具有法律效力的條約、公約和協定。這

第六章　法律環境

些條約和公約可以是限於兩國間的雙邊關係，也可以是限於許多國家之間的多邊關係。無論是多邊的還是雙邊的國際條約，只有某一國家依據法定的程序參加並接受，才對該國有法律上的約束。雖然沒有國際法制訂機構和執行機構，但國際法依然在國際商務中扮演了重要的角色。

（二）國際法形成方式

《國際法院規約》第 38 條將國際法的主要造法方式（即國際法規則形成的方式）歸結為三種：條約、國際習慣法（國際習慣法的主要規則概括為七個基本原則，即主權、承認、同意、信實、公海自由、國際責任和自衛）和為各國承認的一般法律原則。國際法的主要依據是國際條約、國際慣例、國際組織的決議，以及有關國際問題的判例等。這些條約和慣例可能適用於兩國間的雙邊關係，也可能適合許多國家的多邊關係。

（三）國際法的基本原則

國際法的基本原則是各國主權平等，互相尊重主權和領土完整，互不侵犯，互不干涉內政，平等互利，和平共處，和平解決國際爭端，禁止以武力相威脅和使用武力，以及民族自決原則等。

（四）主要的國際經濟法立法

對國際行銷影響較大的國際經濟法主要有：調整國際貨物買賣關係的公約；調整國際海上貨物運輸關係的公約；調整國際航空運輸關係的公約；調整國際鐵路運輸的公約，調整國際貨物多式聯合運輸的公約；調整國際貨幣信貸關係的公約；調整國際票據關係的公約；知識產權的公約；國際商事仲裁的公約等。具體包括以下幾種立法：

保護消費者利益的立法：又稱國際產品責任法，主要確定生產者和銷售者對其生產或銷售的產品應當承擔的責任，保護消費者的合法權益。如《關於人身傷亡產品責任歐洲公約》《關於適用於產品責任的法律公約》等。

保護生產製造者和銷售者的立法：又稱工業產權法，包括專利法和商標法。如《保護工業產權巴黎公約》《專利合作條約》《歐洲專利公約》《商標註冊條約》等。

保護公平競爭的立法：又稱國際反托拉斯法、限制性商業慣例或保護競爭法。如《關於控制限制性商業行為多邊協議的一套公平原則和規定》《國際技術轉讓行動守則》《跨國公司行動守則》。

調整國際經濟貿易行為的立法：包括各種國際公約、條約、慣例、協定、協議書、規則等。最有影響的有《關稅與貿易總協定》《聯合國國際貨物買賣公約》《國際貿易條件解釋通則》《解決國家與他國民間投資爭議公約》等，該類立法調整的範圍十分廣泛。

三、國際貿易慣例

國際貿易慣例也是形成統一的國際商法的一個重要淵源。國際貿易慣例是指有

國際市場行銷

確定的內容、在國際上反覆使用的貿易慣例。成文的國際貿易統一慣例是由某些國際組織或某些國家的商業團體根據長期形成的商業習慣制定的。這種統一的慣例雖然不是法律，不具有普遍的約束力，但在國際商業活動中，各國法律一般都允許當事人有選擇國際貿易慣例的自由。一旦當事人在合同中選擇了某項國際貿易慣例，該國際貿易慣例對雙方當事人就具有約束力。

目前，在國際商業活動中通行的或者有較大影響的國際貿易慣例有：在國際貨物買賣中，如國際法協會1932年制定的《華沙—牛津通則》和國際商會1936年制定、1953年修訂的《國際貿易術語解釋通則》（後經2010年更新），統一解釋了國際貨物買賣慣例，在國際上被廣泛採用；在國際支付中，如國際商會1958年草擬、1967年公布的《商業單據托收統一規定》（1978年修訂，改名為《托收統一規則》，1995年再次修訂）和1930年擬訂、1933年公布並於1951年修訂的《商業跟單信用證統一慣例》（改名為《跟單信用證統一慣例》，2007年再次修訂），對國際托收及跟單信用證等付款方式中有關各方的權利和義務做了確定性的統一規定。它們被有關的銀行承認後，對當事人各方都有約束力。

● 第二節 東道國的法律環境

一、東道國的法律環境

在母國以外開展國際行銷的企業，可能要面對東道國迥異的法律環境。由於歷史淵源不同，各國法律都有其自身的特點，儘管各國法律間的差距正在逐步縮小，但距離使用全球統一的、標準化的法律制度來規範國際商務活動的目標還差得很遠。因此，國際經營企業必須研究東道國的法律制度，並與母國的法律制度進行比較與分析，盡可能地運用法律武器，來達到趨利避害的目的。東道國法律是影響國際市場行銷活動最經常、最直接的因素，其對國際行銷的影響主要體現在產品標準、定價限制、分銷方式和渠道的法律規定，以及促銷法規限制。

二、世界法律體系

世界上不同國家或地區都制定了各自的法律。法學家為了便於研究起見，就對眾多的法律加以分類。所謂法系就是指若干國家和特定地區的、具有某種共性或共同傳統的法律的總稱。法系主要劃分為大陸法系和英美法系，其他還有俄羅斯聯邦法律、宗教法系、習慣法系、中國特色社會主義法律體系等。本節主要介紹在世界上居於主導地位的大陸法系和英美法系。

第六章　法律環境

1. 大陸法系

大陸法系又稱為羅馬法系、民法法系、法典法系或羅馬—日耳曼法系，是以古代羅馬法為基礎而發展起來的法律的總稱。大陸法系在13世紀出現於西歐，是在繼承和發展「羅馬法」的基礎之上逐漸形成與完善的。1804年的《法國民法典》以及1900年的《德國民法典》的頒布，標誌著大陸法系的成熟和完善，故大陸法以法國和德國為代表。除法國和德國之外，其他許多歐洲國家，如瑞士、義大利、比利時、盧森堡、荷蘭、西班牙、葡萄牙、奧地利、丹麥、挪威、芬蘭、瑞典、希臘等國均屬大陸法系。並且，隨著歷史上歐洲資本主義國家的殖民擴張，各宗主國把自己的法律體系帶到各個殖民地，在殖民地建立了相應的法律制度。所以，除上述國家之外，整個拉丁美洲與非洲的一部分、近東的一些國家以及日本和泰國等均屬於大陸法系。另外，在屬於英美法系的國家中，某些國家的個別地區，如美國的路易斯安那州、加拿大的魁北克省、英國的蘇格蘭等也屬於大陸法系的範疇。

大陸法系國家特別強調成文法的作用。它在結構上強調系統化、條理化、法典化和邏輯性。它所採取的方法是運用幾個大的法律範疇把各種法律規則分門別類地歸納在一起。同時，大陸法系各國均把全部法律分為公法和私法兩大部分。其中公法包括憲法、行政法、刑法、訴訟法和國際公法等；私法包括民法和商法等。儘管大陸法系各國在具體法律條文的規定上以及在法典編製體例上有所差異，但在法律制度和法律概念上是相同的。

2. 英美法系

英美法系又稱為英國法系、普通法法系和判例法系，是指英國中世紀以來的法律，特別是以其普通法為基礎逐漸形成的一種獨特的法律制度，以及仿效英國的其他一些國家和地區的法律制度。普通法的主要代表國家是英國和美國。除英美兩國之外，過去曾受英國殖民統治的國家和地區，如加拿大、澳大利亞、新西蘭、愛爾蘭、馬來西亞、新加坡、巴基斯坦等也都屬普通法系。而南非、斯里蘭卡、菲律賓等國原屬於大陸法系，後受英美法的影響很大，故它們是大陸法與英美法的混合物。

傳統上，英美法系的淵源中判例法占據了主導地位，成文法只是對判例法的改正和補充，居於次要地位。自從19世紀以來，成文法的數量日益增多，其地位也不斷提高，但判例法仍具有重要地位，它是法律的一個重要淵源，而且成文法本身也要受判例法解釋的制約。現在，英美法系國家的法律淵源已經有所改變，主要由成文法和判例法二者構成，它們相互作用，很難在二者之間分出主次了。除了這兩個主要淵源外，條約、習慣法、法理也構成英美法系法律的淵源。

從英美法系的結構上看，它不同於大陸法將法律明確地分為公法與私法，而是分為普通法與衡平法兩部分。衡平法是14世紀時為了補充和匡正當時不完善的普通法而發展起來的，二者的主要淵源是判例，但又各有其特點。在衡平法興起以前，普通法是一種獨立的、自成體系的法律。但衡平法從一開始就不是一種獨立的、自成一體的法律，它是以普通法為前提而產生和發展的。

3. 大陸法系和英美法系的主要區別

兩大法系的區別主要體現在如下方面：

（1）在法律淵源上，大陸法系繼承與發展了羅馬法，以成文法作為法律的主要淵源；英美法系則繼承與發展了日耳曼的習慣法，以判例法作為法律的主要淵源。傳統上，判例法在大陸法系中，成文法在英美法系中，都居於次要地位，只起補充性的作用。但在當代的英美法系國家中，成文法的作用日益顯著，成文法數量日益增多，形成成文法與判例法並重和相互作用的局面。兩大法系在法律淵源上的不同正是構成以下各點差異的基礎。

（2）在法律推理上，大陸法系實行從一般規則到個別判決的演繹法，而且是典型的三段論式，即以法規為大前提，以事實為小前提，再引出結論，法意識是一般性的、抽象的。英美法系實行從判例到判例從而構思出一般規則的歸納法，這種推理方法在司法中就成為類似案件之間的區別技術，意識是具體的、實際的。在英美法系國家，判例詳細記錄了具體案件，是對該案件做出的判斷，所以它就成為案件構成要件的、極其詳細的規範。英美法系法官在判案時，均是對照有關判例，對案件的事實和各種因素進行詳細的分析、比較與審查後才做出判決的。

（3）在法典化問題上，大陸法系在傳統上實行法典化，即將本國基本法律編纂成系統的法典，英美法系在傳統上不採用法典形式。但後來英美法系也有少數法律採用法典形式，大陸法系的一些重要法律部門（如行政法和勞動法）卻未採用法典，尤其在二戰後，更多地採用單行的、較靈活的議會立法或行政法規。

（4）在法律結構上，按照傳統，大陸法系有公法與私法之分；英美法系並無公私法之分，而有普通法與衡平法之分。這兩種不同的分類方法，造成兩大法系在部門法的劃分存在較大差異。但隨著國家權力對社會、經濟生活干預的加強，在大陸法系國家中公法、私法兼有性質的法律日益增多，而英美法系國家的法學中也出現公法、私法劃分的傾向。

（5）在訴訟制度上，大陸法系在傳統上採用職權制，法院在審理案件時以實體法為中心，重視實體法多於注重程序法；英美法系傳統上採用對抗制，法院在審理案件時以訴訟法為中心，更為重視訴訟程序。儘管自19世紀末葉以來，英美法系各國在不同程度上簡化了訴訟程序，但由於判例是其法律的主要淵源，故訴訟程序在其法律中仍然佔有十分重要的地位。

（6）在司法組織上，大陸法系傳統上有普通法院與行政法院之分；而英美法系則是以普通法院為主，即使設有行政法庭，如果不服其裁決仍可向普通法院上訴。

（7）在司法機關的作用上，在大陸法系國家，立法機關通常具有優越地位，司法機關處於從屬地位，司法機關必須根據成文法的條文從事司法活動；但在英美法系國家，由於判例是法律的主要淵源，而判例一般是由高等法院的法官發現和創造的，並且即使是立法機關制定的成文法，也必須由法院通過對相應案件的判決，形成判例予以解釋和肯定後，才能起作用。一般而言，在英美法系中國家司法機關處

第六章　法律環境

於優越地位。

自第二次世界大戰以來，兩大法系之間的差別正日漸縮小。

4. 法系劃分與國際行銷

大陸法系和英美法系的區別不僅僅在於不同的歷史淵源、法律結構，而且在性質上有很大的區別，不同法系的法律對於同一事物可能會有完全不同的解釋。因此，國際市場行銷者在進行國際市場行銷時，必須對國外市場的法律環境進行慎重而明確的分析。

例如，在一個英美法系的國家裡，財產權利（包括商標等）取決於使用該項財產的歷史。哪個當事人在他的包裝和廣告促銷中實際使用了這個商標，就擁有這個商標的所有權。但是在大陸法系國家，財產權利是依據實際註冊登記來判定的，率先註冊該商標的企業擁有該商標的所有權。

再如對合同中「不可抗力」的解釋，不同法系的國家會有不同解釋。例如，一家日本公司與英國（英美法系）和義大利（大陸法系）公司簽署合同，合同規定在某一規定日期交割電子設備。如果大海中的一場颶風損壞了日本的貨物，造成日本公司無法履約。在英國和義大利，這種情況都會被認為是不可抗力所致。但是，假定貨物是由於倉儲的空調系統的事故而受損的，依照英美法系的法律，日本出口商要承擔責任，因為在炎熱的夏季，空調事故是可能預料到的，因而不是「不可抗力」。而依照大陸法系的法律，這仍然可被看作「不可抗力」。

三、東道國的法律對行銷組合的影響

從事跨國行銷活動時不僅要注意不同法系之間的不同，還要特別留意同一法系內不同國家法律之間的差別。在國際行銷中，產品、定價、渠道、促銷這四個環節都會受到東道國法律規定的影響，而且這種影響在各個國家又是不同的。

（一）對產品策略的影響

大多數國家都對產品制定了許多法律規定，這些法律規定中很大一部分是針對產品的物理性能和化學性能的，而且要求產品達到一定的安全性能標準。例如，美國對進口汽車的防污性能有嚴格的標準，規定進口汽車必須安裝防污裝置，達到美國的汽車廢氣控制標準。英國法律要求牛奶按品脫出售，致使按千克出售的法國牛奶不能在英國市場上順利銷售。德國制定了嚴格的除草機噪音標準，導致英國的產品難以在德國市場上有所作為。可見，一國的產品標準往往可以構成貿易壁壘，達到保護本國生產廠商利益的目的。

各國法律還常常在產品的標籤、包裝、產品保證、商標等方面給外國行銷者造成束縛。在標籤方面，各國對產品標籤的限制往往多於對包裝的限制。例如在義大利的熱那亞，當局命令沒收所有的可口可樂，因為飲料的成分不是標註在瓶子上，而是在瓶蓋上。再如日本法律規定，對於食品和藥品，其內容和用法都必須用日文

國際市場行銷

說明。所有進口食品，包括糖果和口香糖，必須用日文說明是否含有人造色素或防腐劑，並標明進口商的名稱和地址。

各國法律對包裝也有不同規定，例如比利時規定只能用八邊形的褐黃色玻璃瓶盛裝藥劑，以其他容器盛裝的藥劑不得進入該國市場。而丹麥的包裝法規定軟飲料的瓶子必須是可回收的，使得許多國外礦泉水廠商望而卻步。在產品保證方面，各國都制定了產品責任法，生產、銷售不合格產品的企業必須承擔相關法律責任。大陸法系國家對生產者在產品責任方面的要求一般要比英美法系國家更為嚴格，因為成文法系國家在傳統上即有「貨既出門，概不退換」的概念。在商標方面，成文法系國家認為註冊在先，而英美法系認為使用在先。在印度，規定商標不得使用河流、山川的名字。

另外需要注意的是，不少國家已開始注意制定有關綠色行銷的法律、法規和條例。例如德國已通過相當嚴格的綠色行銷法律，這些法律針對包裝廢物的處理與回收都做出了相應的規定。有許多歐洲國家準備將「生態標志」授予那些比其他同類產品對環境的危害更小的產品，製造商可將此標志展示在產品包裝上，以此提醒顧客該產品對環境無害。

(二) 對定價策略的影響

許多國家通過政府部門制定法律法規，對相應產品的價格進行控制。發展中國家對價格的控制較為嚴格，相對而言發達國家要鬆一些。一般地說，像糧食和藥品這類商品常受到政府的價格控制。有的國家對所有產品都實行價格控制，而另一些國家只對個別產品實行價格控制。例如，美國政府除對少數公共產業產品實行價格控制外，均實行市場價格。而日本只對大米實行直接的價格控制。

還有一些國家的政府是通過對邊際利潤設定一個標準來控制商品價格的。例如，加納政府設定製造商利潤為25%～40%，阿根廷政府允許制藥商有11%的利潤率，比利時對藥品批發商和零售商分別給予12.5%和30%的利潤限制，德國政府雖沒有對利潤率做出規定，但要求企業詳細地申報其價格和利潤方面的材料。

稅法不是定價的法律，不過一個國家的貨物稅或增值稅制度對公司的定價策略有重大的影響，這也是開展國際經營的企業需要關注的一點。

(三) 對渠道策略的影響

在行銷組合中，渠道受到法律限制的程度相對較低。根據不同市場可供利用的條件，廠商可以很自由地選擇其產品的分配渠道。當然，廠商不能選擇該市場所不適用的渠道，例如法國政府曾有一項特別法令，禁止挨家挨戶推銷的方式。在伊斯蘭國家，走街串巷商販不準看房間裡的婦女。

實際上，各國最強硬的法律限制也不會從根本上影響國際企業在東道國的分銷，但是通過當地分銷商或代理商銷售產品的出口企業不得不受到東道國有關法律的限制。在選擇代理商或分銷商問題上要特別注意，只有高質量的分銷商才能使國際企業的行銷獲得成功。同時，與分銷商簽合同可能難以廢止，或終止合同的代價可能

第六章　法律環境

會相當昂貴。因此，國際經營的企業必須熟悉東道國關於分銷商合同的法律條文，避免造成損失。

(四) 對促銷策略的影響

促銷包括廣告、人員推銷、營業推廣和公共關係等方式，其中廣告是行銷活動中最易引起爭論的環節，所以對廣告的管理更為嚴厲。許多國家都訂立了與廣告有關的法規，而且在每一個國家的廣告組織之間也往往依據法律制定共同遵守的條款。世界各國有關廣告的法律有如下幾種形式：

1. 關於廣告的內容及其真實性

在德國，廣告用語禁止使用「比較級」，如「較佳」「最佳」等字眼，如果在廣告中進行產品比較，那麼其競爭對手就有權走上法庭，要求其拿出證據。吹捧性廣告在美國是一種可以接受的做法，但在加拿大可能會被判定為虛假廣告。在阿根廷，企業在刊登藥品廣告之前必須先獲得公共衛生當局的允許。

2. 控制廣告宣傳的產品範圍

政府對一些較敏感的產品，往往會限制其促銷廣告，如美國和英國禁止菸、酒類在電視上做廣告。芬蘭則更為嚴格，不允許報紙或電視中出現關於政治團體、宗教信息、酒類、減肥藥及非法文學的廣告。還有些國家通過課以重稅來限制廣告。例如，秘魯對戶外廣告徵收8%的稅，而西班牙則對電影廣告進行專門徵稅。

3. 限制促銷技巧

有的國家法律規定，競爭參與各方不得預先斷言自己的產品銷量如何，許多國家明確限定佣金的規模、價值和種類：佣金只能占產品銷售額的有限部分，佣金的使用只能與該項產品有關。例如，手錶的廣告佣金不能用來做肥皂的廣告等。

除廣告之外，不少國家的法律對其他促銷方式也有不同程度的限制。例如，奧地利的折扣法規定，企業進行有獎銷售時，不得對不同的消費者群體給予有差別的現金折扣，如有差別，即構成對消費者的差別待遇，為法律所禁止。而芬蘭法律規定，企業在銷售活動中只要不使用「免費」字眼，又不強迫消費者購買該商品，便允許其在較大範圍內開展有獎銷售。法國則禁止企業以低於成本的價格促銷或以購買某商品為條件向顧客贈送禮品或獎金，所以法國實際上限制各類有獎銷售。德國禁止企業提供任何類別的刺激以吸引顧客，企業不能提供超過產品價值3%的價格折扣。

四、反傾銷法（詳見第十章國際市場定價策略第三節傾銷與反傾銷）

在西方國家，反傾銷法以法律手段排除某些來自國外商品的進口，以達到保護本國企業競爭優勢的目的。

第三節　國際商務爭議的解決

一、國際商務爭議概述

國際商務活動總是要涉及不同的利益主體，他們往往處於不同的國家或地區，有著不同的文化傳統、不同的價值觀念及法制觀念，商務開展過程中又常會受到有關國家社會、政治、經濟利益以及自然條件的影響，因此，國際企業在國際市場上很難避免國際商務爭議。

如何通過適當途徑合理地解決爭議，是每個國際行銷者應該瞭解的基本知識。國際商務爭議一般都是通過協商和解、調解、仲裁、司法訴訟等方式來解決的。

二、國際商務爭議的解決方式

（一）和解

國際商務爭議的和解是指國際商務活動中的各方當事人在發生爭議時，約定在自願互諒的基礎上，按照有關法律和合同條款的規定，通過直接的充分協商，自行達成協議，以解決有關爭議的活動。多數情況下，商務爭議的當事人都願意首先採取和解程序。和解如果成功，就能夠避免採取仲裁和司法訴訟程序，省去仲裁和訴訟的麻煩與費用，而且氣氛一般比較友好，靈活性較大。但是，和解也面臨一定的局限，讓步的範圍和限度對各方來說都必須是可接受的。

國際商務爭議的和解要以各方當事人自覺自願、平等互利、協商一致為原則。任何一方當事人都有要求通過協商，以和解方式解決有關爭議的權利；但每一方當事人又都並不承擔必須通過和解來解決有關爭議的義務。和解程序一般沒有第三者參與，不需要經過嚴格的法律程序，也不需要嚴格按照有關國家的具體立法做出決定，各有關當事人可以在不違反有關國家的基本法律原則，不損害國家、社會、集體和其他公民的合法權益的前提下，根據有關爭議的具體情況具體解決。和解協議的法律效力同樣依賴於各方當事人的自覺自願，各有關當事人能自覺履行和解協議所規定的義務，即可獲得有關爭議的徹底解決。如果有關當事人不願履行有關和解協議，或有關和解程序根本就達不成和解協議，各有關當事人也可以依法尋求其他解決方法。

（二）調解

國際商務爭議的調解是指國際商務活動中各方當事人之間發生爭議，由當事人申請，或者有關法院、法庭、民間調解組織認為有和好的可能時，為了避免訴訟的勞累，經法庭或民間調解組織從中協調，排解疏導，使各方當事人在自願協商的基礎上，諒解讓步，達成協議，從而使有關爭議得以解決的活動。法庭調解是一種訴訟活動，具有訴訟法律效力；而民間調解是一種非訴訟活動，不具有法律效力，所

第六章 法律環境

達成的協議只能依靠當事人的自覺履行,如果有關當事人反悔,可以向有管轄權的法院起訴,尋求司法解決。

與和解類似,調解也具有靈活、簡便的優點,避免了複雜繁瑣的仲裁或訴訟程序。而且,由於調解達成的和解協議完全出於當事人的自願,雙方一般都能自覺履行。和解與調解的主要不同點在於,調解程序是在第三者參加和主持下進行的,而和解程序一般由當事人各方私下單獨進行。

國際商務爭議的調解也是以各方當事人自覺自願、協商一致和公平合理為原則的。任何一方當事人都有請求調解或拒絕進行調解的權利,任何一方當事人都不能強迫對方當事人參加調解。對於調解所達成的協議,有關當事人可以自覺履行,但也可以以有關當事人未充分參與調解程序,或以有關調解協議違反公平合理原則,或以其他原因為理由而拒絕履行。如果有關當事人不願意或不自覺履行有關調解協議,或有關調解程序根本就達不成調解協議,各有關當事人都可以放棄調解程序,而尋求其他解決方法。

目前,世界各國的有關立法都對調解方式做了不同程度的規定,如聯合國國際貿易法委員會還專門制定了調解規則。同時,國際社會也為此設立了許多調解機構。

(三) 仲裁

國際商務爭議的仲裁,是指國際商務活動中的當事人通過協議,自願將他們之間的有關爭議提交某一臨時仲裁庭或某一國際常設仲裁機構審理,由其根據有關法律或依公平原則做出裁決,並約定自覺履行該項裁決所確定的義務的一種制度。

1. 仲裁的特點

(1) 仲裁具有高度的自主性和靈活性。國際商務爭議的當事人可以在有關國家法律所允許的範圍內,自主地決定通過協議將他們之間可能或已經發生的有關爭議提交仲裁解決。各方當事人可以自主地選擇仲裁地點、仲裁機構、仲裁員,還可以自主地選擇仲裁程序,諸如仲裁申請的提出、仲裁員的指定、仲裁庭的組成、仲裁審理以及仲裁裁決的做出等都可由雙方當事人在其仲裁協議中自主確定。另外,各方當事人可以自主選擇仲裁庭進行裁決時所適用的法律。與訴訟程序不同,國際商務爭議仲裁不必拘泥於任何法定的形式,具有很大的靈活性。仲裁庭甚至可以基於當事人雙方的授權,依公平原則對當事人之間的有關爭議做出裁決。

(2) 仲裁具有速度快、成本低的特點。國際商務活動中一旦發生爭議,各方選定的仲裁員按照仲裁協議的規定,可以立即組成仲裁庭,並開始仲裁。而且所選定的仲裁員一般都是有關方面的知名人士和專家,對於許多問題通過一定的調查就可以直接予以認定,做出裁決的速度較快。

(3) 仲裁具有必要的強制性。雖然國際商事仲裁機構是一種民間機構,不屬於國家司法機關的範疇,但仲裁仍具有一定程度的強制性。根據各國立法的規定,如果各方當事人一旦達成協議,通過仲裁解決爭議,那麼任何一方當事人就無權再向法院提起訴訟。世界各國的立法和司法實踐都明確承認通過仲裁方式解決有關國際

商事爭議的合法性，承認有關仲裁機構根據仲裁協議做出裁決的法律效力。如果有關當事人不自覺履行仲裁裁決所確定的義務，有關國家的法院可以而且應該基於一定的條件採取必要的強制措施，以保證有關裁決在其所屬國境內的適當執行。

（4）仲裁方式有利於調和不同法律制度之間的矛盾，維持各當事方的友好關係。採用仲裁方式解決國際商務活動的爭議，可以調和不同法律制度之間的矛盾，避免當事人因不信任外國法院的公正性而產生的種種疑慮，還可以克服在一國境內執行外國法院判決的過程中所遇到的各種障礙。仲裁可以避免因訴訟程序引起的心理障礙，使雙方當事人能夠繼續保持友好關係。

2. 仲裁機構

國際商事仲裁機構是由國際商事關係中的各方當事人自主選擇，用以解決其商務活動爭議的民間機構。國際商事仲裁機構有臨時仲裁機構和常設仲裁機構之分。

臨時仲裁機構是指根據各方當事人的仲裁協議，在爭議發生後由各方當事人選定的仲裁員臨時組成的，負責審理當事人之間的有關爭議，並在審理終結做出裁決後即行解散的臨時性機構。有關臨時仲裁機構的組成及其活動規則、仲裁程序、法律適用、仲裁地點、裁決方式以至仲裁費用等都可以由有關當事人協商確定。

常設仲裁機構是指依據國際條約和一國國內立法所成立的，具有固定的組織、固定的地點和固定的仲裁程序與規則的永久性機構，一般都備有仲裁員名冊供當事人選擇。目前國際常設商事仲裁機構幾乎遍及世界上所有國家，在業務範圍方面也已涉及國際商事法律關係的各個領域。影響較大的常設商事仲裁機構主要有國際商會仲裁院、瑞典斯德哥爾摩商事仲裁院、英國倫敦仲裁院、美國仲裁協會、蘇黎世商會仲裁院等。

3. 仲裁程序

（1）仲裁申請和受理。仲裁的申請是指有關仲裁協議中所約定的爭議事項發生以後，仲裁協議的一方當事人依據該項協議將有關爭議提交給他們所約定的仲裁機構，請求對爭議進行仲裁審理。有關仲裁機構在收到申請人提交的仲裁申請書並進行初步審查以後，一旦確定其合法有效的仲裁管轄權，而申請人又沒有違反仲裁立法中的時效規定，即正式受理該有關仲裁案件。並將仲裁申請書及其副本及時送交給有關被申請人和申請人所選定的仲裁員。通知被申請人依法提出答辯書，並選出應由他選定的仲裁員，或提交請求有關仲裁機構代為指定仲裁員的委託書。申請人和被申請人都有權委託代理人代為進行有關的仲裁活動。

（2）仲裁庭的組成。當事人各方選擇某臨時仲裁機構審理有關爭議時，該臨時仲裁機構可以直接作為仲裁庭審理裁決案件。但如果當事人各方將其有關爭議合意提交某常設機構審理，那應該由該常設仲裁機構內組織的仲裁庭來進行。仲裁庭將由各方當事人合意選定，或由有關仲裁機構基於當事人的授權或依職權指定的仲裁員組成。

（3）仲裁審理。仲裁審理是指仲裁庭依法成立以後，以一定的方式和程序調取

第六章　法律環境

審核證據，查詢證人、鑒定人，並對整個爭議事項的實質性問題進行全面審查的仲裁活動。仲裁審理分為口頭和書面兩種方式。

（4）仲裁裁決。仲裁裁決是指仲裁庭對仲裁當事人提交的爭議事項進行審理以後做出的終局裁決，是整個仲裁程序的最後階段。各國仲裁立法及有關的仲裁規則一般都對做出仲裁裁決的時間、裁決的原則、裁決的形式和內容以及裁決的效力等做了不同程度的規定。

4. 仲裁裁決的執行

在國際商務爭議的仲裁中，裁決的執行以當事人自覺履行為原則，只有在有關當事人拒不履行有關裁決所確定的義務時，才由對方當事人依法向有關國家的法院提出申請，請求法院協助予以強制執行。各國一般都對本國仲裁裁決和外國仲裁裁決採取不同的態度，對於外國仲裁裁決的承認和執行往往規定了更為嚴格的條件。

（1）本國裁決的承認與執行。本國裁決的承認和執行涉及兩個方面：一方面是本國裁決在本國境內的承認和執行，另一方面是本國裁決在外國境內的承認和執行。各國仲裁立法和仲裁規則以及民事訴訟法都普遍承認已經發生法律效力的本國仲裁裁決在本國境內具有與本國法院做出的確定判決同等的法律效力，並且都明確規定，必要時本國法院或其他有執行權的機構可以基於任何一方當事人的請求，按照與執行本國法院確定判決同樣或類似的方式和程序予以強制執行。當本國仲裁裁決需要到國外執行時，一般都授權有管轄權的法院或允許有關當事人直接向與本國存在條約關係或互惠關係的國家的法院提出申請，要求予以強制執行的協助。

（2）外國裁決的承認與執行。根據各國仲裁立法和民事訴訟法的規定，某一外國仲裁裁決要在一個國家境內得到承認與執行，一般都得具備以下要件：有效的仲裁協議；有關裁決是有關仲裁庭在管轄權範圍內做出的裁決；做出有關裁決所依據的仲裁程序符合有關當事人之間訂立的仲裁協議的規定，或在沒有這種仲裁協議的規定時，不違反原裁決國的法律；有關的仲裁程序為被執行人提供了適當的辯護機會；請求承認與執行的仲裁裁決應該是確定的裁決；有關國家之間存在互惠關係；有關外國仲裁裁決的承認和執行不與本國的公共政策相抵觸。

外國仲裁裁決要在另一個國家境內得到承認與執行，一般都是由有關當事人向執行地國家的法院或其他有執行權的機構提出書面申請，由其進行審查，確認有關外國仲裁裁決符合執行地國家法律規定的條件以後，發給執行令，然後由執行地國家法院或有關主管機構按照執行該國仲裁裁決同樣的方式和程序予以執行。

（四）司法訴訟

在國際商務爭議的有關當事人將其與對方當事人之間的爭議訴諸有管轄權的法院以後，該法院就會嚴格按照有關國家的立法，即合同準據法的規定對爭議進行審理，並做出裁決。當事人各方可以合意選擇訴訟方式和訴訟法院，但並不以此為必要條件，只要不存在有效的仲裁協議，任何一方當事人都可以向有管轄權的法院起訴，以求得爭議的司法解決。

國際市場行銷

雖然司法解決方式因法律程序嚴格,手續繁瑣,法官不太熟悉國際商務規則、慣例和有關專業性、技術性的知識,以及當事人對外國法院的公正性存在不同程度的不信任感等原因存在很大的局限性,但在當事人雙方不能通過和解或調解方式解決爭議,而又缺少或達不成仲裁協議的情況下,作為一種補救手段仍然具有極為重要的意義。

一般而言,每一個國家的法院一般都是按照其本國立法中的有關規定來審理涉外商事案件,或決定是否給予外國法院以司法協助。隨著世界各國之間的商務往來不斷增多,為了保證國際商務交往的順利進行,國際社會在國際商事訴訟法領域進行了積極的合作,簽訂了一系列多邊條約和雙邊條約,使國際條約也成為國際商事訴訟法的一個重要淵源。

因此,當國際商務爭議必須根據所涉及國家中某一國的法律解決時,對國際行銷者而言最重要的問題是應採用哪國的法律。司法管轄權通常由以下方法中的一種來決定:①根據合同中所包含的司法管轄權條款;②根據簽訂合同的地點;③根據合同條款的執行地。

本章小結

各國法律都有其自身的特點,這就要求國際行銷者必須研究東道國的法律環境。不同法系的國家對很多法律現象的解釋不同,東道國的法律環境會直接影響行銷組合的各個環節;反傾銷的法律對國際行銷的開展具有重大的影響。國際法是各國間具有法律效力的條約、公約和協定。雖然沒有國際法制定機構和執行機構,國際法依然在國際商務中扮演了重要的角色。對國際行銷影響較大的主要是關於產品責任的國際條約、關於知識產權的國際條約、關於國際貨物買賣的條約和慣例。在國際商務活動中國際商務爭議很難避免。每個國際行銷者應該瞭解如何通過適當途徑合理地解決爭議。解決國際商務爭議一般都是通過協商和解、調解、仲裁、司法訴訟等方式來解決。

關鍵術語

國際法 國際貿易慣例 大陸法系 英美法系 反傾銷法 仲裁 訴訟

復習思考題

1. 簡述大陸法系和英美法系各自的特點,以及二者的主要區別。
2. 東道國的法律環境會怎樣影響國際行銷組合的各個環節?
3. 解釋「正常價值」「出口價格」「傾銷」。

第六章　法律環境

4. 反傾銷有哪些主要程序？
5. 解決國際商務爭議的和解方式和調解方式有何異同？
6. 簡述仲裁的特點和程序。
7. 案例分析

沃爾瑪公司深陷「古巴睡衣」風波

1997年美國和加拿大之間圍繞「古巴睡衣」問題發生了一場政治紛爭，而夾在兩者之間的是一家百貨業的跨國公司——沃爾瑪公司。當時，爭執的激烈程度從下面的報紙新聞標題中可見一斑：「將古巴睡衣從加拿大貨架撤下：沃爾瑪公司引起紛爭」「古巴問題：沃爾瑪公司因撤下睡衣而陷入困境」「睡衣賭局：加拿大與美國賭外交」「沃爾瑪公司將古巴睡衣放回貨架」。這一爭端是由美國對古巴的禁運引起的。美國禁止其公司與古巴進行貿易往來，但在加拿大的美國公司是否也應執行禁運呢？當時，沃爾瑪加拿大分公司採購了一批古巴生產的睡衣，美國總部的官員意識到此批睡衣的原產地是古巴後，便發出指令要求撤下所有古巴生產的睡衣，因為那樣做違反了美國的赫爾姆斯—伯頓法。這一法律禁止美國公司及其在國外的子公司與古巴通商。而加拿大則是因美國法律對其主權的侵犯而惱怒，他們認為加拿大人有權決定是否購買古巴生產的睡衣。這樣，沃爾瑪公司便成了加、美對外政策衝突的犧牲品。沃爾瑪在加拿大的公司如果繼續銷售那些睡衣，就會因違反美國法律而被處以100萬美元的罰款，且還可能會因此而被判刑。但是，如果按其母公司的指示將加拿大商店中的睡衣撤回，按照加拿大法律，會被處以120萬美元的罰款。

思考問題：
(1) 造成沃爾瑪公司陷入困境的原因是什麼？
(2) 結合案例，說明政治、法律環境對國際市場行銷的影響。

Guoji Shichang Yingxiao
國際市場行銷

第七章　文化環境

本章要點

- 文化的內涵
- 文化構成要素
- 文化的變化

開篇案例

被退回的鴨子

中國一家公司向科威特出口北京凍鴨，採用了最先進的屠宰方法，即自鴨子口中進刀，將血管割斷，放完血後再速凍，從而保證鴨子的外表仍是一個完整的軀體。貨到科威特後，買方拒收貨物，因未按伊斯蘭教的屠宰方法處理，違反了該國的宗教禁忌。「屠宰」，在伊斯蘭教法中就是用利器割斷被宰動物的喉嚨和兩條靜脈。然而這批凍鴨外體完整，頸部無任何刀痕。

國際市場行銷
Guoji Shichang Yingxiao

章節正文

第一節　文化概述

　　文化是一個抽象的概念，當開展國際市場行銷時，文化的衝突經常發生。國際市場行銷實質上是一種跨文化行銷，文化對國際市場行銷的影響是深遠的，在國際行銷活動中文化的影響是無所不在的。一個國家的社會文化環境因素不僅會影響該國國民的消費需求，還會影響該國的商業習慣，因此，企業必須瞭解和把握不同社會文化背景下的商人性格和商業習慣，必須重視東道國文化環境的研究。

一、文化的含義

　　文化是指給定社會中由人們可識別的行為方式與特徵整合而成的體系。它包括給定社會群體想、說、做、行的方式，即這個社會群體的習慣、語言、物質成就、共同的態度和感情體系等。它包括從物質到精神多方面的因素。

二、文化的特徵

（一）文化的習得性

　　每種文化都是人們通過學習而得到的，學習的方式主要有兩種：一是「文化繼承」，即學習自己民族或群體的文化。正是這種學習保持了民族或群體文化的延續，並且形成了獨特的民族或群體個性。中華民族由於受到幾千年傳統儒家文化的影響，形成了強烈的民族風格與個性。仁義、中庸、忍讓、謙恭的民族文化心態表現在人們的消費行為中就是隨大流、重規範、講傳統、重形式等。而西方文化則重視個人價值，追求個性消費。二是「文化移入」，即學習外來文化。在一個民族或群體的文化演變過程中，不可避免地要學習、融進其他民族或群體的文化內容，甚至使其成為本民族或群體的文化的典型特徵。中國人習慣了穿西裝與系領帶就是學習西方簡約的服裝文化的結果。

（二）文化的共享性

　　構成文化的東西，必須能為社會中絕大多數人所共享。在現代社會中，大眾媒體在傳播文化中更是有著無與倫比的地位，而媒體中的廣告則不時地向受眾傳遞著重要的文化信息。

（三）文化的無形性

　　文化對消費者行為的影響是潛移默化的。

第七章 文化環境

(四) 文化的發展性

為了滿足需要，文化必須不斷改變，以使社會得到更好的滿足。導致文化變遷的原因很多，如技術創新、人口變動、資源短缺、意外災害。在當代，文化移入也是一大原因。文化的變遷，最明顯的是表現為流行時尚的演變。

第二節 文化構成與差異

文化的範疇非常廣，影響企業開展國際行銷活動的社會文化環境因素主要包括物質文化和非物質文化。其中，非物質文化主要包括語言文字、風俗習慣、行為規範、價值觀、宗教信仰、社會組織制度、教育水準、審美意識等。企業必須對這些具體因素加以分析，以更好地適應東道國社會文化環境的要求。文化環境因素對國際市場行銷最大的影響就在於不同的文化往往決定了不同的消費行為。消費者行為作為社會生活的一部分，已深深打上了文化的烙印。文化影響了消費者的生活態度、對商品的價值取向、對廣告促銷的反應、購買行為的特點及具體的消費方式。

一、物質文化

物質文化是指人類創造的物質產品，包括生產工具和勞動對象，以及創造物質產品的技術。物質文化包含以下方面：交通運輸狀況、通信系統、動力系統、住房、保健條件等。

物質文化是與一國經濟和技術發展直接相關的文化，包括社會文化中的技術和經濟兩個方面，突出表現在一個社會的生產技術水準和物質生活水準上。但是，並非所有物質的東西都構成物質文化，必須是經過人的加工或施加過人的行為的物質的東西。例如天然的水不是物質文化，而純淨水就是物質文化。物質文化，往往可以反應出一國的生活水準和經濟進步程度。人們消費什麼和怎樣消費，很大程度上受到一定的技術和物質文化的影響和制約。首先，物質文化影響著社會需求水準，所需產品的質量、品種和使用特點，以及這些產品的生產、銷售方式。例如電器在發達國家極為普遍，而在貧困國家則不然。所以在產品或服務的提供上，市場行銷者應該考慮消費者的物質文化基礎。其次，物質文化質量高低直接影響了國際市場行銷方式和規模。例如基礎設施，國際行銷者要考慮到那些為經濟活動提供服務的公共設施狀況。一般來說，一個國家物質文化質量往往與經濟發展水準成正比，而這些差異難免會對國際市場行銷的成本和效率有影響。

二、語言

語言文字是文化的核心組成部分，為人與人之間的溝通搭了一座橋樑。如果沒

國際市場行銷

有它，人與人之間的溝通將是十分困難的。國際企業開展市場行銷活動的過程，實質上就是與目標市場國的消費者溝通的過程，所以語言文字對國際市場行銷的影響是非常直接和巨大的。作為溝通的工具，語言包括兩個組成部分：表述語言和無聲語言。一個成功的國際市場行銷商不僅要懂得和善用別國語言，更要理解這些語言運用中的深層次的文化含義。語言差異對市場行銷中的許多交流和決策都很重要，如品牌名稱的選擇、標籤的內容、服務手冊、廣告和人員推銷中的促銷信息等。語言差別是國際企業開展市場行銷所要克服的一大障礙。單靠字典的翻譯不會懂得一個國家俚語的真正含義，因為這種含義是在特定的文化背景下才能解釋的。百事可樂公司的口號「Come Alive with Pepsi（百事可樂伴隨您的生活）」翻譯成德文卻成了「從墳墓中復活」（Come alive 是蘇醒、復活的意思）；通用的「Nova 雪弗萊」英語意思是「神槍手」，西班牙語意思是「跑不動」；高露潔的牙膏「Cue」在法國俚語中是「屁股」；在拉美同樣講西班牙語的國家，Tambo 一詞在玻利維亞、哥倫比亞、厄瓜多爾和秘魯等國意為「路邊店」，在阿根廷和烏拉圭則有「奶牛場」之意，而到了智利，它的含義就變成了「妓院」。

中國企業也有這方面的失誤。例如，中國一家出口商的金雞牌出口商標，在中國國內有吉祥如意的意思，譯成英語 golden cock 就不恰當，因為 cock 一詞在英語俚語中屬下流話，用它作商標令英美人士十分驚訝，自然就不受其歡迎。又如，20 世紀 60 年代末，中國上海某日用化學品廠生產「芳芳」小兒爽身粉，當時該產品在國內市場非常暢銷，而在國際市場上銷路極差。經過市場調研，發現問題出在「芳芳」二字的漢語拼音「Fang Fang」上面。「Fang」在英語中是指毒蛇的「毒牙」，講英語的民族對這種「毒牙」小兒爽身粉望而生畏，根本不敢問津。

（1）語種：世界上有 200 多個國家和地區，官方語言 100 多種，但使用的語言有 3,000 多種，加上各種方言有 10,000 種之多。為了克服語言障礙，就要增加行銷成本，而且使用同種語言的人在價值觀、經歷或信仰上會比較接近。因此，國際行銷者更願意在與本國語言相同或相近的國家展開行銷，這也就是美國人在中國內地投資水準低於中國香港，而海外華人常選擇在中國內地投資的原因之一。

（2）身體語言：說話時伴隨的手勢、姿勢、舉止、目光和笑容都能在交際中表達一定的含義，傳達一定的信息。身體語言在交流中發揮著重要的作用。各民族在長期的發展中，形成自身獨特的身體語言，具有區域性。例如在世界大多數國家點頭「yes」搖頭「no」，而在印度卻恰恰相反。在國際行銷中要注意瞭解對方國家或地區的身體語言，以免造成誤會。

（3）語言習慣：不同地區的語言文化各異。有的地區交流時直截了當，有的地區卻十分含蓄。例如，日本人的表達很不清晰，他們回答是時可能是不同意，要配合身體語言等各方面來理解；而美國人直接給以肯定或否定的回答。如果對方是東方國家的合作夥伴，往往會不太適應。

（4）解決語言障礙的途徑：可以請國外經銷商充當企業與當地市場之間的文化

第七章　文化環境

橋樑，即一些信息溝通工作，可以交由當地分銷渠道的成員去做。委託當地的廣告公司做廣告策劃和廣告宣傳，但是這樣做往往費用較高，一些國內企業經濟承受能力有限。在文字翻譯中，應使用回譯方式。即先由一人把中文商標、廣告詞、調查表等譯成東道國的當地語言，再另請東道國中懂得漢語的人把它譯回中文，看是否產生了歧義，並分析歧義產生的原因及可能的後果，採取相應的措施予以糾正，謀求在國外環境中的本國人的幫助。海外華人絕大多數都有強烈的愛國心，他們身處異國他鄉，對當地的語言、風土人情、宗教信仰、民族情緒等各方面的情況比較瞭解，對當地語言和中國文字的異同把握得比較準確，理解得比較深刻，因此，海外華人是企業解決國際交往中語言障礙的最佳人選，這也是一種最經濟的方式。

最後有一點值得注意的是，雖然英語是世界通用的語言，但任何文化的人都喜歡別人去學習他們的語言。即便是他們能夠熟練地說對方的母語，行銷者也應盡量學習對方的語言，以表示對其文化的重視，因此成功的行銷人員應懂得英語和行銷市場當地語言。

三、宗教信仰

根據瑞士蓋洛普國際調查聯盟 2014 年「全球宗教信仰和無神論指數」，全球有 61％的人口信仰宗教，12％的人口為堅定的無神論者，27％的人口處於中間或潛伏狀態。宗教信仰對人類社會道德和行為規範有很大影響，這正是消費者購買行為的基礎。

（1）不同的宗教有不同的文化傾向，影響人們的消費行為。儘管行銷商應適當注意那些奉行原教旨主義的政府會利用宗教把一些他們認為是有害的產品排除在市場之外，但消費者個人和消費者群體的宗教感情仍是行銷商應當考慮的問題。國際市場行銷活動必須順應這些傾向，避免引起宗教糾紛。因為宗教信仰與社會價值觀的形成密切相關，對人們的風俗習慣、生活態度、需求偏好以及購物方式等都有重要影響。即使有些宗教團體的人數在全國範圍內只占少數，但在當地文化中有極大的影響力。在國際行銷中，不能忽略這些宗教團體。

（2）宗教節日可以促進國際旅遊行銷和消費。宗教節日會極大促進消費（如聖誕節），或消費極少（如穆斯林在齋月期間）。宗教節日是經濟發展和消費產生的重要原因，可以促進產品的購買。行銷人員要特別注意這些時機，趕在銷售旺季前把貨物送出，以取得令人滿意的成績。宗教節日對旅遊業和旅館業的影響也非常大，經營與這些行業相關的產品的行銷商們應對此保持高度的敏感。

（3）宗教禁忌限制產品的發展。例如伊斯蘭教禁食豬肉和烈性酒，因此中東地區不是豬肉和烈性酒的目標市場。行銷商必須特別謹慎，不要使自己的宗教信仰過分地影響其行銷行為或行銷決策，即使在那些與自己宗教信仰相同的目標市場也是如此。如果產品對宗教有潛在的影響，那麼一定要確保事先對目標市場的精神世界

國際市場行銷

做了徹底的研究；否則，將會長期甚至永遠地被排除在目標市場之外。因此，制定行銷策略時要注意這些差異。

專欄 7-1

朝拜地毯

比利時小伙子範德維格大學畢業後，很長一段時間沒有找到工作。怕兒子悶出病來，父親提議他到處走走，散散心。範德維格是個穆斯林，他便向伊斯蘭教第一聖地麥加進發。那天，範德維格住宿在離麥加還有 30 多公里的一個小鎮上，看見很多阿拉伯人晚飯後都跪在地毯上向著聖城麥加朝拜，虔誠地進行祈禱。範德維格拿出隨身攜帶的御寒地毯，跪在上面學樣叩拜。剛拜兩下，突然感到屁股上一陣疼痛。回頭一看，是個教徒拿著一根棒子在打他。範德維格正想發火，只聽那個打他的人說：「你跪拜的方向錯了。朝拜是神聖而莊嚴的，跪拜的方向不能有半點偏差，否則就是大不敬，就得挨打。」範德維格恍然大悟。他詢問身邊的一些跪拜者，他們都說在熟悉的地方不會錯，可是到一個陌生的地方就容易出錯，因為各地的房屋建築並非方向一致，所以朝拜時如何對準聖地的方向，就成了他們大傷腦筋的問題。範德維格尋思，如果設計一種能指示方向的地毯，豈不解決了這一難題？回家後，範德維格巧妙地將一只扁平的指南針嵌入祈禱地毯，這種特殊的指南針不是指南或指北而是直指聖城麥加，這樣伊斯蘭教徒不管走到哪裡，只要把地毯往地上一鋪，麥加方向立刻就能準確找到。地毯一上市，供不應求。當年就收回所有成本，還淨賺了一大筆錢。

資料來源：邵火焰. 一棒打出的財富 [J]. 人生與伴侶（月末版），2016 (7)：20.

專欄 7-2

宗教的禁忌

1984 年中國某廠輸往阿拉伯某國家的解放鞋在該國海岸被軍警查禁與銷毀，並遭到了穆斯林的嚴厲指責，就是因為鞋底的花紋酷似當地文字中的真主一詞。

宗教是行為的重要原因，是大部分價值觀的基礎。世界上有五大宗教：佛教、印度教、伊斯蘭教、猶太教和基督教。國際市場行銷人員應瞭解目標市場國家的宗教傳統，以便更好地理解當地消費者的行為。宗教在國際市場行銷中的影響力主要體現為以下幾個方面：

宗教上的禁忌制約著人們的消費選擇。不同的宗教教規會影響教徒的需求和購

第七章　文化環境

買行為。如伊斯蘭教忌食豬肉製品，其他動物也必須按照伊斯蘭教方式屠宰才能食用。印度教視牛為神明，其教徒不僅不吃牛肉，而且使用與牛相關的產品也很慎重。宗教禁忌影響著企業的產品銷售，但也可能給另一些企業帶來市場機會，如穆斯林被禁飲烈性酒，這使軟飲料更有機會成為阿拉伯國家的暢銷飲品。

資料來源：黃海力，朱翠紅. 市場行銷［M］.

專欄 7-3

麥當勞在印度惹官司：牛油炸薯條 引發抗議潮

麥當勞因被指控在其出售的薯條炸制過程中使用了牛油，近日在印度被告上了法庭。

在印度教經典中，牛是濕婆大神的坐騎，神聖無比。牛被印度教徒視為「母親」。殺牛、吃牛肉，都是對印度教的褻瀆。

在法庭辯論時，麥當勞公司承認的確在炸制薯條時使用了「一點點」牛油。消息傳出，立即在印度激起了抗議浪潮。印度人民黨、印度教教派主義組織「濕婆軍」和「巴吉蘭黨」的支持者分別在印度首都新德里和最大的商業城市孟買的幾家麥當勞連鎖店前舉行抗議活動。示威者包圍了麥當勞設在新德里的總部，向麥當勞餐廳投擲牛糞塊，並洗劫了孟買一家麥當勞連鎖店。他們還要求瓦杰帕伊總理下令關閉印度國內所有的麥當勞連鎖店。

目前，麥當勞在印度共開設了 27 家連鎖店。為了符合印度消費者的習慣，麥當勞在菜單中忍痛去掉了享譽世界的牛肉漢堡，推出了雞肉漢堡和各類印度式素食，頗受當地顧客青睞。但是，此次印度爆發的抗議浪潮，將使麥當勞在這個南亞次大陸國家大傷元氣。

資料來源：麥當勞在印度惹官司［EB/OL］.［2018-03-08］.http://news.sohu.com/10/75/news145097510.shtml.

宗教節日影響消費需求。有時宗教節日是消費的高峰期，如聖誕節在歐美國家意味著購物節，許多廠商借此機會競相促銷。有時卻形成消費低谷，如伊斯蘭教歷九月是伊斯蘭教的齋月，伊斯蘭教教徒終日在祈禱，不做生意，也很少購買東西，甚至連門都不出。

宗教組織往往在經濟事務中起著相當大的作用。宗教組織是不可忽視的消費力量，其本身是重要的團體購買者，同時也對其教徒的購買決策起著指導作用。

宗教矛盾往往是導致不安定的重要因素，易引發政治衝突。例如，北愛爾蘭的天主教和新教徒之間的激烈對抗一直影響著該地區的安定。

四、教育水準

教育水準是指一個國家或地區的公民所受的文化教育程度，一般用識字率和受各級教育的相對年數來衡量。教育文化水準是構成社會文化生活的決定因素。不同的文化素養表現出不同的審美觀點，購買商品時的選擇原則和方式就不一樣，這不但影響一個社會的生活習慣，而且影響著對商品的需求傾向。教育水準與國際市場行銷的關係表現為以下三個方面：

（1）教育水準影響人們的消費行為。受教育程度的高低影響消費者對新產品的鑑別能力和接受能力，以及對於新技術的掌握，因而在受教育水準低的國家適於銷售操作方便、維修簡單的產品，而在教育水準高的國家應提供先進、精密、性能多、品質高的商品。

（2）教育水準制約著國際市場行銷活動。教育水準對行銷組合決策具有很大的影響。首先，企業在設計產品時，必須使產品的複雜程度和技術性能等符合國外顧客的受教育程度。對於受教育程度低的顧客，產品包裝說明應力求通俗易懂。瑞士雀巢嬰兒食品有限公司曾在非洲市場上推出嬰兒奶粉，由於當地婦女的文化程度低，無法讀懂包裝上的說明，致使產品不能被正確使用，使用效果受到影響。為此，雀巢公司花費了大量人力、物力才挽回了影響。其次，在產品分銷過程中，企業還必須與不同教育程度的分銷商打交道。由於受教育程度不同，在行銷理念、行銷方式運用等方面可能產生較大分歧，會影響銷售效果，如在教育水準比較低的國家，廣告往往不如營業推廣那樣具有直觀效果。可口可樂在全球許多國家收到良好效果的廣告宣傳攻勢並沒有在拉美國家取得相應的反應，究其原因主要是拉美一些國家的教育水準較低，無法理解廣告的訴求。最後，可口可樂公司不得不將大量的飲料運往當地，讓當地居民現場品嘗，使他們直觀地感受到可口可樂的魅力，才達到好的促銷效果。在教育水準低的國家進行市場調查，與消費者交換意見比較困難，也很難發現合格的推銷商，文字廣告在這樣的國家收效甚微，只有圖畫廣告和現場表演才能見效。因而，在這類國家開展行銷活動必須對行銷策略做大量調整。

（3）教育水準不同，決定了消費者對產品的要求不同。受教育程度高的消費者，一般廣泛與宣傳媒介接觸，如日本一個有一般文化水準的人每天與宣傳工具接觸時間約為4～5小時。受教育水準高的消費者對商品的知識比較淵博，選擇要求高。因而可根據不同市場的教育水準實施產品多樣化策略。

五、審美

（一）設計

國際產品造型設計、包裝設計、商標設計等都必須以目標市場國的審美傾向為依據。

第七章　文化環境

(二) 色彩

顏色作為一種視覺效果，儘管從理論上講，人們對它的感知應是一致的，但由於各民族的風土人情、宗教信仰、地理環境、思維定勢等因素的影響，顏色對於不同文化背景的人們來說，在價值觀念、聯想意義及語言運用等方面存在很大的差異。

綠色在中東為吉祥色。而在亞洲某些國家（馬來西亞），綠色代表疾病。在有些西方國家裡卻會認為其含有嫉妒的意思而不受歡迎，如「綠帽子」。白色象徵純潔，在中國某些時候是喪事的代表。紅色在絕大多數地區都帶有喜慶、動感、激情、男性色彩，但有些非洲國家不能接受。黑色是穩重的顏色，但在俄羅斯是厄運的代表。黃色在中國封建社會裡被帝王所專用，是尊貴和權威的象徵，普通百姓是不準使用黃色的。在古代羅馬，黃色也曾作為帝王的顏色而受到尊重。但是黃色在基督教國家裡被認為是叛徒猶大的衣服的顏色，是卑劣可恥的象徵；在伊斯蘭教中，黃色是死亡的象徵。

(三) 音樂

對於美國文化，豐田瞭解得可謂非常深入。卡車或貨車司機的主要行駛範圍多是鄉村公路，而鄉村音樂必然成為他們漫長路途中賴以解乏、放鬆的不可缺少的伴侶。豐田從此處入手，就是要從情感上、精神層面上打動消費者——聽著豐田贊助樂隊的音樂，開著豐田車，是多麼愜意的感覺！豐田此舉是有著特定考慮的：鑑於美國汽車市場競爭的激烈性，為了尋求載貨卡車產品在市場上的突破，豐田汽車決定通過音樂之路開創新局面，並實現這項為期兩年、對美國著名鄉村音樂二人組合 Brooks & Dunn 的贊助，這支雙人組合樂隊是鄉村音樂最火的樂隊之一。

(四) 品牌名稱

Exxon（埃克森美孚），BenQ（明碁），Kadak（柯達），Fotile（方太），Lenovo（聯想），Acer（宏碁），Asus（華碩），Inspur（浪潮）……越來越多的企業願意「造出」一個詞語，以此作為品牌，這樣可以保證獨立性、新穎性且沒有歧義。如果採用現成的詞彙，那很容易出問題。中國的「藍天」牌牙膏出口到美國，其譯名「Blue Sky」則成了企業收不回來的債券，銷售無疑成了問題；「紫羅蘭」男襯衣，「紫羅蘭」英語俗指「沒有丈夫氣的男子漢或搞同性戀的男人」；「帆船」文具，「帆船」在英文中有假貨、破爛貨的意思；「山羊」在英國喻為「不正經的男子」；中國「白象」電池，出口美國三年無人問津，「白象」在英文中是「一種累贅無用，令人生厭的東西」，但在東南亞受歡迎；「狗」在非洲一些國家被認為是不祥之物；伊朗人喜歡獅子；澳大利亞人喜歡袋鼠；「三七」有淒淒之嫌。因此，企業要想產品進入一個新市場，必須入鄉隨俗，取個符合當地文化傳統的名稱。

菊花在義大利被奉為國花，日本把菊花當成皇家的象徵，而拉丁美洲把菊花視為妖花，只有送葬時才會用，法國人也認為菊花是不吉利的象徵。中國的菊花牌電風扇如果出口到這些國家，就不能採用意譯的名字，否則前景必然暗淡。

鹿在中國一般被看作快樂、活潑、長壽的象徵，但在巴西等地是「同性戀」的

國際市場行銷

俗稱。日本人崇拜仙鶴，認為仙鶴能帶來好運，因為根據傳說仙鶴可以活到1,000歲；而在法國仙鶴則是蠢漢和淫婦的代名詞。鬱金香是荷蘭的國花，在土耳其是愛情的象徵；但在法國人的眼裡卻是無情無義之物。斯里蘭卡、印度視大象為莊嚴的象徵，在歐洲人的詞彙裡大象則是笨拙的同義詞。孔雀開屏，我們看作美麗的象徵，在印度被視為吉祥物，而英國人、法國人對孔雀沒好感，將其視為惡魔的代表，認為它代表傲慢，是淫婦的別稱。中國人把蝴蝶看作愛情和友誼的象徵，英國人和法國人卻認為蝴蝶輕浮，會產生商品不結實、不耐用的印象。埃及人喜歡金字塔形和蓮花圖案，不喜歡豬、狗、熊和貓的圖案；而義大利人喜歡動物圖案，不喜歡菊花和仕女圖。

因此，在不同國家銷售產品、設計圖案、選擇促銷工具等都要充分考慮該國特殊的審美禁忌。只有這樣，國際化經營企業才能立於不敗之地。

六、價值觀與態度

價值觀念是人們在社會生活中對各種事物的態度和看法。它決定了社會成員對事物的評價標準和崇尚的風氣，如對財富的態度、對風險的態度、對時間的態度等。這種態度往往決定人們的市場行為。

不同國家、民族、宗教信仰的人，價值觀念有明顯的差異。如中國有尊老愛幼的美德，日本有團隊合作的精神，美國則崇尚年輕、追求個人成就等。

例如在時間方面，不同國家的人對時間的看法就存在明顯的差異。在發達國家，「時間就是金錢」的觀念深入人心，而在大多數發展中國家，低效率、慢節奏的工作和生活方式則根深蒂固。如對德國人來說，準時是僅次於信奉上帝的事；而在非洲和拉丁美洲一些國家，遲到30分鐘並不奇怪。時間觀念的差異對時令消費品的銷售顯然有直接影響：在時間觀念強的國家，像快餐、成衣、電動剃鬚刀、速溶咖啡等受到歡迎，而在拉美國家，家庭主婦寧可購買普通咖啡也不購買速溶咖啡，因為那裡時間不值錢，家庭主婦購買速溶咖啡會被人嘲笑為「懶惰」。在中東，即使是一筆很小的生意也需要談判數日，因為阿拉伯人喜歡談一些與交易無關的話題或占用談判時間做其他事。在西方人看來這純粹是浪費時間，但在中東，這種習慣必須遵循，否則就有可能得不到對方的信任與接納。日本雖然還屬於傳統的東方文化社會，但明治維新以後開始向西方學習。日本客觀上資源缺乏，在競爭激烈的環境中以貿易立國、以技術立國，時間與效率觀念大為增強。例如，豐田汽車公司每次開會前都要貼出告示，說明每一個與會者一秒鐘值多少，用這個數字乘以開會的總人數，再乘以開會的總時間（以秒計算），從而得出每次開會的總成本。通過這種形式，使每位與會者都會產生時間緊迫感，從而節約時間。

對待手工藝品、古董、老式家具，中國與他國態度不同：中國出口公司出口的黃楊木梳用料一向考究，精雕細刻，以傳統的福祿壽星和古裝仕女的木梳雕刻暢銷

第七章 文化環境

亞洲一些國家和地區，後來出口至歐美一些國家時，發現銷路不佳。中國出口公司一改傳統做法，採用一般技術，做簡單的藝術雕刻，塗上歐洲人喜歡的色彩，並加上適合復活節、聖誕節、狂歡節等的裝飾品便很快打開了市場。

七、風俗習慣

一個社會、一個民族的傳統風俗習慣對其消費嗜好、消費方式起著決定性作用。風俗習慣的表現形式多種多樣，下面主要討論飲食習俗、節日習俗和交往習俗等。

（一）飲食習俗

受不同文化影響，各國有不同的飲食習俗。飲食習俗的不同造成消費者對消費品的需求差異大，同樣的消費品在不同飲食習俗背景的國家的銷售狀況大不相同。如泰國人主食大米，喜食辣味，辣椒是餐桌上不可或缺的東西，辣味消費品在泰國很有市場，但在西方很難銷售。

（二）婚喪習俗

中國傳統葬禮一般是佛教式的，以穿白為孝；西方以穿黑為孝。受到西方文化的影響，中國現在也有寫著孝字的黑布臂套。在斯里蘭卡長期盛行一妻多夫制，通常是指一名女子嫁給多個兄弟、表親抑或是父子、陌生人等。現在的一些山區仍然存在著一妻多夫制。再則，斯里蘭卡的家庭要舉行婚禮時，置辦婚禮用品以及舉行婚禮的費用均由女方家庭承擔，而在中國主要由男方家庭支付。

（三）節日習俗

不同國家有不同的節日和節日慶典方式。例如中國有春節、清明節、端午節、中秋節等傳統節日。泰國華人較多，民間也有春節、清明節、端午節、中秋節等節日。日本有許多節日，如1月有救火節、2月有雪節、5月有插秧節等。日本小朋友不但過「六一」國際兒童節，而且女孩在3月3日要過女孩節，那一天，凡有女孩的家庭大都購買成套人形娃娃，陳列在家中。美國則有感恩節、聖誕節、元旦等節日。

（四）交往習俗

不同國家有不同的交往禮儀。如，泰國是一個禮儀之邦，被譽為「微笑的國度」。泰國人見面通常雙手合十於胸前，互致問候，合十後可不再握手。隨著社會的發展，在外交場合及其他一些正式場合，泰國人也按國際習慣握手致意，但凡人不能與僧侶握手。日本人見面行鞠躬禮，問候禮躬身15度，歡迎禮躬身30度，告別禮躬身45度。不少國家還有一些禮儀禁忌，如泰國人忌用左手傳遞東西、接拿物品；坐時忌蹺二郎腿；談話時，忌用手指對方；到寺廟參觀或拜佛時，須衣冠整潔，脫鞋。

（五）商業習慣

商業習慣是各國商人在長期的國際經濟實踐中形成的習慣性做法。在國際行銷

國際市場行銷

實踐中，瞭解和適應外國的商業習慣是必要的環節，有以下幾方面好處：

1. 有利於避免冒犯

一個國家的商業習慣是與該國的風俗習慣密切相關的。在國際行銷活動中，如果不瞭解東道國的風俗習慣，可能會觸犯禁忌。如一家生意興隆的國際廣告代理公司在泰國曼谷開設了一個辦事處。有人警告經理說，這個辦事處一定不會興旺。對此，這家公司不以為然，因為該公司在遠東的所有分支機構都取得了成功。但事實上，一年過去了，辦事處生意全無。原來，馬路對面有一尊佛像正好位於比這個辦事處低一級臺階的地方，而在泰國，佛像是神聖不可侵犯的，絕不能把自己置於佛像之上。這位辦事處經理瞭解了泰國的習俗後，便把辦事處遷到沒有佛像的地方，從此以後，生意蒸蒸日上。如果國際市場行銷人員不瞭解和遵從泰國的這些風俗，就有可能冒犯當地公眾，難以取得行銷成功。

2. 有利於減少誤會

不瞭解外國的商業習慣，有時會產生誤會。如在保加利亞和土耳其等國，搖頭表示「是」，點頭則表示「不是」，如果按照中國及大多數國家的方式去理解，就可能造成誤會。

3. 有利於增進感情、建立友誼

一般來說，增進感情的做法主要有送禮、宴請、拜訪等。但在不同國家，這些做法是截然不同的。就送禮而言，不同國家對要不要送禮、送什麼禮、送多少、何時送的看法和做法都不一樣。在不少國家，送點小禮物有助於增進感情，促進交往，但在阿拉伯國家，商人初次交往時贈送禮物會被當作賄賂。中國人認為禮多人不怪，禮物送越多總是好事，但在許多國家，禮物太昂貴，反而會把人嚇壞。一般來說，國外所送的基本上是一些小禮品，但不同國家有所差別。例如，在贈送禮品方面，日本人非常注重階層和等級，因此不要向他們贈送太昂貴的禮品，以免他們產生你的身分比他們高的誤解；不要送太隨便的禮品，如T恤衫、運動帽和廉價的圓珠筆等，日本人喜歡金飾禮品，但必須是24K金的；日本人喜歡龜和鶴，認為其是長壽的標誌；切忌用白色或黑色包裝，這兩種顏色在日本是不吉利的。與美國人相反，日本人不喜歡在人家面前打開禮品，即使打開看後，也不會像美國人那樣表現出強烈的反應。就宴請而言，中國商人喜歡在餐桌上增進交流，達成交易，但宴請的各項禮節，如位置安排、菜式、進餐程序等在不同國家有很大的差異。因此，在宴請客人時，尤其要注意，否則，不但不能增進感情，而且可能適得其反。就拜訪而言，各國的商業習慣也不同。例如，在日本，一般商務往來中，商人之間較少登門拜訪；但在印度尼西亞，商人之間建立親密感情的途徑之一是登門拜訪，即使是並不十分富有的商人，也會盡可能將其客廳布置得豪華闊氣，以便招待客人，而且無論客人何時登門拜訪，他們都持歡迎態度。在拜訪時還要注意交談話題的禁忌，如政治問題、宗教問題、高度私人性的問題等內容應避免。

可見，只有瞭解和適應不同國家的商業習慣，才能達到增進感情的目的。

第七章　文化環境

4. 有利於取得談判成功

不同國家的商務談判習慣不同，在談判風格、談判程序等方面差別較大。例如，日本商人與美國商人的談判風格迥然不同，美國商人習慣於開門見山、立即拍板，日本商人則比較婉轉。

總之，風俗習慣對消費需求的影響是多方面的，企業開展國際行銷活動必須入鄉隨俗。

由於各個市場都有自己的文化特徵，消費者的購買偏好不同，不同地區在不同文化背景下的消費習慣不同。要求企業在制定和實施國際行銷策略時，必須認識到文化的差異，做到因地制宜，投其所好，才能有的放矢，適合不同國家的市場偏好。20世紀90年代中期，麥當勞在進入印度市場時，發現印度人不吃牛肉的習慣讓大多數快餐業都在其市場難以立足，而 Big Mac 為了解決這個問題，用被宗教接受的羊肉代替牛肉，製作出了被稱為「土邦兄弟」的快餐食品。同時，在不同的文化環境審美觀不同，人們的好惡取捨各異，這使消費者對產品行銷組合的認識出現偏差，導致不同的消費行為出現，因此一個社會的審美觀對產品的設計和行銷有非常重要的影響。企業的促銷策略，尤其是廣告受文化環境的影響非常明顯。事實證明，廣告的設計如果違背當地的文化，結果必然適得其反。因此，在國際行銷中，對產品的設計、包裝、廣告和工廠布置上，必須要符合當地的審美觀，否則就會被當地市場拒絕。

● 第三節　文化的變化

文化在市場行銷中有著這麼重要的地位與作用，想要行銷成功，就必須做好文化分析、文化適應、文化變遷。想要行銷成功，就要對文化的差異非常敏感，要具有協調本國文化與其他國家文化差別的能力，以便能客觀地看待和評價其他文化。文化分析要求我們不僅要瞭解當地文化的價值觀，更重要的是要將文化特徵與行銷決策結合起來，分析產品或者服務是否與當地文化的價值觀念發生直接或者間接的衝突。

一、文化分析

（一）文化分析的作用

文化分析有利於國際市場行銷者更好地認識文化差異，能夠為行銷組合提供指南。一方面，文化因素影響促銷方式的選擇，一般來說，在高度個性化以及權利距離小的市場，促銷吸引力應當在於面向個人，促銷中的模仿也應當採取非正式和友好的方式。另一方面，文化因素也影響渠道的選擇，在強調個性化的社會，企業更傾向於根據客觀標準選擇渠道合夥人，而不再強調個性化的社會，企業更喜歡與那些可成為自己朋友的業務代表打交道。

(二) 文化分析的種類

1. 民族中心觀念

民族中心觀念認為本國文化價值具有優越性，國內暢銷的產品或服務在國際市場上同樣受歡迎。

2. 民族同化觀念

民族同化觀念認為本國的價值觀可以得到其他文化的認同與接受，國內暢銷的產品和服務經過企業的行銷努力可在國外打開銷路。

3. 東道國中心觀念

不同民族文化存在明顯差異，國內暢銷的產品或服務難以保證在國外市場打開銷路。

在文化分析過程中，要盡量控制文化優越感，這樣容易故步自封。

二、文化適應

文化適應是指企業在制定國際行銷策略時，充分考慮目標市場國的文化特點，在實施決策過程中不但不觸犯當地的文化傳統、生活習俗、宗教信仰等，而且能比競爭對手更好地滿足當地消費者的需要，取得競爭優勢。

但是文化適應並不是要求國際化經營企業在經營觀念和行銷決策等方面完完全全參照當地文化的價值觀念和行為準則，更不是模仿對方的思維方式和行為模式，文化適應要求企業在國際市場行銷活動中克服自我參照準則的影響，充分瞭解不同文化價值觀念和行為準則。文化是相對穩定的，但不代表它是靜止不動的。所以，這就要求國際化經營企業在必要的時候要有計劃地引導文化變遷。

三、文化變遷

文化是運動變化的。人們在解決社會問題過程中，會借入一些被認為是有用的其他文化。文化的變化既給企業界帶來了機會，也帶來了威脅。文化的變化會遇到各種阻力，行銷者必須有意識有計劃地促進文化變化。

文化變遷迫使企業改變行銷，使決策適應新的文化特點；文化變遷可以為企業帶來新的行銷機會，因為文化的變遷標誌著人們的需求發生了變化。

● 第四節　不同國家與地區商務習慣介紹

一、美洲商人的商務習慣

(一) 美國

美國人最關心的首先是商品的質量，其次是包裝，最後才是價格。因此產品質

第七章　文化環境

量的優劣是進入美國市場的關鍵。在美國市場上，高、中、低檔貨物差價很大，如一件中高檔的西服零售價為 40~50 美元，而低檔的則不到 5 美元。商品質量稍有缺陷，就只能放在商店的角落，減價處理。

美國人非常講究包裝，它和商品質量處於同等的地位。因此，出口商品的包裝一定要新穎、雅致、美觀、大方，能夠產生一種舒服、愜意的效果，這樣才能吸引買家。中國的許多工藝品就是因包裝問題一直未能打入美國的超級市場。如著名的宜興紫砂壺，只用黃草紙包裝，80 只裝在一個大箱子中，內以雜紙屑或稻草襯墊，十分簡陋，在顧客心目中被排在低檔貨之列，只能在小店或地攤上銷售。

每個季節都有一個商品換季的銷售高潮，如果錯過了銷售季節，商品就要削價處理。美國大商場和超級市場的銷售季節是：1—5 月為春季，7—9 月為初秋升學期，主要以銷售學生用品為主；9—10 月為秋季，11—12 月為假期，即聖誕節時期。這時又是退稅季節，人們都趁機添置用品，購買聖誕禮物。此時，美國各地商場熙熙攘攘，對路商品很快就會銷售一空。這一時期的銷售額占全年的 1/3 左右。

由於美國版圖比較大，橫跨三個時區，所以不同時區的買家上網採購的時間不同。為了提高賣家發布商品的關注率，賣家應該積極總結，選擇一個買家上網採購時間比較集中的時間段來針對性工作。

北美地區是全球最發達的網上購物市場，北美地區的消費者習慣並熟悉於各種先進的電子支付方式。網上支付、電話支付、電子支付、郵件支付等各種支付方式對於美國的消費者來說都不陌生。在美國，信用卡是在線使用的常用支付方式。同時，PayPal 也是美國人異常熟悉的電子支付方式。與美國做生意的中國商家，必須熟悉並善於利用這些電子支付方式。筆者認為，美國是信用卡風險最小的地區。來自美國的訂單，因為質量的原因引起糾紛的案例並不多。

（二）加拿大

加拿大人生活習性包含英、法、美三國人的綜合特點。他們既有英國人那種含蓄，又有法國人那種開朗，還有美國人那種無拘無束的特點。他們熱情好客，待人誠懇。加拿大人比較講實惠，與朋友相處和來往不講究過多的禮儀。

與加拿大商人談判時，應注意的禁忌：

1. 送禮禁忌

送的禮品不可太貴重，否則會被誤認為賄賂主人。切忌送帶有本公司廣告標志的物品，他們會誤認為不是通過送物品表達友誼，而是在做廣告。加拿大人喜歡藍色，應邀做客時，可帶上一束藍色鮮花和藍色包裝的禮品。

2. 宴請禁忌

邀請加拿大商人赴宴，切忌請他們吃蝦醬、魚露、腐乳和臭豆腐等有怪味、腥味的食物；忌食動物內臟和腳爪。切忌在自己的餐盤裡剩食物，他們認為這是一種不禮貌的行為。另外，他們忌諱「13」這個數字，宴請活動不宜安排在與此有關的日子裡。

與加拿大人談判時應注意如下方面：

（1）加拿大商人多屬於保守型，不喜歡價格經常上下變動，也不喜歡做薄利多銷的生意，喜歡穩打穩扎。

（2）談話時，切忌把加拿大和美國進行比較，尤其是拿美國的優越方面與他們相比。

（3）切忌詢問加拿大客戶的政治傾向、工資待遇、年齡以及買東西的價錢等，他們認為這些都屬於個人的私事。

（4）切忌對加拿大客戶說「你長胖了」「你長得胖」。因為加拿大商人沒時間鍛煉身體所以偏胖，所以說上面的話自然帶有貶義。因為加拿大是一個冰雪運動大國，所以加拿大人喜歡討論的話題多與滑雪、滑冰、冰雕、冰球等有關。

二、歐洲商人的商務習慣

（一）德國

德國商人很注重工作效率。因此，同他們洽談貿易時，嚴禁節外生枝地開談。德國北部地區的商人，非常重視自己的頭銜。當你同他們一次次熱情握手，一次次稱呼其頭銜時，他們必然格外高興。雖然他們會比較嚴肅，不太談及個人問題，但很誠懇，可以主動和他們交流一些話題，甚至恭維的話也很受用。談判交流時希望對方果斷行事。但他們自己反而會比較死板，缺乏一定的靈活性，自己的決定通常很慢。

德國人講效率的聲譽名符其實。他們有巨大的科技天賦，對理想的追求永不停息。德國企業的技術標準極其精確，對於出售或購買的產品他們都要求最高質量。如果你要與德國人做生意，你一定要讓他們相信你公司的產品可以滿足 交易規定的各方面的高標準。在某種程度上，他們對你在談判中的表現的評價取決於你能否令人信服地說明你將信守諾言。

（二）英國

英國是最早的工業化國家，早在17世紀，它的貿易就遍及世界各地。歷史上，英國曾經被稱「日不落」帝國，這些都使英國國民的大國意識強烈。他們有很強的民族自豪感，心理上的排外性很濃，看不起別國人。在日常生活中，他們無論說起什麼事，總頌揚英國在各個方面的偉大。但英國人的民族性格是傳統、內向、謹慎的，對新事物總是裹足不前。從性格上來看，英國人生性內向而含蓄，沉默寡言，不喜歡誇誇其談。尤其是受過高等教育的人士，表現得很自謙。他們把誇誇其談視為缺乏教養，把自吹自擂視為低級趣味。儘管從事貿易的歷史較早，範圍廣泛，但是貿易洽商特點不同於其他歐洲國家。

1. 英國商人的特點

①重禮儀，講究紳士風度，但不輕易與對方建立個人關係。②重身分、重等級。

第七章　文化環境

③做成生意的慾望不強。④重視合同細節，但不能按期履行合同。⑤忌談政治，宜談天氣。

2. 英國商人談判的技巧

①注重選擇談論的話題。②注重身分的對等。③注重遵守時間。④注意訂立合同的索賠條款。

（三）法國

法國人具有良好的社會風範，他們多受過良好教育，從小就被指點培養各種好的文明習慣。法國人相當注意修飾自己的外表。在正式場合，他們的衣著裝飾都相當講究。當外國談判者要拜訪某位法國人時，最好事先約定並應準時前往。入室前輕聲叩門，得到允許才可進入。如有意外事情使你不能按時到達，應通知對方，法國人對遲到的客人是難有耐心等待的。進入房間後，要和所有的人握手。談判者必須這樣做，不能嫌麻煩，假如你想在握手上省點時間，那麼以後就會有真正的麻煩等著你，而且分別時談判者應該記住再重複一遍。

1. 法國商人的特點

①熱情浪漫，尊重婦女，注重個人之間友誼的建立。②堅持使用法語。③個人能力強，決策迅速。④時間意識對人嚴，對己鬆。⑤注重度假，注重穿著。⑥重原則、輕細節，偏愛橫向談判。

2. 與法國商人談判的技巧

①尊重法國禮儀。②切忌打聽法國商人的政治傾向、宗教信仰、個人收入及其他個人私事。③在法國進行商務活動應避開節假日和八月份。④注意合同細節問題的商談。⑤利用各種場合、機會與法國人交朋友。⑥派出與法方對等的人員與之談判。⑦派出女性與法方談判。

（四）義大利

（1）崇尚時髦，在商務談判中，最好不要談論國體政事。

（2）義大利人比德國人少一些刻板，比英國人多一份熱情，決策過程比較緩慢，對他們使用最後期限策略效果比較好。

（五）北歐

北歐主要是指挪威、丹麥、瑞典、芬蘭等國家，也稱斯堪的納維亞國家。

（1）十分講究文明禮貌，也十分尊重具有較高修養的商人。

（2）對自己產品的質量非常看重，其產品質量在世界上也是一流的。

（3）在談判中十分沉著冷靜，即使在關鍵時刻也不動聲色，但他們不喜歡無休無止地討價還價。

（六）俄羅斯

俄羅斯商人有著俄羅斯人特有的冷漠與熱情的兩重性。商人們初次交往時，往往非常認真、客氣，而且在見面或道別時，一般要握手或擁抱以示友好。俄羅斯商人非常看重自己的名片，一般不輕易散發自己的名片，除非確信對方的身分值得信

國際市場行銷

賴或是自己的業務夥伴時才會遞上名片。

在進行商業談判時，俄羅斯商人對合作方的舉止細節很在意。站立時，身體不能靠在別的東西上，而且最好是挺胸收腹；坐下時，兩腿不能抖動不停。在談判前，最好不要吃散發異味的食物。在談判休息時可以稍為放鬆，但不能做一些有失莊重的小動作，比如說伸懶腰、掏耳朵、挖鼻孔或修指甲等，更不能亂丟果皮、菸蒂和吐痰。

許多俄羅斯商人的思維方式比較古板，固執而不易變通，所以，在談判時要保持平和，不要輕易下最後通牒，不要想著速戰速決。

俄羅斯商人認為，商品質量的好壞及用途是最重要的，買賣那些能夠滿足廣大消費者一般購買力的商品是很好的生財之道。

大多數俄羅斯商人做生意的節奏緩慢，講究優柔爾雅，因此，在商業交往時宜穿莊重、保守的西服，而且最好不要是黑色的，俄羅斯人較偏愛灰色、青色。衣著服飾考究與否，在俄羅斯商人眼裡不但是身分的體現，而且還是此次生意是否重要的主要判斷標誌之一。

俄羅斯商人認為禮物不在重而在於別致，太貴重的禮物反而使受禮方過意不去，常會誤認為送禮者另有企圖。俄羅斯商人對喝酒、吃飯也不拒絕，但他們並不在意排場是否大、菜肴是否珍貴，而主要看是否能盡興。俄羅斯商人十分注重建立長期關係，尤其是私人關係。在酒桌上，這種關係最容易建立。千萬要記住，女士在俄羅斯禮儀上是優先照顧的。

俄羅斯人，幾乎只追求「高」，追求「大」，無論什麼東西，只要它「高大」就行。在他們眼中，只要雄壯偉岸，不好的東西也是美的，仿佛這樣就能使他們真正排名世界第一。他們執著地追求規模，講氣勢。俄羅斯人和別人不比精度、技術，只講在規模、造型與格局上抖抖威風，向世人們誇耀一下他們的偉大。

俄羅斯的一切都明顯地帶有大和粗的特點：俄羅斯生產的電冰箱、洗衣機較之別國的同類產品骨架、個頭都要大，且顯得笨重有餘、輕巧不足。針對俄羅斯崇尚高大的民族特性，在與他們做生意時，應注意如下一些方面：

1. 產品外形要高大

這是俄羅斯商品的特性，講究外形的高大，可以迎合他們追求高大的消費心理。

2. 產品要輕巧

由於俄羅斯的商品不重輕巧，有時使用起來並不方便，因此，一些輕巧型產品在俄羅斯也有大市場。

3. 大企業參與

商場上，俄羅斯許多商人傲慢無禮，因此大企業與他們打交道，易於成功些，小企業在他們心目中常常是沒有分量的。

4. 要做大買賣

俄羅斯商人喜歡大買賣，買賣越大，他們興趣越大，與他們做大買賣，容易

第七章　文化環境

合作。

三、亞洲商人的商務習慣

（一）日本

長期以來，日本人與其他民族迥異的習俗和性格特徵，在日本的商業界得到了充分的體現，其中「重信用」和「善於控制情緒」是他們最明顯的兩大性格特點。日本人極其重視信用，講究「言必行，行必果」，約會時絕少失約，若有意外情況，也要千方百計事先通知對方。

在交往中，絕少出現對對方不信任的言行。所以在商業往來中，你如果能贏得日本人的信任，商談成功的機會就會大大增加。日本人性格內向，感情一般不外露，平時講話聲音一般都較低，說話含蓄，所以日本人在與對方談話時常常不直敘其意，而是喜歡使用言語之外的表達方式來表達他的想法。這種表達方式稱為「腹藝」，即言外之意。比如，日本人在拒絕別人的要求時，口頭表達為「請讓我考慮一下」，而其「腹藝」則是「婉言拒絕」。當你與日本商人談判時，如果能夠適應這種日本式的表達方式，將會大有益處。日本人的這種獨特性格，決定了我們在與他們打交道時，必須採取相應的策略。

首先，商談時勿帶律師。與歐美商人相反，日商在商談時幾乎不帶律師，談判者僅僅在公司聘請的法律助理（無律師資格）的協助下進行商談。如果外國人在與日商的商談中帶來律師，日方會認為那是不友好的行為，對商談的進行將產生不良影響。因此，在與日方商談時，可與自己的律師或法律顧問先行接觸，不要讓他們出現在商談現場。

其次，日商對信用也有特殊的理解，即當客觀環境發生變化，契約條款對自己不利時，他們認為契約自然失去效力，不認為這樣屬於違約。如果外商逼迫他按契約履行或契約簽訂後不願對條款放寬解釋時，日方卻往往認為那是違背信用的事。

最後，事前掌握大量信息資料，提前判斷日商對將要進行商談的事的基本態度，還要精通日語獨特的含蓄表達方式（日商能說流利英語的人很少，商談時幾乎全用日語），不要相信其表面語言，而要隨時注意其內心的真正意向。當你開始感覺日方「拐彎抹角」的表達逐步減少時，那就表示交易已經基本達成協議了。歐美許多商人曾深有感觸地說：跟日本人談判成功的關鍵與其說是智慧和雄辯，不如說是多瞭解其習性，並巧妙地加以利用。因而可以說，瞭解日本人的性格特點，是交易商談成功的開始。

（二）韓國

韓國商人的談判風格：

（1）重視談判前的準備。

（2）重視營造良好的談判氣氛。

(3) 韓國商人談判方法多樣。

(4) 韓國商人善於利用談判的技巧與策略。

韓國人比日本人爽快，但在最後一刻，仍會提出「價格再降一點」的要求，在簽約時，喜歡用合作對象國家的語言、英語、朝鮮語三種文字簽訂合同，三種文字具有同等效力。

四、非洲和大洋洲商人的商務習慣

(一) 非洲

與非洲商人洽談時，首先要尊重其禮儀風俗，維護對方的自尊心，力求通過日常的交往增進友誼，為談判順利進行創造良好的基礎。洽談時不要操之過急，而應適應其生活節奏，盡量按照其生活習慣，使對方感到我方對其的尊重與關照，增進認同感。談判中要對所有問題乃至各種術語和概念、條款細節逐一闡明與確認，以免日後發生誤解與糾紛，那樣既傷了感情，又蒙受損失。

針對南非與其他非洲國家的不同之處，以及中國與南非已有的合作基礎，充分利用已在南非建立的企業，加強與發展和南非的經濟合作，並以此為據點，繞過各種關稅與非關稅壁壘，向周圍及歐美國家輻射。

(二) 大洋洲主要國家

(1) 不喜歡討價還價。

(2) 注重實際，簽約謹慎。

(3) 時間觀念強。

五、南亞和東南亞商人的商務習慣

南亞和東南亞主要包括印尼、新加坡、泰國、菲律賓、印度、馬來西亞、巴基斯坦、孟加拉等國。

印尼商人大都有較強的宗教信仰，要特別注意其齋月期間白天是不能進食的；盡量避免談論宗教和民族問題；喜歡在家中款待客人，可隨時造訪；談判過程漫長，有條件最好聘用代理人，繞過比較繁多的政府辦事機構。

新加坡商人吃苦耐勞，看重面子，自尊心強，履約信譽很好；不習慣開玩笑，OK 的手勢被認為是不友好的；不喜歡談論政治、宗教問題，喜歡對方誇獎本國的文明、管理和經濟發展的成就；不要給服務生小費，也沒有贈送禮物的習慣；有很強的時間觀念，談判節奏較快。

與泰國商人建立深厚友情較為困難，但一旦贏得對方信任，在你困難時，對方會幫助你；常見的問候方式是雙手合攏置於胸前，並微微鞠躬；喜歡談論文化遺產和體育運動；避免男女間的身體接觸，兩腳交叉的坐姿是不禮貌的，不要輕易有腳步動作；談判要耐心細緻，一旦簽約必須嚴格履行；有較強的時間觀念。

第七章　文化環境

　　菲律賓商人善於交際，和藹可親；在菲談判應入鄉隨俗，舉止有度；喜歡談家庭的作用，但要避免談論政治、宗教、社會狀況等問題；商業意識較弱，瞭解外貿業務的商人有限；喜歡在家中聚會，時間觀念相對較弱，約會要晚到一段時間；不要直接批評他人。

　　與印度商人需要很長時間才能建立深度關係，調查對方公司信譽的難度較大；女性一般不參加談判，男士不能單獨與女士談話；素食普遍，不吃牛肉；與巴基斯坦關係微妙，應盡量避免此話題；自己時間觀念不強，但要求對方守時；另外不要多談天氣炎熱的話題。巴基斯坦商人和孟加拉商人與印度商人有許多共同之處。

本章小結

　　本章主要闡述文化因素對國際市場行銷的影響，社會文化環境因素主要包括物質文化和非物質文化。其中，非物質文化主要包括語言文字、價值觀、宗教信仰、教育水準、審美意識等。

關鍵術語

文化因素　物質文化　非物質文化　文化的變化

復習思考題

1. 國際市場文化環境包括哪些因素？各因素對國際市場行銷有何影響？
2. 請選擇一個你最感興趣的國家（或地區），闡述其商務文化。

第八章 自然與科技環境

本章要點

- 自然環境及其分佈
- 自然環境對國際市場行銷的影響
- 科學技術的發展趨勢
- 科技環境對國際市場行銷的影響

開篇案例

雀巢公司在菲律賓市場的行銷

雀巢集團總部位於瑞士，在世界各地開辦了489家工廠，其中有8家生產工廠設在菲律賓境內。在過去的10年裡，雀巢公司的銷售十分興旺。總體上，雀巢（菲律賓）公司的銷售額在雀巢集團遍布全球各地的分公司中名列第十位，在亞洲名列第三位。雀巢公司在當地市場的銷售份額從52%上升到66%。這些令人羨慕的經營業績都歸功於雀巢公司對行銷環境尤其是自然環境做出正確決策。

在氣候干燥的歐洲，大部分咖啡飲品都是用玻璃瓶子盛放包裝的。同時，歐洲人喜好用咖啡機煮咖啡豆的方式來飲用咖啡。而在菲律賓，氣溫和濕度都很高，大部分的咖啡並不是用瓶裝來出售的，而是用一個容量僅1.7克的錫箔紙小包裝出售，顧客可以單獨購買一包咖啡。雀巢公司通過瞭解菲律賓的特殊自然環境，也改變了往常的包裝出售模式，採用防潮的包裝材料和工藝。確保產品的品質不變，這是雀

第八章　自然與科技環境

巢公司在菲律賓市場站穩腳跟的第一步，也是其後來在菲律賓擴大市場的基礎。

資料來源：甘碧群，曾伏娥．國際市場行銷學［M］．

章節正文

第一節　自然環境

自然環境是國際市場行銷環境的重要因素，它主要包括自然條件與基礎設施。自然環境通過社會經濟、市場結構、消費者態度和行為，對企業行銷產生深刻的影響。本章主要從全球視角闡釋各國自然環境與社會基礎設施及其對國際市場行銷的影響、自然環境受破壞與環保運動的興起及其對國際市場行銷的影響、可持續發展戰略與綠色行銷的興起等問題。

一、各國自然環境與基礎設施

（一）各國自然環境

自然環境主要包括地形、氣候、土地面積及自然資源等。世界各國地形、氣候和資源的蘊藏狀況有很大的差異。以下按各洲主要國家的自然條件概況進行介紹。

1. 亞洲國家的地理環境

亞洲是世界最大的洲，海岸線綿長而曲折，海岸線長約 69,900 千米，山地、高原約占全洲面積 3/4，平均海拔 950 米。地勢中部高，四周較低。氣候複雜多樣，從北到南跨寒溫熱三帶。最北部為寒帶，東部為溫帶季風氣候，中部和西部是溫帶大陸性氣候，南部為熱帶季風和熱帶雨林氣候。礦藏種類多，儲量大，主要有石油、煤、鐵、錫、銻、錳、銅、鉛、鋅、金、鋁土、雲母、石墨等。天然橡膠、茶葉、黃麻、馬尼拉麻、大米、生絲、胡椒、柚木產量居世界首位。棉花、花生、甘蔗、菸草產量占世界 1/3。亞洲所屬的各個國家由於分佈的差異，自然條件也很不相同。以下主要介紹中國、日本、韓國、泰國及印度的自然條件。

（1）中國。中國位於亞洲東部、太平洋西岸，是一個海陸兼備的大國。陸地面積約為 960 萬平方千米，是世界上面積最大的國家之一。地勢西高東低，呈三級階梯，地貌類型複雜多樣，山地、高原和丘陵約占全國總面積 2/3，平原和盆地約占全國總面積 1/3。礦物資源種類多，分佈廣，儲量大，世界上已知的 140 多種有用礦產在中國均已找到。目前，中國的煤、鐵、銅、鋁、鎢、銻、鉬、錫、鋅、汞等主要礦物儲量都居世界前列。現有森林面積約占全國總面積 12.98%。氣候複雜多

國際市場行銷

樣，大部分屬溫帶和亞熱帶。

(2) 日本。日本是太平洋的一個島群國家，面積約為37.8萬平方千米。地形崎嶇，山地和丘陵占總面積的75%，平原狹小分散。多大山，海岸線長而曲折，多海灣和天然良港。日本屬溫帶海洋性季風氣候，終年溫和濕潤，降雨充足。森林面積占全國總面積66.9%。日本魚類資源比較豐富，漁業量居世界首位。但礦藏貧乏，大部分原材料依靠進口，資源進口占進口總值的60%以上，燃料、原料和工業產品強烈依賴世界市場。

(3) 韓國。在東亞的韓國位於朝鮮半島，面積約為10萬平方千米。森林面積占全國總面積的73%，朝鮮半島屬溫帶季風氣候，南部具有海洋性特點。河流短促，水力資源豐富。自然資源比較貧乏，原料及燃料主要依靠進口。

(4) 泰國。泰國是東南亞國家，位於中南半島中部，面積約為51.4萬平方千米。全境大部分為低緩的山地和高原。大部分地區屬於熱帶季風氣候，6—10月為雨季，年平均降水量為1,300毫米，森林面積占全國總面積40%以上。國內有豐富的錫礦和寶石，盛產貴重木材柚木。水稻占耕地面積一半以上，是世界最大的大米出口國（占35%），漁業發達。

(5) 印度。印度是南亞的最大國家，面積約為298萬平方千米。北部是高山地帶，中部為印度河，南部為德干高原。印度屬典型熱帶季風氣候，全年分熱季、雨季、冷季，西北部為熱帶沙漠氣候。礦藏豐富，主要有煤、鐵、錳、雲母、鋁土、重晶石等。棉花、花生、黃麻、甘蔗、芝麻、蓖麻、高粱的種植面積居世界第一位。

2. 歐洲國家的地理環境

歐洲大陸是歐亞大陸伸入大西洋的一個半島，歐洲的冰川地形分佈較廣，高山峻嶺匯集南部，地形多高原、丘陵和山地。歐洲大部分地區處在北溫帶，氣候溫和濕潤。歐洲的礦產資源中煤、石油比較豐富。由於歐洲所屬國家地理分佈不同，其自然條件存在著差異。

(1) 德國。德國位處中歐，地勢北低南高，北部為平原和低地，中部為盆地和丘陵相間的高地，南部為阿爾卑斯山地與山前高原。德國屬溫帶氣候，西北部屬溫帶海洋性氣候，自東向南逐步向大陸性氣候過渡。河網稠密，水資源豐富。礦物資源較貧乏，但煤和鉀鹽比較豐富。

(2) 英國。英國是大西洋島國，位於歐洲西部不列顛群島上，面積約為24.4萬平方千米。北部和西部多山地和丘陵，東南部為貧地構造的平原，間有低地和丘陵。英國屬典型的溫帶海洋性氣候，冬溫夏涼，全年降水均勻、河網稠密，海岸曲折，多優良海灣。石油、天然氣、煤等礦藏豐富，其他礦物資源貧乏，大多靠進口。漁業發達。

(3) 法國。法國位於歐洲西部。本土面積約為55.4萬平方千米，地勢東南高西北低，中南部有中央平原，西北部是北法平原，平原和丘陵約占全國總面積80%。大部分地區屬海洋性氣候，西南沿岸屬地中海式氣候。河流眾多。有富鐵、

第八章　自然與科技環境

鋁土、鉀鹽、鈾等礦藏。森林面積占全國面積26%左右。

（4）義大利。義大利位於歐洲南部，面積約為30.1萬平方千米。山地和丘陵占全國總面積的80%，平原僅占20%。北部為山區，有許多山口，是中歐通地中海的要道。阿爾卑斯山脈南面的波河平原是主要農業區。南部為縱貫亞平寧山脈的亞平寧半島和西西里島，多火山和地震。大部分屬地中海式氣候，北部山地屬溫帶大陸性氣候。河湖眾多，水力資源豐富。森林面積占全國面積的20%左右。

（5）荷蘭。荷蘭位於歐洲西部，面積約為4.154,8萬平方千米。荷蘭是世界著名的「低地之國」，40%以上領土低於海平面或與海平面等高，只有20%的面積在海拔50米以上。荷蘭屬溫帶海洋性氣候，冬溫夏涼，多陰雨天，草地牧場占荷蘭國土面積的34%。鹿特丹是荷蘭第二大城市、世界最大港口之一、萊茵河流域物資的吞吐口，地扼西歐水陸交通要道，有「歐洲門戶」之稱。天然氣產量居世界第三位。其他自然資源貧乏，80%原料和50%糧食靠進口。

3. 非洲國家的地理環境

非洲由北非、西非、東非、南非四大部分共50多個國家和地區組成，面積為3,020萬平方千米。北非位於非洲北部，東、北、西三面瀕臨紅海、地中海和大西洋，包括埃及、蘇丹、利比亞、突尼斯、阿爾及利亞和摩洛哥6國。西非在非洲西部，北起撒哈拉沙漠，南至幾內亞灣，東瀕乍得湖，西臨大西洋，包括16個國家及西撒哈拉、加那利群島。東非在非洲東部，北瀕紅海與西丁灣，東瀕印度洋，西至埃塞俄比亞高原和東非大峽谷，包括9個國家。南非位於非洲南部，東瀕印度洋，西臨大西洋，包括12個國家。

非洲沿海島嶼不多，大多面積很小，島嶼面積只占全洲面積的2%。大陸北寬南窄，像一個不等邊的三角形，海岸平直，少海灣和半島。全境為高原型大陸，平均海拔750米。非洲大部分地區位於南北迴歸線之間，全年高溫地的面積廣大，有「熱帶大陸」之稱。境內降水較少，年平均降水量在500毫米以下的地區占全洲面積50%。只有剛果盆地和幾內亞灣沿岸一帶常年平均降水量在1,500毫米以上。剛果盆地和幾內亞灣沿海一帶屬熱帶雨林氣候。地中海沿岸一帶夏熱干燥，冬暖多雨，屬亞熱帶地中海式氣候。北非撒哈拉沙漠、南非高原西部雨量極少，屬熱帶沙漠氣候。其他廣大地區夏季多雨，冬季干旱，多屬熱帶草原氣候。馬達加斯加島東部屬熱帶雨林氣候，西部屬熱帶草原氣候。非洲森林面積占全洲面積的21%，礦物資源豐富，目前已知的石油、鈾、金、金剛石、鋁土礦、磷酸鹽、鉑和鈷的儲量均占世界藏量很大的比重。石油主要分佈在北非和大西洋沿岸各國，約占世界總儲量的12%。銅主要分佈在贊比亞與扎伊爾的沙巴區。金主要分佈在南非、加納、津巴布韋和扎伊爾。金剛石礦產主要分佈在扎伊爾、南非、博茨瓦納、加納、納米比亞等地。此外還有錳、銻、釩、鈾、鉑、鋰、鐵、錫等。

4. 北美洲地理環境

(1) 美國。美國位於北美洲中部，東臨大西洋，西瀕太平洋，北鄰加拿大，南界墨西哥。面積約為 963 萬平方千米，是世界最大國家之一。西部由山脈、高原、盆地組成，降水稀少。有銅、鉬、銀、鋅、鈾及石油等礦藏。中部為遼闊的平原，約占本土面積的 50%，是美國最主要的農業區，富藏鐵礦和石油。東部為較低的阿巴拉契亞山脈和大西洋沿岸平原，降水較多，河流短小，富藏水力和煤。森林面積占全國總面積的 30%。美國氣候較複雜，東北部屬於大陸性溫帶闊葉林氣候，冬季比較寒冷，夏季溫和。中部平原氣候變化異常，溫差變化大。西部地區內陸高原冬季干燥寒冷，西部太平洋沿岸則屬於亞熱帶地中海式氣候，北段屬海洋性溫帶闊葉林氣候。

(2) 加拿大。加拿大位於北美洲北部，東臨大西洋，西臨太平洋，北瀕北冰洋，南鄰美國。面積約為 998.5 萬平方千米，居世界第二。東部為高原低山區，約占面積的一半；中部是平原；西部為高大的科迪勒拉山地。冬季嚴寒、夏季溫涼。平原南部的草原帶氣候溫和，為主要工農業區。多河流、湖泊，水力資源豐富。礦產豐富，鎳、石棉、鉀鹽產量居世界首位。鈷、鉬、銀、銅、金、鉑、鈾、硫磺、天然氣產量亦居世界前列。

5. 拉丁美洲地理環境

(1) 墨西哥。墨西哥位於美國南部，面積約為 197.25 萬平方千米，領土的5/6為高原和山地，平均海拔 1,800 米，南部火山橫列，地震頻發。高原北部氣候干燥，年降水量為 250~750 毫米。中央高原地勢較高，氣候溫和，垂直氣候很明顯。沿海平原降水豐富，多熱帶森林。東南部比較干旱，屬熱帶草原。礦產資源豐富，石油、銀、硫磺的儲量和產量居世界前列。

(2) 巴西。巴西是拉丁美洲面積最大、人口最多的國家。位於南美洲東部。面積約為 854.7 萬平方千米。地形以高原和平原為主。北部亞馬孫平原地勢低平，終年高溫多雨，為世界最大的熱帶雨林區之一；中部起伏平緩的巴西高原，平均海拔 4,000 米，以熱帶草原氣候為主，富含鐵、錳有色金屬等礦產。東部沿海有狹長平原，水熱條件好，為重要的農業區。

6. 大洋洲的地理環境

大洋洲是世界上面積最小的洲。位於亞洲、南北美洲和南極洲之間，周圍被太平洋和印度洋所環繞。主要包括澳大利亞，新西蘭，伊里安島，以及太平洋中的波利尼西亞、密克羅尼亞、美拉尼亞三大島群。

(1) 澳大利亞。它是大洋洲最大國家，位於南半球東部，處於太平洋和印度洋之間，面積約為 268.23 萬平方千米。西部為海拔 200~500 米低高原；中部為海拔 200 米以下的沉積平原，是世界著名的大自流井盆地；東部為大分水嶺，海拔一般為 800~1,000 米。東北岸近海有世界著名的大堡礁。南迴歸線穿過中部。大部分地區在副熱帶高氣壓帶控制下，形成中、西部的熱帶沙漠氣候，其北部、東部、南部

第八章 自然與科技環境

為熱帶草原氣候。在東部山地東側，北為熱帶雨林氣候，南為亞熱帶季風性濕潤氣候。大陸南部和西南部為地中海式氣候。礦產豐富，鋁、鈾、鐵、紅金石、鋯、獨居石的產量和出口居世界前幾位，煤的出口居世界第一位。

（2）新西蘭。新西蘭是大洋洲島國，位於太平洋南部，由南島、北島及附近一些島嶼組成，面積約為26.8萬平方千米。山地和丘陵占全國總面積的90%，平原狹窄。多火山、湖泊、溫泉。河流短小湍急，富藏水力。新西蘭屬溫帶海洋性氣候，年降水量在1,000毫米以上。森林約占全國總面積30%以上，草原占全國總面積50%以上。畜牧業較發達，是世界最大羊肉、奶製品出口國和第二大羊毛出口國。蘊含豐富的煤、石油和黃金。

（二）各國自然環境市場的影響

如前所述，各國的地形、氣候及資源的分佈極不相同。各國自然環境的差異必然會影響各國經濟特徵與國家的經濟和社會發展，從而直接造成國際市場行銷的差異。

1. 自然環境影響國家的經濟與社會發展

地理條件影響國家的經濟與社會發展主要表現在以下幾方面。

（1）地理條件影響一個國家的交通運輸與貿易的發展。地形複雜，尤其高山峻嶺及叢林地帶多，必然妨礙交通運輸與貿易的發展。如南美洲山脈綿亙西部海岸7,242.048千米，這是天然的、可怕的障礙，妨礙建立太平洋與大西洋兩岸通商航線。又如越過安達山，前面就是18,129,916.772,35平方千米的亞馬孫盆地，這是世界上最大的雨林地，幾乎無人居住，不能通過。而世界上第二大河亞馬孫河通過此盆地，亞馬孫河連同支流幾乎有64,373.76千米航程，東海岸是另一山脈，差不多覆蓋整個巴西海岸，平均高度為1,219.2米，大大地妨礙了交通運輸的發展，從而影響了這些國家的經濟與貿易的發展。

（2）地理條件影響一個國家社會的發展。某些國家由於自然條件的劣勢，造成交通不便，信息閉塞，各城市間呈隔離狀態，從而影響了該國的統一，導致政治和經濟發展的不平衡。例如南美洲幅員遼闊，但其自然條件的特徵決定了其人口集中在外圍，內部荒蕪，幾乎沒有人煙，南美洲各國的大城市都在海岸321.868,8千米以內，但各城市間道路稀少，交通不便而使各城市彼此隔離。多數南美洲國家公民因彼此隔離而不能意識到自己是國家的一部分，不能享受權利和承擔義務，地理特徵使南美分裂成孤立的社會。其各大城市集中了大多數居民，它們是社會財富、教育與政權的中心。同時周圍的農村地區，幾乎世世代代很少變化，生活水準、教育水準極低下。其他國家內部的自然條件也存在巨大的差異，國際市場行銷者必須瞭解這些差異。

（3）自然資源的差異將影響世界經濟發展與貿易發展的格局。自然資源是一個國家經濟與貿易發展不可缺少的因素。礦藏的利用程度和開發能源的能力是現代科技的基礎。地球上資源的分佈是極不平衡的，有的需要大於所有，而有的是所有超

173

國際市場行銷

過需要，兩國之間就會發生國際貿易。大多數資源進口國是本國資源滿足不了需要的工業化國家。如澳大利亞、幾內亞與巴西擁有鋁的世界儲藏的65%，而美國鋁的消耗量達35%。又如在20項主要資源中，美國有較大蘊藏量的僅占5項，而其消耗量超過全世界消耗量20%以上的資源卻有16種。各國擁有及開採利用自然資源的差異影響該國經濟發展水準的高低及國際貿易的產品結構。

國際市場行銷者不僅要注意各國資源分佈的差異對各國經濟發展與貿易格局的影響，還要關注各國資源擁有狀況的變化對社會經濟的影響。各國對資源的擁有狀況不是一成不變的，而是隨著各國工業化的加速，對資源需要量增大而不斷開採，使不能再生資源迅速接近枯竭。許多國家在其經濟發展初期能源可以自給自足，但近25年來逐漸依賴進口。

資源的分佈、質量及可供量作為國際市場行銷環境因素至少在21世紀內還會影響世界經濟發展與貿易的格局。國際行銷者在制定世界範圍的投資決策時，必須考慮這一因素。

2. 自然環境對國際市場行銷的影響

一個國家的地形、地勢、氣候及自然資源因素是估價該國市場的重要因素。它們對國際市場行銷會產生一系列的影響。

(1) 影響產品的適應性。一個國家的海拔高度、濕度、溫度都是影響產品與設備的使用和性能的因素。如產品在溫帶地區使用良好，而在熱帶地區可能會很快變質，或需要冷藏，或加潤滑油才能適當發揮其作用。又如在美國使用的建築設備需要做很大的改變才能在非洲的撒哈拉大沙漠的高溫、多沙地區使用。即使在同一國家內，各地氣候也有很大的差異，需要對產品做出很大的調整。例如在加納，產品必須能在沙漠高溫缺水以及在熱帶雨林高濕度的地區使用，才能滿足該國整個市場的需要。

(2) 影響分銷體系的設立及分銷渠道的選擇。一個國家如果被高山峻嶺所阻隔，或者地處閉塞的內地城市，或者處於嚴寒地帶，交通不便、信息閉塞，便難以設立分銷體系。相反，在一個地形、地勢及氣候條件良好的國家，或在海岸城市或靠近航道的城市，交通便利，宜於設立分銷體系。

不利的自然條件還影響企業進貨期及安全存貨量。例如，在冬天酷寒之時，加拿大的蒙特利爾被大雪封住，與外部相隔離，而且貨物運輸往往拖延時間，因此安全存貨量必須多於預計的額定存貨量。

(3) 影響企業的經營成本。如果企業在不利的地形、地勢及氣候條件下行銷，為防止這些不利條件的影響而採取各種措施，將提高企業的經營成本。如為適應東道國自然條件而改變產品及設備的性能和特點，必須支出額外的費用。又如在嚴寒天氣下，為保證貨車能正常運行，軌道車長時間加熱使公司運輸費用增加。再如，為了保證在嚴冬能正常供應產品及設備而提高供應產品及設備的庫存量，這必然增加倉儲費。相反，如果自然條件良好，諸如有利的地形、地勢、氣候及豐富的礦產

第八章　自然與科技環境

資源,那麼本國產品的出口及產品成本將降低,國際市場行銷者更好選擇目標市場及分銷渠道。

總之,國際市場行銷者在估計國際市場潛力或設計行銷組合策略時,必須考慮到這些難以對付的、不可控的自然因素。

(三) 基礎設施與國際行銷

基礎設施是物質文化的成果,而自然條件則是天然稟賦。基礎設施建設與經濟發展之間存在著一定的聯繫。基礎設施主要包括交通運輸設施、通信設備和倉庫等,還包括有關商業的基礎設施。一個國家的基礎設施是否完備,不但影響社會經濟的發展,而且直接影響國際行銷能否順利開展。

1. 交通運輸

企業國際行銷的後勤供給依賴於一國的運輸基礎設施。運輸基礎設施主要包括運輸方式與運輸工具。運輸方式有公路、鐵路、水路及航空。運輸工具有卡車、火車、輪船及飛機等。運輸基礎設施是隨一國經濟發展水準而變化的。經濟發達國家的運輸基礎設施很強且效率很高,而貧困國家的運輸系統比較弱且效率不高,往往超負荷運行。便利的交通運輸為國際行銷活動提供更多選擇的機會,也易於降低行銷成本。反之,企業選擇分銷渠道的機會減少,行銷成本會提高。例如,中國的臺灣和香港20世紀的經濟騰飛在很大程度上就得益於早期的交通基礎建設。

2. 通信設備

通信設備主要包括郵政、電話、印刷、無線電、電視和電腦聯網。由於各國經濟發展水準不一,通信設備水準差異很大。經濟發達國家的郵政覆蓋面廣、郵遞速度快且十分可靠。加之,近年來互聯網應用的發展,使信息傳遞快捷,並真正實現信息傳遞的全球化。經濟落後國家的郵政覆蓋面小,其廣大農村地區郵件常常傳遞不到,速度慢和郵遞不可靠。在報紙、電話、電視及互聯網方面,不同國家的覆蓋率差異也很大。國際通信設備的裝備水準及普及程度,以及互聯網的普及程度,影響信息傳遞的速度和範圍,影響企業對市場信息掌握的程度和速度,影響商務交易的便捷程度,影響商務交易成本,從而影響企業國際市場行銷的競爭力。

3. 商業基礎設施

商業基礎設施主要包括倉庫、冷凍庫、批發商及零售商網點設置、廣告機構、市場調研機構、金融保險機構及管理諮詢機構等。商業基礎設施的發展是隨各國經濟的發展而變化的。各國商業基礎設施的發展水準差異很大,經濟發達國家的倉庫、商業網點設置、廣告機構等商業基礎設施較完備、效率較高,如有較多的廣告機構,較大的廣告費投入;有較多的零售商業業態,銷售額大和零售業效率高;擁有較完備的金融保險機構、管理諮詢機構。在發展中國家,一般說來,商業網點缺少,尤其在廣大農村地區更奇缺;廣告機構數量少而不完備;金融保險機構及諮詢管理機構數量少而不完備。

商業基礎設施完備與否,對國際市場行銷的順利開展產生直接的影響,如影響

國際市場行銷

企業對分銷渠道的選擇；影響物質配送能否同商流相匹配；影響企業融資渠道的選擇；影響企業國際市場行銷廣告的決策。因此，國際市場行銷者要善於識別基礎設施的條件，正確選擇國際目標市場。

二、自然環境的惡化與環保運動的興起

（一）自然環境的惡化

工業革命帶來了史無前例的經濟增長，同時對環境造成了嚴重的破壞。當今企業和公眾面臨的主要問題之一是日益惡化的自然環境。自然環境惡化主要表現在以下六方面：

1. 臭氧層空洞

大氣層中的臭氧層在過濾太陽中有害的放射線上，扮演著相當重要的角色。臭氧空洞指的是因空氣污染物質，特別是氮氧化物和鹵代烴等氣溶膠污染物的擴散、侵蝕而造成大氣臭氧層被破壞和減少的現象。自從1982年科學家首次在南極洲上空發現臭氧減少這一現象開始，人們又在北極和青藏高原的上空發現了類似的臭氧空洞，而且除熱帶外，世界各地臭氧都在耗減。如果人被臭氧層所阻擋的紫外線直接照射後，容易罹患皮膚癌、白內障，以及免疫力低下所引起的愛滋病等病毒性疾病。更有甚者紫外線還會對生物細胞的遺傳基因（DNA）有影響。當今世界上罹患皮膚癌、白內障的人正在增加，在日本這個數字增加了6倍。

2. 全球變暖

全球氣候變暖是指全球氣溫平均值升高。雖然數值不大，但實際影響很大。由於各國工業化的發展，每年釋放出巨量的二氧化碳，造成了大氣中的「溫室氣體」，從而導致全球的平均氣溫升高；北極圈內的冰可能融化，從而導致海平面升高，危及人類的安全。1980—1990年，有8個年份是20世紀以來最暖的年份。例如，20世紀80年代與50年代相比，全球氣溫升高了0.24℃。全球暖化還會造成海平面上升。過去100年，全球海平面上升10.20厘米；太平洋、印度洋上原來在水面上的小島，現在沒入水面以下。中國、日本的海平面上升也都很明顯。中國科學院預測：到2050年，全球平均海平面將上升20~30厘米。

3. 空氣污染

空氣污染來源於汽車、飛機的氣體排放，以及在工業生產過程中燃燒化工燃料而排出的有毒氣體，諸如二氧化碳、氟氯碳化物、氧化硫、氧化氮、一氧化碳、碳氫化合物等。這些污染物，或造成全球氣溫升高，或破壞臭氧層，或造成酸雨等，損害人類的健康及傷害植物的生長，從而導致極端天氣的頻繁發生。例如，干旱更加嚴重，颶風也更加頻繁。2005年9月發生的「卡特里娜」颶風摧毀了新奧爾良的大部分地區，就被認為是全球變暖導致的。《京都議定書》是針對全球變暖而制定的國際合約，簽訂該合約的國家許諾將會減少該國的二氧化碳和其他溫室氣體的排

第八章　自然與科技環境

放量。

4. 森林砍伐、土地退化

由於人類的過度開發，森林減少、荒漠化、土地退化等一系列問題加劇，自然界破壞嚴重。近30年來，每年森林被砍伐的面積為800萬公頃，數字驚人。另外，土地荒漠化和土地退化也很厲害，全世界荒漠化土地面積占全世界陸地面積的1/3，約4,800萬平方千米。土地退化的主要原因是水土流失的加劇，如中國水土流失面積為150萬平方千米，使很多肥料白白流走，中國沙漠化土地有17.6萬平方千米，每年流失的各種微量元素達400萬噸，損失嚴重。

5. 水源污染嚴重

全球可使用淡水只占地球上全部水量的3％，而兩極冰川和冰帽的淡水量就占2％，不能夠使用。因此世界上80個國家的40％人口都面臨著缺水的危險。事實上，陸地上的淡水資源總量只占地球上水體總量的2.53％，而且大部分是分佈在南北兩極地區的固體冰川。而隨著各國製造業的發展，大量的有毒垃圾產生，人們的生活消費也有大量垃圾。越來越多的人把各種垃圾，尤其是污水的沉積物、工業廢棄物及低劑量的放射性廢料倒入河裡與海裡，嚴重地危害人們的健康及殘害河裡與海裡的生物，從而使地球上原本可用的淡水就很少的局面進一步惡化。因此，很多團體都在致力於制定相關法律以減少水污染。

6. 資源短缺

隨著各國工業化的發展，對自然資源的需求迅速增加。同時，由於掠奪式的開採，諸如石油、煤、鉑、鋅和鋁等不可再生資源日漸短缺已成為十分嚴重的問題，導致了這些資源成本的提高，從而降低了企業的經營效益或增加了消費者的經濟負擔。許多企業為了擺脫這一困境，紛紛尋求替代資源，如使用太陽能、原子能、風能及其他形式的能源。

總之，自然環境的惡化是全球性的，如全球升溫、臭氧層受破壞、生物種類的滅絕等。而發展中國家由於仍處於工業化過程，還不可能投入大量的財力解決自然環境的惡化問題。因而目前眾多發展中國家的許多城市、河流與湖泊成為世界污染很嚴重的地方。加之發達國家向發展中國家出口危險和有毒的垃圾，更加劇了全球自然環境的惡化。

（二）環保運動的興起

由於全球自然環境日益惡化，廣大居民環境意識不斷提高，環保行動日益蓬勃發展。環保運動經歷了以下幾個階段：

1. 20世紀70年代中期—20世紀80年代中期

20世紀80年代初發布了兩個重要的環保文件。一個是布蘭德委員會報告《南—北生存計劃表》（North-South: A Programme For Survival），再一個是美國國務院和環境政策顧問委員會於1980年提交美國總統的報告《世界保護戰略》（World Conservation Strategy）。這些報告均指出瞭解決環境惡化問題的迫切性及解決的途徑。

2. 20 世紀 80 年代末期

這一時期自然環境進一步惡化，環保問題更為突出，進一步引起社會對環保的關注。一方面，在這一時期發生了幾起嚴重的環境事件，諸如 1984 年印度 Bhopal 的聯合碳化物殺蟲劑廠毒氣外泄；1986 年蘇聯切爾諾貝利核電站事故；艾克森石油公司油輪在阿拉斯加海岸漏油事件；1991 年科威特油田大火。這些都提高了人們對環保問題的敏感性。另一方面，一般環境的惡化正在加劇，諸如美國因旱季的延長，引起對全球暖化的恐慌。英國北海中海獅的困境，使人們加強對污染的關注。在德國，樹木大量地被破壞，引發人們對酸雨後果的重視。

3. 20 世紀 90 年代是環保運動的 10 年

隨著環保運動的發展，政府、公司、廣大居民達成這樣的共識，即環境保護不是外加的，而是複雜經營活動過程的組成部分。還認識到，環保不再僅僅是國內問題，而是有關全球的問題。因而，應當從全球視角，協調各國的關係，共同採取環保對策。同時，在各國內部，政府、企業及廣大居民應從不同的層面採取環保措施。

4. 全球共同採取環保措施

從全球來講，共有 192 個國家參加了全球氣候保護協定《聯合國氣候變化框架公約》，並於 1997 年簽訂了《京都議定書》，承諾在 2012 年前共同削減溫室氣體排放，並幫助脆弱地區應對變暖帶來的災害。議定書對 2008—2012 年第一承諾期發達國家的減排目標做出了具體規定，即整體而言發達國家溫室氣體排放量要在 1990 年的基礎上平均減少 5.2%。比如，歐盟作為一個整體要將溫室氣體排放量削減 8%，日本和加拿大各削減 6%，而美國削減 7%。

《聯合國氣候變化框架公約》締約方第 15 次會議，於 2009 年 12 月 7—18 日在丹麥首都哥本哈根召開，即所謂「後京都」問題是本次聯合國氣候變化大會的主要議題。此次會議被聯合國稱為「全球氣候合作新起點」。192 個國家的環境部長和其他官員們在哥本哈根召開了聯合國氣候會議，商討《京都議定書》一期承諾到期後的後續方案，就未來應對氣候變化的全球行動簽署新的協議。

哥本哈根會議的焦點問題主要集中在「責任共擔」。氣候科學家們表示全球必須停止增加溫室氣體排放，並且在 2015—2020 年開始減少排放。科學家們預計想要防止全球平均氣溫再上升 2℃，到 2050 年，全球的溫室氣體減排量需達到 1990 年水準的 80%。

此後各國還在 2010 年和 2011 年舉行了第 16、17 次締約方會議。

5. 環保立法是環保運動壓力的表現

這主要包括：發展的控制；排放物的管制；廢棄物的處理；對生物種類、棲息地、景觀和遺產區域或建築的保護；環境對人類安全的影響。隨著各國實行工業化的戰略，自然環境惡化，社會對環境逐漸重視。20 世紀 80 年代末至 20 世紀 90 年代初，一系列新的環保法相繼公布。環保立法存在三個層面。一是國際性立法。至今已有超過 100 個與環境有關的國際性協議、條約、調查報告和會議。將國際性協議

第八章　自然與科技環境

轉成各國法律的最顯著的例子是：日內瓦人權會議、海洋法會議、蒙特利爾臭氧層稀薄報告書。二是國家性立法。既包括國家性立法，又包括執行國際性協議，如執行蒙特利爾臭氧層稀薄報告書。三是區域或地方性的環保立法。如歐洲環境保護法的制定。必須指出，不同國家所實施的環保法有很大的差異，主要表現在他們對環保與社會問題的優先順序的不同，有的國家還發展了環保立法的新領域。

(三) 環保運動對國際行銷的影響

環保運動或環境保護主義是指由對保護及改善人類賴以生存的環境十分關注的公民和政府所倡導的一種有組織的運動。他們關注自然環境受破壞的狀況及對人類生存造成的後果。環保運動對企業行銷的影響主要有以下幾方面。

1. 環保運動對企業行銷的要求

(1) 環保主義者並不反對行銷活動及人們的消費，而是希望行銷活動和消費能遵循生態方面的原則，要求企業行銷不但要最大限度地提高商品與服務的質量，而且還要提高環境的質量。

(2) 環保主義者要求生產者和消費者在決策時考慮環境成本。他們贊成通過徵稅和立法來限制有損環境的行為；要求企業投資處理污染的設備；對不能回收的瓶子徵稅；禁止使用高含磷量的洗滌劑，這些都是引導企業和消費者保護環境所必要的。

2. 環保運動對企業行銷既造成威脅又帶來了機遇

一方面，環保運動對造成污染的企業形成威脅。例如，要求鋼鐵廠投資控制污染的設備和採用高質高價的燃料；要求汽車廠生產耗油少、排污小的汽車；要求洗滌劑工業生產低磷的洗滌劑；要求煉油廠研究與生產低鉛或無鉛汽油；要求包裝工業研究和生產減少廢物的產品。這些要求的實施需要投入大量資金，增加企業的生產成本，對企業，尤其對缺乏資金的企業是嚴重的威脅。另一方面，環保運動為研製控制環境污染設備的企業提供了發展的機會，使企業能開拓新的行銷天地。現在的消費者在購買一樣東西的時候，包括購買產品前後都會做出一番比較，通常都會比較哪個公司承擔的社會責任大。比如，如果某公司具有環保意識或者能夠為社會帶來良好改變，面對同樣價格的、同樣品質的商品，消費者可能會選擇某公司的產品。

3. 企業對環保運動的反應

廣大企業面臨環保運動，大致採取以下三種不同的態度。第一種企業，是少數企業，對環保運動持積極態度。它們認識到，環保不是外加的或可有可無的因素，而是複雜的工商經營活動中的重要部分，並且把環保行動視為企業的經營道德和社會責任的重要內容。這些企業重視投資購置防止污染的設備。例如，Timberland 從 2006 年開始推廣產品「成分標籤」，並從 2007 年開始附有 Green Index 標籤。具體內容包括 100%採用回收纖維製作的鞋盒，使用大豆基油墨和水基膠水。第二種企業，是多數企業，它們消極或被動地接受環保主張。在環保運動的壓力下，不得不

國際市場行銷

採取某些舉措來治理污染，但由於資金的缺乏，或由於環保成本的增加，不可能或不情願投巨資於環保活動中。第三種企業，是部分企業，對環保規定深表不滿，或不投入資金治理污染，或將提高的環保成本轉嫁到消費者身上，增加消費者的負擔等。

三、可持續發展戰略與綠色行銷

（一）可持續發展戰略的提出

可持續發展戰略是指社會經濟發展必須同自然環境及社會環境相聯繫，使經濟建設與資源環境相協調，使人口增長與社會生產力發展相適應，以保證實現社會良性循環發展。可持續發展的中心問題就在於對環境資源的利用和為將來保留環境資源之間如何保持平衡。國際社會廣泛接受和認可的概念是1987年挪威時任首相布倫特蘭夫人在《我們共同的未來》長篇專題報告中提出的「可持續發展是指既滿足當代人的需要，又不損害後代人滿足需要能力的發展」。

人類自實行工業化以來，社會經濟迅猛發展，在為社會創造巨大財富，給廣大消費者提供物質福利及給企業帶來巨額利潤的同時，也嚴重地浪費了自然資源，破壞了自然生態平衡，造成了嚴重的環境污染，要使人類社會能夠良性發展，必須實施改變惡劣社會環境及保護自然環境的可持續發展戰略。

（二）可持續發展戰略的實施

可持續發展作為全球性的發展戰略和指導思想，其內容主要涉及生態持續、經濟持續和社會持續三個層面。20世紀90年代是可持續發展戰略在各國廣泛實施的階段。主要表現在以下幾方面。

（1）各國（包括眾多發展中國家）日益增強的環保意識。解決環境問題可以通過國家干預或市場機制推進實施。

（2）許多國家（包括不少發展中國家）提出及實施可持續發展戰略。如中國政府在黨的十五大提出了必須實施可持續發展戰略。針對如何解決中國自然環境的惡化問題，提出了中國絕不能走許多發達國家通過浪費資源及「先污染後治理」造成嚴重破壞世界資源和生態環境的路子。中國的經濟社會發展，應該是建立在產業結構優化和經濟、社會、環境相協調的基礎上的。

（3）許多國家制定及逐步實施環保法，不斷改善自然環境。

（4）國際性合作的環保研究計劃日益增加。諸如由世界野生動物基金會、聯合國環保組織、聯合國糧農組織和聯合國教育科學文化組織共同簽署了世界保護戰略。由政府、跨國企業、國際性慈善機構及貿易協會所贊助的國際性環保研究計劃，普遍出現。

（5）召開各種有關的環保國際會議，推進各國環保活動的開展。諸如實施蒙特利爾協議，防止地球臭氧層日益惡化的趨勢。持續發展戰略的實施，有賴於各國政

第八章　自然與科技環境

府發揮在可持續發展中的主導作用，政府要制定好經濟、社會、環境三大發展目標，使經濟發展從主要依靠自然資源的投入轉向資源節約利用的軌道上來；有賴於國際合作；有賴於各企業將可持續發展的理念融入其經營目標與經營活動中。

第二節　科學技術環境

　　科學技術環境是國際市場行銷面臨的重要行銷環境。21 世紀是知識經濟時代，技術革命成為經濟發展的主動力。科學技術深刻影響著人類社會的發展，亦影響著企業的國際行銷。企業實施國際市場行銷戰略，必須瞭解技術發展動態，適時地改變行銷策略，才能保持企業持續地發展。本節主要闡述知識經濟時代的特徵，探討技術革命與互聯網對國際行銷的影響，分析技術革命的發展趨勢。

一、知識經濟與技術革命

　　伴隨著 21 世紀的到來，世界經濟正在向以知識為基礎的經濟轉移，人類社會將進入一個快速發展的知識經濟時代。人們的生產方式、思維方式、生活方式及其他活動方式必將隨之發生深刻變化。當今世界上國力的較量，歸根到底是知識的較量。只有在知識上領先的國家，才能在未來競爭格局中處於主動地位。

　　（一）知識經濟的特徵

　　知識經濟是指以知識為基礎的經濟，是工業經濟社會之後的一種新的社會經濟形態。所謂知識經濟，也叫作智能經濟，是指建立在科學技術知識信息的開發研究、生產分配及應用推廣基礎上的經濟形態。它是以高新技術產業為主，以智力資源的擁有和配置為基礎，以科學技術為依託的一種可持續發展的新型經濟形式。其主要特徵有：

　　1. 科學和技術的研究開發日益成為知識經濟的重要基礎

　　自 20 世紀 90 年代以來，經濟合作與發展組織（OECD）國家投在高技術產業的科技研究開發（R&D）支出越來越多。美國、日本、OECD 的 R&D 占 GDP 的比例在 2007—2011 年一直保持不變，美國 2.7%、日本 3.2%、OECD2.2%。據美國巴特爾研究所，美國、歐盟和亞洲仍是全球研發能力最強的地區，2011 年 R&D 支出約占全球總支出的 92%，具體為美國 32%、歐洲 24.5%、日本 11.4%、中國 13.1%。就絕對數字而言，美國 R&D 投入的年度增長額仍超過大多數國家的總預算，在航空航天、農業、軍事、材料、生命科學等技術領域，美國仍然是公認的領導者。

2. 信息和通信技術在知識經濟的發展過程中處於中心地位

信息和通信技術（ICT）是21世紀經濟發展最重要的因素，信息技術正成為世界經濟增長的發動機。在信息和通信設備及其他服務行業的投資中，金融、長途電信及零售業等方面的服務性產業占了較高比例，在美國和英國高達75%以上。這些投資隨著管理規章制度的改革已經促進了服務領域的生產力的提高。美國較之歐洲和日本，明顯處於領先地位。

3. 服務業在知識經濟中扮演了主要角色

工業經濟向知識經濟轉變，在產業結構調整上表現為經濟重心由製造業向服務業轉換。20世紀80年代，OECD淨增的6,500萬個工作崗位中，95%勞動力就業是由製造業提供的。例如，英國在20世紀80年代初期，製造業在GDP中所占份額是服務業的10倍，然而到了20世紀90年代初，製造業在GDP中所占份額下降為服務業的1.5倍，變化之巨，可窺一斑。在國民經濟中，服務業所占比重也越來越大。據WTO統計，全球商業服務2012年達到4.17萬億美元，甚至比2008年金融危機前3.85萬億美元更高。北美和歐盟的服務貿易仍占全球多數份額。2012年商業服務額最高的是美國（0.97萬億美元）、德國（0.54萬億美元）、英國（0.44萬億美元）。東京、倫敦等國際大都市服務業占GDP的比重超過了75%，美國等經濟發達國家的服務業在GDP中所占比重高達60%、80%之多。但中國還比較低，2012年占比為44.6%，即使與其他「金磚國家」相比也是最低的。

4. 人力的素質和技能成為知識經濟實現的先決條件

由於所有經濟部門的驅動力都以知識為基礎，並以知識為增長，因此以先進技術和最新知識武裝起來的勞動力就成了決定性的生產要素。綜觀OECD國家，在製造業和服務業中的技能水準顯著提高，產業更新向勞動力提出了更高的素質要求。

除服務業之外，由於製造業本身也在更新換代，20世紀80年代以來，製造業上新增加的大多數崗位都需要高技能的白領階層。向知識經濟的轉變帶來高質量的就業要求。在OECD國家，許多技術已經大規模地產業化，許多技術尚未轉化為生產力但蘊藏著巨大的開發潛力。新技術對未來就業的影響，還只是剛剛開始。新一代將在嶄新的產業中工作，其中一些將是老產業的雜交產物，例如，尚處於萌芽狀態的網上工作和多媒體產業，將製造業和服務業融為一體。比如，為保持高等教育體系的高質量，美國政府不遺餘力加大對科學、技術、工程和數學（Science, Technology, Engineering and Mathematics）等學科教育的投資。「聯邦佩爾助學金計劃」（Federal Pell Grant Program）在2008年金融危機後將單筆最大資助額度由先前的4,371美元調至5,550美元，資助總額由180億美元擴至300億美元。

（二）知識經濟時代的技術革命

眾所周知，人類歷史上工業發展經歷了四次革命。第一次工業革命以蒸汽機技術為標志，第二次以電氣技術為標志，第三次以電子技術為標志，第四次以信息技術為標志。工業技術革命推動著科學革命。現代科技革命（也稱為新科技革命）始

第八章　自然與科技環境

於 20 世紀中葉，它是以物理學革命為先導，以現代宇宙學、分子生物學、系統科學等學科為標志的一次新的科學革命。現代科技革命又推動著技術革命，如推動著信息技術、能源技術、新材料技術、生物工程技術、海洋工程技術、空間技術等迅猛發展。高新技術及信息產業成為現代科技革命的核心。

現代科技革命廣泛而深刻地影響著社會經濟、社會生活、企業經營管理及消費者的購買行為及生活方式。

首先，它引起社會生產力的巨大變化，推進著社會生產率幾倍、幾十倍，甚至成百倍地提高，並推動了許多全新領域的產生。

其次，它促進工業結構高級化。主要表現是高新技術產業正在取代傳統產業的地位，成為發展的主導部門。例如十年前還很薄弱的信息產業，如今已占美國 GDP 的 10%以上。以信息為主的知識密集型服務的出口，已相當於產品出口額的 40%。從全球信息業的銷售額看，已經超過汽車和鋼鐵等傳統產業。同時，工業結構的高級化還表現為工業勞動力結構的變化。研究結果表明，第二產業勞動力占 GDP 的相對比重呈下降趨勢，而第三產業的勞動力占 GDP 的比重上升為 50%以上。

最後，科技革命將推進傳統工業的改造。不可否認，在科技革命進程中，將有一部分傳統工業被淘汰，但是，與人們生活息息相關的傳統工業，如食品工業、服裝鞋帽、代步工具製造等仍不可缺少。與此相關的機械、化工、紡織等工業也不會自行消亡，而應當採用高新技術去改造這些傳統產業。

全球性經濟危機往往催生重大科技創新和產業革命。2008 年全球金融危機爆發以來，在全球知識創造和技術創新的帶動下，以新型寬頻網路、智能製造、生命科學等為代表的新興產業加快突破，科技創新與產業變革的深度融合改變著經濟社會的發展形態。以史為鑒，新技術革命以摧枯拉朽的力量，為世界走出危機提供動力。近年來，各國悄然發力，加大科研投入，重點推動信息、新能源、節能環保、先進製造、新材料、生物、太空、海洋和納米等一系列技術不斷融合，使其逐步呈現群體性突破的態勢，並催生蓬勃的產業革命，這為世界經濟的再次復甦奠定了基礎。下一代互聯網、新一代移動通信、物聯網、雲計算、三網融合等都在孕育著更大的突破，由信息技術打造的「數字經濟」將帶領世界經濟走出低谷。與此同時，由新能源與節能環保技術培育的「綠色經濟」具備擔當全球經濟新引擎的重任。此外，由先進製造技術所帶來的再工業化將重塑全球競爭優勢。例如，金融危機以來，美國陸續出抬了多份文件，包括 2009 年總統執行辦公室、國家經濟委員會和科技政策辦公室聯合發布的《美國創新戰略：推動可持續增長和高質量就業》、2012 年美國商務部發布的《美國競爭力和創新能力》以及由美國總統科技顧問委員會（PCAST）和總統創新與技術顧問委員會（PITAC）聯合向奧巴馬提交的《確保美國在高端製造業的領先地位》等。英國技術戰略委員會成立了高附加值製造技術創新中心，整合了 7 家中心的研究力量，計劃在隨後 6 年內投資 1.4 億英鎊，以促進英國先進製造業的發展。

國際市場行銷

此外，以電子信息技術為核心的現代科技革命從地域範圍上看是一場全球性革命。它打破了地區性、區域性，甚至不同國度的界線，使各國和各地區構成一個「地球村」。由信息技術打造的「數位經濟」已成為很多發達國家的戰略性產業。德國先後發布了「信息、通信技術2020創新研究計劃」，以促進新一代信息技術發展。美國政府發布「美國創新戰略」及「聯邦雲計算發展戰略」等，將信息技術納入國家發展規劃。

總之，科技革命推進知識經濟時代的到來，知識經濟的發展又推動著科技革命的發展。在以數字化、網路化為主要特徵，以科技革命為基礎的知識經濟時代，社會經濟發展的驅動力由傳統的經濟資源（如資本、土地、勞動等）變為知識、信息、人力資本等新要素。以軟件及信息服務業為核心的新興知識信息型產業，將是衡量一個國家生產力水準和綜合實力的重要標準，也是21世紀世界經濟中起決定作用的支柱產業。

（三）知識經濟的產業支柱

當代高技術產業是典型的知識密集型產業，也就是說，它本身就是知識產業。因此，知識經濟以高技術產業為支柱。根據聯合國組織的分類，當今高技術可分為八大類，即信息科學技術、生命科學技術、新能源與可再生能源科學技術、新材料科學技術、空間科學技術、海洋科學技術、有益於環境的高新技術和管理（軟科學）科學技術。以八大高科技為資源依託的高技術產業，共同構成知識經濟的支柱。科學界普遍認為生物技術和信息技術將成為21世紀關係國家命運的關鍵技術。知識經濟的發展實際上就是高新科技的發展，國際上綜合國力的競爭實質上就是知識產業的競爭，具體說就是攻占八大高新技術「制高點」的競爭，最終表現為知識和人才的競爭。

二、知識經濟時代的技術革命對國際市場行銷的影響

技術革命引起技術創新，改變企業生產。經營和管理組合模式，改變市場運行模式和機制，改變傳統的行銷模式及競爭策略。因此，企業在制定行銷策略時，必須考慮這些變化。

以下著重分析技術革命對國際市場行銷的影響。

（一）對消費者的影響

技術革命的發展會逐漸對人類的生存和生活方式帶來巨大衝擊，從而影響消費者消費行為的改變，使消費者的需求呈現出新的特點。知識經濟促進了社會財富的快速增長，也促進了人們消費觀念的轉變，同時也促成了消費者消費需求的個性化和消費行為的理性化。開放性市場經濟環境為消費者提供了更多的產品選擇渠道，提升了消費者消費對象的可比性。

第八章　自然與科技環境

1. 消費者需求趨於個性化

技術革命的發展使消費者的需求趨於個性化，這是因為：知識經濟時代，消費者受教育程度和文化知識水準普遍提高，而文化知識水準比較高的消費者，其購買需求和購買行為趨於個性化。知識消費成為主導性消費，而知識消費與物質消費相比更是一種個性化消費。例如，網民在互聯網消費中對信息內容的選擇，表現出顯著的個性。知識消費不僅為了知識享受，也為了知識生產和知識創新，而知識創新的個性化也引導著知識消費的個性化。消費者需求趨於個性化，使工業經濟時代那種單一化、大批量的行銷方式將越來越不適應知識經濟時代的消費者需求。

2. 消費者行為趨於理性化

在知識經濟時代，消費者可以借助高度發展的技術手段，做出更加理性的購買決策。消費者可以借助發達的信息網路，全面和迅速地收集到與購買決策有關的信息；借助電腦諮詢軟件迅速地擬定和評估不同的購買方案，從中選擇最優的購買決策；消費者在購買後，還可以及時地通過網路向生產廠商反饋意見。可見，消費者在整個購買行為過程中呈現出更加理性化、科學化的趨勢。因此，工業經濟時代用以誘導感性消費者的那一套行銷手段，將越來越不適用。在電子商務時代，消費者可以通過多種渠道獲取商品最全面的信息並進行整合和分析。通過這樣，消費風險的指數就會隨之降低，發生的購物失敗經歷也會隨之減少，消費者會獲得購物的安全感和滿足感。

3. 市場競爭加劇，消費者面臨更多的選擇

以高新技術與信息產業為基礎的網路經濟，突破了市場的時空界線。消費者可以通過網路在全球範圍及在任何時間自由搜尋與選擇理想的賣者，這就形成最大的買方市場。同時，消費者面臨更多的購買選擇，從而引起賣方之間產生激烈的競爭。企業行銷將不得不通過互聯網的每一筆交易展開與對手的競爭。因此，工業經濟時代企業家引以為自豪的品牌優勢，在網路交易中可能難以保持。

4. 消費者對價格更加敏感

在知識經濟時代，由於市場信息的網路化，一方面，產品各種差價難以形成，市場價格趨於統一；另一方面，消費者對價格的敏感程度將大大提高。美國IBM公司的一項研究指出，網路市場中的消費者「對價格的變化反應過於迅速」。也就是說，在網路化市場中，需求對價格的彈性有可能增加，容易引發廠商之間的價格戰，使整個市場的價格波動加劇，從而容易導致市場價格趨於統一。在知識經濟時代，企業行銷將面對不穩定的、容易引起振蕩的市場。市場會變得脆弱，市場秩序容易被打亂。原先在價格波動較小條件下採取的一套行銷策略，可能難以適應這種波動較大的市場。

5. 知識消費將成為最重要的消費領域

知識經濟時代的技術革命改變了原有的以物質和能源為主的消費結構，轉向以知識消費為主的消費結構。由於知識經濟時代的技術革命需要高素質人才，因而對

國際市場行銷

教育、信息、技術、文化的消費需求顯著提升，知識消費成為消費者最重要和核心的消費內容，從而促進這些產業得以迅速發展。

（二）對行銷觀念的影響

一方面，技術革命使技術日新月異，產品的生命週期將大大縮短，新產品層出不窮；另一方面，消費者的需求更多樣化、個性化及高檔化，因此，企業不僅要適應消費者需求，還必須不斷地進行行銷創新。行銷創新的關鍵是行銷觀念創新，即從滿足顧客需求轉變為創造需求。

創造需求是以技術革新為契機，挖掘消費者無法意識到的消費需求，開發出新產品，創造、引導消費者的消費，並形成企業特定的市場。創造需求的觀念建立在這樣一種假設判斷上，即消費者由於其知識水準、判斷能力的局限，不可能適時把握最新科技的發展動態，不可能對最新科技成果的實用性、市場化了然於胸，也未意識到自己需要什麼樣的新產品，因此，要求消費者通過學習來瞭解與學會需要什麼。一方面，消費者學習知識經濟時代的科技背景知識，從而在識別、認同最新科技產品的層面上提高自身的群體素質；另一方面，消費者學習企業行銷活動所傳達的信息。這兩部分的學習，正是創造需求的行銷觀念的重要基礎。行銷環境的變化對行銷觀念的變化有直接的影響，打破了傳統行銷觀念。電子商務的產生和發展打破了地域分割，縮短了流通時間，降低了物流與資金流及信息流的傳輸處理成本，使生產和消費更為貼近，使客戶有極大的商品選擇空間和餘地，而且此時的消費者消費時表現出明顯的「個性化」和「主動化」特徵。所以在這種情況下，企業必須也只能夠以客戶為導向，「客戶滿意度」的高低成為衡量一個企業優秀與否的重要指標。企業能否快速回應客戶的個性化需求變化，決定了企業在激烈競爭的市場中能否生存和發展。所以電子商務對於企業來講不僅是一種新技術，更是一種全新的經營方式和經營觀念。為此，企業必須適應這種變化，對其行銷觀念進行徹底的革命。

（三）對產品策略的影響

技術革命創造了新產品，使衡量產品的價值由傳統的以物質價值為基礎變為主要以技術含量為基礎。因此，利用技術革命對產品進行技術創新、提高產品的知識含量是企業產品策略的重要變化。目前，西方國家的電子工業、汽車工業以及服裝工業已有不少企業採用了這一行銷策略。在網路經濟時代，關於產品的技術創新，可充分利用先進科技和發達的網路信息系統，進一步完善計算機輔助設計、發展管理信息系統、製造資源計劃系統、車間作業管理系統及決策支持系統等，縮短產品設計和製造週期，生產出能滿足消費者個性化需求的產品。知識經濟促使企業產品的外延與內涵發生了變化。知識經濟時代的開放性使知識科技、信息服務等都衍化為商品。由於知識經濟核心要素的無形性特徵，以知識含量為基礎的無形產品成為消費者的重要消費對象。

第八章 自然與科技環境

（四）對交易方式的影響

技術革命特別是信息技術革命，使得全球經濟呈現出網路化、數字化特徵。傳統的以實物交換為基礎的交易方式將被以數字交換為基礎的無形交易所代替。知識經濟時代的技術革命使企業分銷實現網上一對一的直接交易，從而使傳統的中間商的作用趨於削弱。計算機網路通信能迅速實現商品價格信息的調整、定位、溝通，開拓了新的交易方式，將使貿易進入「沒有 EDI（Electronic Data Interchange，電子數據交換），就沒有訂單」的時代。EDI 是一種由電子計算機和通信網路來處理業務文件的技術，這一新型貿易方式無需紙張單據，因而被稱為「無紙貿易」。EDI 的使用將大大提高交易速度，降低交易費用，擴大客戶範圍。EDI 的採用正在並將進一步引起一場全球範圍的結構性商業革命。國際互聯網路的發展，也大大拓寬了市場行銷網路，創造了一個全新的網上貿易市場，電子商務應運而生。電子商務是指那種改變了傳統的商業模式，通過電子通信，包括電話、傳真機、信用卡、電視、自動提款機和互聯網路而進行的商業貿易。

（五）對行銷管理的影響

傳統的國際行銷管理受地理位置和時間的約束，一般採取鬆散型管理，而且對不同市場必須設立相應的機構和配套組織，所以開拓國際市場成本相當高，控制風險相當大。知識經濟環境中，高效、快捷的網路信息通信形式促進了企業管理的信息化轉型。信息技術革命促使全球通信更加便捷，使得遠程辦公、遠程會議和遠程管理成為可能。隨著信息成本不斷下降，這種現代化的管理模式越來越易於操作，而且可以大幅度壓縮傳統的旅行費用和額外開支。相對於傳統的鬆散型市場行銷管理模式來說，知識經濟環境下的市場行銷管理策略，應面向市場進行信息化和自動化管理轉變。同時，應促使企業從傳統的側重機構組織等硬管理，向教育、培訓和提升員工的榮譽感等軟管理轉變，而培養國際員工的歸屬感和提高素質與企業國際行銷戰略是緊密相連的。

（六）對競爭戰略的影響

技術革命的加速發展，使企業在獲取巨大利潤的同時，需要大量的投入和承擔巨大風險，因此採用高技術開拓國際市場的企業，一般都注重與相關企業建立戰略合作聯盟，從而使傳統的單純的對抗競爭形式變成既相互依賴又相互競爭的形式。例如，美國的英特爾公司為開拓存儲器市場就與日本的富士通公司聯合開發研製，共同享受成果。行銷重心由「產品」向「客戶」的轉移，是市場環境變化的結果。首先，由於網路環境的因素，在電子商務中，廠商能夠向客戶提供方便快捷、個性化的產品及服務，消費者也有更多的主動權，能夠參與到產品的開發研製的過程。其次，由於電子商務對市場供需具有強大的匹配能力以及市場信息充分公開，競爭者之間的價格明朗化，因而企業之間的價格競爭激烈，對企業的價格策略提出了更高的要求；由於網路的參與，渠道將進一步扁平化，單純賺取買賣差價的中間商將會被市場淘汰。最後，互聯網還提供了新型的宣傳和公關手段，在互聯網上所進行

的宣傳將使得電視、報紙、雜誌的廣告相形見絀，互聯網廣告將成為廣告宣傳和公關活動的趨勢。

三、互聯網的商業應用

當今，眾多廠商都在利用互聯網做廣告，進行客戶調查，尋找合作夥伴及分銷商，發布產品信息，與客戶溝通，提供服務信息以及獲取市場分析的數據等。因此，互聯網已經成了國際行銷必不可少的工具。Web2.0 的出現使網路應用更趨向人與人之間的信息交換和協同合作，其模式更加以用戶為中心，其核心是強調參與者之間的互動、分享與關係。Web2.0 的發展，在兩個方面對國際市場行銷產生了重大的影響：其一是促成了社會化媒體的發展，其二是促進了創造性顧客的興起。這一進步從某種意義上促成了在國際市場行銷領域中價值創造活動及市場主導權力由企業向消費者的轉移，從而形成了新趨勢下的行銷觀念變革。基於 Web2.0 的互聯網應用產生了眾多的社會化媒體，國外如 Twitter、Facebook，國內如 QQ、微博、論壇等。

互聯網的移動終端也越來越普及化。工信部發布的 2017 年通信行業的營運數據顯示，目前中國手機上網用戶數已經突破 11 億。具體來看，全國移動電話用戶總數已經達到 13.6 億，其中 1—6 月累計淨增 4,274 萬；移動寬帶用戶（即 3G 和 4G 用戶）總數達到 10.4 億，其中 1—6 月累計淨增 9,605 萬。而手機尤其是智能手機的發展，正在迅速地改變人們的生活方式，其中一個典型趨勢就是人們碎片化時間的利用與智能手機的結合促進了社會化媒體的蓬勃發展。截至 2017 年 9 月，新浪微博月活躍用戶數共 3.76 億，與 2016 年同期相比增長 27%，其中移動端占比達 92%；日活躍用戶數達到 1.65 億，較去年同期增長 25%。根據第 40 次《中國互聯網路發展狀況統計報告》數據，截至 2017 年 6 月，中國網民規模達 7.51 億人，互聯網普及率 54.3%；手機網民規模達 7.24 億人，移動互聯網已滲透到人們生活的方方面面。

用戶眾多，信息傳播量巨大，社會化媒體的社會影響力進一步增強。用戶參與、用戶創造、用戶分享是社會化媒體的內容特徵，同時社會化媒體又具有用戶（即消費者）身分的平等的關係特徵。這種內容加關係的雙重特徵，徹底改變了企業在社會化媒體中的地位。在這樣一種環境中，如果企業還固守傳統的行銷觀念，以主導者的形象在社會化媒體上傳播信息，必然會因與其他用戶作為消費者之間的不平等關係而被用戶所迴避，使企業的行銷傳播徹底失效。社會化媒體另一個特徵是透明化，消費者針對企業產品服務的任何疑問可以迅速地通過分享獲得可信服的回答，而企業發布的任何誇大其詞或虛假的廣告宣傳都會迅速被揭穿。

四、技術革命的發展趨勢

毫無疑問，技術革命將會繼續以較快速度發展。現在的先進技術可能過兩年就

第八章　自然與科技環境

過時了。如果我們回顧整個社會和科學的發展，我們會發現有兩個領域得到了最大的發展，一個是生物技術，一個是電子和信息技術。任何一個企業，要想在這樣一個快速變化的環境中存活，需要持續不斷地監控環境，適時地做出調整。這對於小企業來說是比較困難的，因為要想適應變化如此迅速的環境需要很大的成本。

（一）納米材料與納米技術的發展

在各種技術中，納米技術得到了很快的發展。納米材料與納米技術是世界發展最快的高新技術之一。它的群體性突破對基礎科學和幾乎所有工業品領域都將產生革命性影響。新材料技術改變了傳統的生產材料和工藝，使產品的科技含量大大增加。納米的能源材料、環境材料、特種功能材料、複合材料等的開發與應用，使原材料的種類增加。生產出來的各種新材料產品不僅滿足了各國人民基本生活和享受的需求，也使各國人民生產、生活的空間得到拓展，使生活質量得到提高，為國際市場提供基礎條件。納米技術與難以想像的微電子相關。相關領域的發展將會導向更小的集成電路片、計算機和電話，同時也使得信息處理和儲存的能力增強。光纖的發展會影響信息傳遞的數量和速度。

（二）兩個領域技術的融合

技術融合將會在接下來的幾年中繼續發揮強勁勢頭。兩個領域的融合即網路融合和媒體融合需要高度重視，它們都是通過信息數字化實現的。

1. 網路融合

網路融合是指網路基礎設施的融合，包括傳送信息的裝置和電路系統。這些裝置有電話、調制解調器和衛星。值得一提的是聲音的互聯網協議（VOIP）。互聯網協議（IP）是使信息在網絡中傳送的技術。VOIP 的價值在於，它不僅能傳送數據，也能傳送聲音。這使得企業和消費者在世界的任何地方只需要用普通電話的費用就能夠通過電腦、話筒互相交流，即只需花費與當地服務器連接所需要的費用。新型信息功能材料、器件和工藝不斷創新，智能傳感器、大數據存儲將取得突破。下一代互聯網、新一代移動通信、雲計算、物聯網、三網融合等技術的興起促使信息技術滲透方式、處理方法和應用模式發生變革，促進人機物融合。消費者將在更大程度上參與設計和製造過程，甚至成為生產過程的一個重要環節。

2. 媒體融合

媒體融合是指不同媒體的合併，如電視、收音機、雜誌和報紙多種媒體融合。電信行業是指信息交流行業。一些關鍵的應用和功能將極大地便利企業和顧客的交流。這些應用包括 RSS、博客、即時通信、無線優惠券、互動電視、SMS、MMS 和搜索引擎行銷等。搜索引擎為顧客創造了巨大的力量。消費者只需要一個小小的手機就可以隨時隨地獲得不計其數的信息。這些搜索引擎將在未來包含圖像和聲音的搜索，並會針對具體的問題給出具體的答案，而不是給出 10,000,000 個匹配的網站清單。媒體發展的主要趨勢會是數字化、個性化和消費者可控制化。

除此之外，藍牙技術的出現，使得用戶不需要任何調制解調器或者其他連接裝

國際市場行銷

置就能夠連接至網路，這也是一種無線連接。因此我們進入了一個隨時隨地獲得想要信息的時代。

（三）生物技術的發展

生物技術的飛速發展，促進與人類健康密切相關的各類食品（如轉基因食品）、藥品和保健品等迅速發展。基因組學、基因測序技術、生物芯片、微流體芯片、微珠芯片等新技術的突破，使國際產品的研發成本大幅下降，新的國際生物產品不斷出現。現代生物技術的發展促進國際各類醫療新用品的誕生，使模仿生物功能的移植和修復技術等得到發展，對各國人類治療疾病產生重要的影響。創新的生物技術產品目前已在世界範圍內流動和銷售，各國人民均能消費和享受生物新技術帶來的方便生活。

（四）新能源技術的發展

新能源技術的開發已成為各國擺脫石油依賴的戰略任務。替代能源技術的發展已進入各國首先考慮的核心內容。核能技術、太陽能技術、風能技術等可再生能源得到重視並加速開發，節能的超導材料、貯能材料等得到廣泛的應用。新能源技術的發展對各國綠色產品的開發有重要作用，對各國的自然環境和人工環境及對休閒、娛樂、美學和個體利益也會產生重要的影響，使人們更重視綠色國際市場行銷活動。

（五）新海洋技術的發展

新海洋技術在與微型計算機、信息技術、新材料技術和空間技術的融合和集成下，得到重大的突破和發展。海洋的監測技術、生物技術、礦物資源勘查開發技術等不斷得到創新和發展，為開發國際海洋產品提供了技術可能。新海洋監測技術、觀測技術和航天遙感技術等也使國際貨運技術水準得到提升，為國際運輸業的發展創造了技術條件，使國際市場行銷的時間極大縮短，使國際物流更加順暢，促進了國際市場行銷的發展。

信息技術的發展所涵蓋的範圍和應用非常廣泛，我們無法在這麼短的篇幅裡全都說到。當然還有很多其他的技術也在發展，並將給我們的生活帶來巨大的影響。但是，不管有些什麼新技術，行銷者都應該能夠採取創新性的策略來最好地利用這些技術，從而把它們的信息傳遞給消費者。而國際市場行銷者更需要考慮國外市場的不同的文化和系統等因素。

本章小結

自然環境包括各國地理環境與基礎設施。地理環境主要包括地形、氣候及資源。基礎設施主要包括交通運輸設施、通信設備、倉庫、有關商業的基礎設施。各國的地理環境分佈的不同，通過各國經濟特徵、各國經濟和社會發展，對國際市場行銷產生直接的影響，主要影響產品的適應性、分銷體系的設立及分銷渠道的選擇、企業經營成本的高低。各國基礎設施的完善程度，影響國際市場行銷產品配送的時空

第八章 自然與科技環境

效應、信息的傳播面及速度、產品銷售的便捷程度。

隨著社會經濟的發展，自然環境也受到了嚴重的破壞，主要表現為臭氧層遭受破壞、全球溫室效應加劇、空氣被嚴重污染、森林遭受破壞、水源被嚴重污染、資源短缺等。自然環境的惡化已呈現出全球性的格局，因而引起全球廣大居民的關注及全球環保運動的發展。環保運動促進政府環保立法的產生。環保立法存在三個層面，即國際性立法、國家性的立法及區域性的立法。環保運動對造成污染的企業形成威脅，同時為研製控制環境污染設備的企業提供了發展的機會。

面對惡化的自然環境及惡劣的社會環境，人類社會要實現良性循環發展，就必須實施保護自然環境、治理環境污染及改變惡劣社會環境的可持續發展戰略。20世紀70年代西方國家提出了可持續發展的問題。20世紀90年代可持續發展在各國獲得廣泛的關注和實施，並趨向於國際合作。實現可持續發展戰略，實質上要協調好經濟、社會與資源的關係。這需要政府、公眾及企業的積極參與。從宏觀方面，要求政府制定及實施可持續發展戰略，要求實現國際合作。從微觀方面，要求企業的行銷有利於環境的良性循環，也就是要求企業開展綠色行銷。

21世紀是知識經濟時代，技術革命成為經濟發展的推動力。知識經濟是以知識為基礎的經濟，是指建立在知識和信息的生產、分配和使用之上的經濟。科學和技術的研究開發日益成為知識經濟的重要基礎，信息和通信技術在知識經濟的發展過程中處於中心地位，服務業在知識經濟中扮演了主要角色，人力的素質和技能成為知識經濟實現的先決條件。技術革命帶來技術創新，改變企業生產、經營和管理組合模式，同時改變市場運行模式和機制。知識經濟使消費者需求趨於個性化和理性化，使消費者面臨更多選擇並對價格更加敏感，知識消費將成為最重要的消費領域。行銷觀念向創造需求觀念轉變，產品策略方面可採用定制行銷策略，傳統的以實物交換為基礎的交易方式被以數字交換為基礎的無形交易所代替。互聯網作為一個全球網路，由於其開放性和交互性，已發展為一個國際性開放式市場。互聯網將4P(產品/服務、價格、渠道、促銷) 和以顧客為中心的 4C（顧客、成本、方便、溝通）相結合，將對企業國際市場行銷產生深刻影響。它以顧客為中心提供產品和服務，以顧客能接受的成本進行定價。產品的渠道以方便顧客為主，從強迫式促銷轉向加強與顧客直接溝通的促銷方式。展望未來，毫無疑問，技術革命將繼續以前所未有的速度發展，並對商業執行的方式有直接影響。國際市場行銷需要行銷者保持技術先進性，以便能夠在激烈競爭的市場中存活。

關鍵術語

自然環境 科技環境 環保運動 可持續發展戰略 知識經濟 網路行銷

復習思考題

1. 自然條件與基礎設施有哪些？
2. 試分析自然環境對國際市場行銷的影響。
3. 知識經濟時代技術革命的主要特點是什麼？
4. 技術革命對國際市場行銷有什麼影響？
5. 簡述互聯網的商業應用。
6. 互聯網行銷有什麼特點？
7. 互聯網對國際市場行銷有何影響？
8. 試述技術革命的發展趨勢。

第九章　國際市場產品策略

本章要點

- 產品整體概念與國際產品層次的適應性改變
- 國際產品組合的要素及其調整策略
- 國際產品生命週期階段的劃分及其對企業的啟示
- 企業進入國際市場的新產品開發策略
- 品牌國際化的內涵及其戰略選擇
- 中國品牌國際化的基本思路

開篇案例

魯人徙越

有個魯國人擅長編草鞋，他妻子擅長編白絹。他想遷到越國去，友人對他說：「你到越國去，一定會貧窮的。」「為什麼?」「草鞋，是用來穿著走路的，但越國人習慣於赤足走路；白絹，是用來做帽子的，但越國人習慣於披頭散髮。你的草鞋、白絹沒有人需要，這樣要使自己不貧窮，難道可能嗎?」

這個小故事告訴我們：一個企業要跨國發展，產品必然適應東道國市場的需要，否則也就失去了價值。因此，企業要根據市場的需要，正確選擇企業所生產的產品，制定正確的產品策略。

資料來源：鐘大輝, 黃桂梅. 國際市場行銷學［M］

社，2011．

章節正文

第一節　國際產品整體的概念及其適應性改變

一、產品整體的概念

現代市場行銷理論認為，產品整體是指人們通過購買而獲得的能夠滿足某種需求和慾望的物品的總和，它既包括具有物質形態的產品實體，又包括非物質形態的利益，包含核心產品、形式產品、附加產品、期望產品和潛在產品五個層次（如圖9-1所示）。

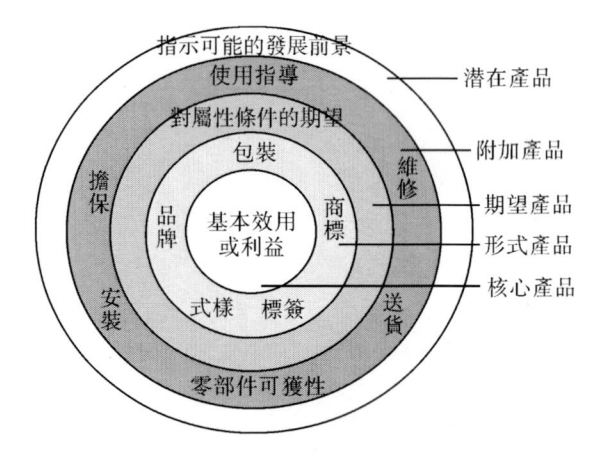

圖9-1　產品整體概念

1. 核心產品

核心產品是指消費者購買某種產品時所追求的利益，是顧客真正要買的東西，因而在產品整體概念中也是最基本、最主要的部分。消費者購買某種產品，並不是為了佔有或獲得產品本身，而是為了獲得能滿足某種需要的效用或利益。

2. 形式產品

形式產品是指核心產品借以實現的形式，即向市場提供的實體和服務的形象。如果有形產品是實體品，那它在市場上通常表現為產品質量水準、外觀特色、式樣、品牌名稱和包裝等。產品的基本效用必須通過某些具體的形式才得以實現。

第九章　國際市場產品策略

3. 附加產品

附加產品是指顧客購買有形產品時所獲得的全部附加服務和利益，包括提供信貸、免費送貨、質量保證、安裝、售後服務等。

4. 期望產品

期望產品是指購買者購買某種產品通常所希望和默認的一組產品屬性和條件。一般情況下，顧客在購買某種產品時，往往會根據以往的消費經驗和企業的行銷宣傳，對欲購買的產品形成一種期望，如對於旅店的客人，期望的是乾淨的床、香皂、毛巾、熱水、電話和相對安靜的環境等。

5. 潛在產品

潛在產品是指一個產品最終可能實現的全部附加部分和新增加的功能。許多企業通過對現有產品的附加與擴展，不斷提供潛在產品。其給予顧客的就不僅僅是滿意，顧客在獲得這些新功能的時候，還能感到喜悅。潛在產品要求企業不斷尋求滿足顧客的新方法，不斷將潛在產品變成現實的產品，這樣才能使顧客得到更多的意外驚喜，更好地滿足顧客的需要。

總的來說，產品整體概念的五個層次充分體現了以顧客為中心的行銷理念。一個產品的價值，是由顧客決定的，而不是由生產者決定的。因此，企業既要通過核心產品、形式產品及附加產品的提供滿足顧客有形的物質利益，又要通過期望產品和潛在產品的提供給予顧客心理上的滿意及喜悅。而且，由於產品的差異性和特色是市場競爭的重要內容，產品整體概念五個層次中的任何一個要素都可能形成與眾不同的特點。企業在產品的效用、包裝、款式、安裝、指導、維修、品牌、形象等每一個方面都應該按照市場需要進行創新設計。

二、國際產品構成及其適應性改變

產品不僅僅是物品，還是購物者獲得的一系列的滿足或效用。換言之，產品是其提供給使用者的物質和心理滿足的總和。而一種文化的價值和習俗決定了顧客對這些滿足或效用的感知價值，進而決定了這些價值的重要性。

產品的物質特性通常需要提供基本功能，例如，汽車的基本功能是把乘客從甲地運送到乙地。要實現這一基本功能，就要需要有發動機、傳動裝置和其他物質特性。但是，從一種文化進入另一種文化時，產品的物質特性需要做的改變很小。在所有文化中，只要有不通過步行或畜力而把人從甲地運送到乙地的需求，就會對汽車的物質特性或基本功能提出要求。不過，在顧客滿意方面，和物質特性同樣重要的是，汽車還具有一系列心理特性。在一個特定文化內，汽車的其他特性（色彩、體積、設計、品牌、價格）和汽車的基本功能（把乘客從甲地運送到乙地）關係不大，卻會增加顧客的滿意度。而且，賦予產品某種心理特性的意義和價值隨著文化的不同而不同，或積極，或消極。

國際市場行銷

為了提供最大的顧客滿意度，創造積極而不是消極的產品特徵，產品的非物質特性必須進行適應市場的改變。一項對產品意義的詳細研究顯示，文化決定著個人對產品的看法和產品所提供的滿意度。產品概念與社會規範、價值觀以及行為模式的一致程度對顧客選用產品的影響和產品的物質或機械性能一樣大。例如，可口可樂雖然常常自稱全球產品，但是當它被引進日本時，卻發現必須把「節食可樂」（Diet Coke）改成「苗條可樂」（Coke Light）。這是因為日本婦女不願意承認自己在節食，而且節食概念暗示生病或藥物。因此，可口可樂強調「保持體型」，而不是減少體重。

在分析準備進入的第二市場的產品時，對產品進行調整的程度取決於原市場和新市場在產品使用及產品概念方面的文化差異。兩個市場的文化差異越大，那麼需要改變的程度也就越大。當外國公司在美國行銷產品時，也常常需要在文化上進行適應。日本一家生產化妝品的大公司資生堂（Shiseido）想把在日本銷售的產品原封不動地搬到美國銷售，打開美國化妝品市場。公司把產品引進800多家美國商店後才意識到美國人對化妝品的偏好和日本人有很大不同。問題在於使用資生堂化妝品要經過很多步驟，這對日本婦女來說不成問題，對美國婦女來說卻太費時。重新設計後，新產品系列和美國產品一樣方便，於是資生堂獲得了成功。因此，有必要根據所要進入的第二市場的文化特點，對國際產品的構成要素進行仔細評估，用來確定需要做哪些強制性和自主的改進。下面分別從核心產品、形式產品和附加產品三個要素角度探討國際產品在不同文化情景下要做的適應性改變。

（一）核心產品及其適應性改變

核心產品由物質產品和產品的所有設計及功能特性構成。對核心產品的關鍵技術進行大規模改動可能得不償失，因為這樣的改動會影響生產過程，從而需要額外的資金投資。但是，可以對設計、功能特性、風味、色彩以及其他方面進行改動，使產品適應不同的文化。在日本，雀巢最初銷售與美國一樣的麥片，但是日本兒童主要把它當零食吃，而不是作為早餐，而且日本人早餐喜歡吃魚和米飯。於是雀巢改進並開發出類似口味的穀物食品，結果它佔有了日益擴大的早餐穀類食品市場份額的12%。為了使產品與某一文化所期待的相一致，往往需要改變口味或香味。在美國市場很受歡迎的帶有傳統鬆香、氨或氯的氣味的家用清潔劑在引進日本時，並不成功。許多日本人睡在僅鋪著床墊的地板上，頭緊挨著他們清潔過的地方，因此檸檬香更怡人。

根據市場需要，可以增刪產品功能特性。在不易獲得熱水的市場，洗衣機中的加熱器可以作為一種功能特性。在其他市場，自動添加洗衣粉和漂白劑的裝置也許會被省掉，旨在節約成本或者減少維修問題。要達到安全和電壓標準或其他法令性要求，可能還需要其他的改動。因此，應該把物質產品及其所有功能特性，當作潛在的需要改動的對象進行檢查。

第九章　國際市場產品策略

(二) 形式產品及其適應性改變

形式產品包括風格特點、標籤、商標、質量、價格以及產品包裝的其他方面。包裝成分往往既需要自主的改動，也需要強制性的改動。在有些國家，法律對瓶子、罐頭、包裝尺寸和度量單位有特別的規定。如果一個國家使用公制，它就很可能要求重量和尺寸採用公制。在包裝或標志上，像「巨大的」或「特大的」這樣的描述性詞彙可能是不合法的。如果濕度大或分銷渠道長，就要求對產品進行更加厚重的包裝。例如，日本人對質量的態度包括產品包裝的質量。包裝差的產品給日本人以質量差的印象。在日本，利華兄弟公司（Lever Brothers）把力士香皂裝在時髦的盒子裡出售，因為日本一大半的香皂是在送禮的兩個季節裡購買的。在日本，包裝的尺寸也是一個可能影響成功的因素。和美國不同，日本的罐頭小，裝的飲料也少，這是為了適應日本人較小的手。而且，大多數食品都是新鮮的或透明包裝，罐頭被看作骯髒的。所以，坎貝爾公司（Campbell）把湯料引進日本市場時，決定使用更乾淨、更貴的易拉罐。

標籤法令因國而異，沒有規律。例如，在沙特阿拉伯，產品名稱必須具體。「辣椒」就不行，必須是「香辣椒」。在委內瑞拉，標籤上必須印上價格；而在智利，標籤上標註價格或以任何方式暗示零售價格則為違法。可口可樂的 Diet Coke 在巴西遇到法律問題。按照巴西法律的解釋，Diet 就意味著含有藥品成分，而所有藥品生產商必須在標籤上註明每日用量。可口可樂必須得到批准，才能不受此限制。在中國，西方藥品近些來才可以用外文標籤，只需要用很小的臨時中文標籤貼在外包裝上就行。但是，隨著中國新的商標法的頒布，凡食品類產品，必須在包裝上用中文明確標註名稱、內容和其他規格，不能只用臨時性標籤。例如，在中國，德國產的兒童類穀物食品 Brugel，因為其包裝上畫著狗、貓、鳥、猴以及其他動物的卡通畫，結果在超市裡被放置在寵物食品櫃。究其原因可能是其標志上沒有中文，而商品工作人員對這種產品也不熟悉。在中國，有些地方還要求標籤必須用兩種或兩種以上的文字印刷。例如，在中國香港迪士尼樂園，叢林旅遊項目的說明書則採用繁體中文、簡體中文和英語。

必須注意公司商標和包裝成分的其他部分沒有難以接受的象徵意義，必須特別注意商標名稱的翻譯和包裝中使用的色彩。一家公司的紅圓商標在有些國家很受歡迎，但在亞洲一些地區被拒絕，因為它構成了日本國旗的圖案。在另一個國家可以使用的黃花商標在墨西哥遭到拒絕，因為在墨西哥一朵黃色的花象徵死亡或不敬。在西方國家表示純潔的顏色——白色，在其他國家則是哀悼的顏色。在中國，寶潔公司用粉紅色包裝尿布。消費者對這種包裝避之唯恐不及，因為粉紅色象徵女孩，而在喜歡男孩的國家，即使生的是女孩，也不願意讓別人知道。

因各國商標法不盡相同，而且各個市場都有一些先決條件，這就給那些在不同市場銷售產品的公司帶來一個特殊的問題。亞洲一些有遠見的大規模生產商正在採用和歐盟要求相近的包裝，在同一包裝上用多種文字提供標準信息。他們專門設計

出一種模板，在標籤上為當地的要求預先留下空白，然後根據某一批產品的目的地進行填充。

（三）附加產品及其適應性改變

附加產品包括維修和保養、培訓、安裝、保證書、送貨和提供零配件。很多本來可以成功的行銷項目因為不太注意產品的這一部分，最終失敗了。在美國，消費者不僅可以享受公司的服務，還可以享受很多競爭性的維修保養服務，隨時可以維修從汽車到割草機的各種東西。零配件在公司擁有的或授權的商店，或者在當地的五金店，都可以買到。但是，在發展中國家，維修和保養是尤其困難的問題，定期維護或保護性維護的概念尚未成為文化的一部分。因此，產品必須進行改進以減少維護要求，並且對那些在美國被認為是理所當然的特性加以特別注意。

一個國家的文盲率和受教育程度也許會要求公司改寫產品說明。在一個國家簡單明了的術語到了另一個國家也許就不知所云。例如在非洲農村，消費者難以理解凡士林護理液會被皮膚吸收，把吸收改成滲入，於是疑雲頓消。巴西人把先進的軍事坦克銷售給第三世界國家時，成功地克服了使用者文言程度高、技術技能低的難題。他們把詳細解釋維修說明的錄像機和錄像帶作為說明材料的一部分。此外，通過使用到處可以買到的標準化的、現成零配件，解決了零配件問題。

在行銷眾多高科技產品時，必須越來越多地考慮附加產品問題。這方面最能說明問題的例子是微軟的 Xbox 和其競爭對手 Sony 的產品。經過診斷，微軟發現問題在於缺乏能吸引日本玩家的游戲，因此公司開始開發系列游戲產品以彌補其不足。其最初的游戲產品 Lost Odyssey 就是全部由日本人組成的團隊所開發的。

● 第二節　國際產品組合及其調整策略

一、國際產品組合概念及其要素

大多數國際企業的產品都具有花色、品種。為了保證產品的國際競爭力，企業會根據當地市場的實際情況，對產品進行有機組合，以適應當地消費者的需要。國際產品組合是指企業在國際範圍內生產經營的全部產品的結構，它包括企業所有的產品線和產品項目。

企業的產品組合包括4個要素：產品組合的寬度、長度、深度和關聯性。第一，產品組合的寬度是指企業產品線的數目，數目多者為廣，少者為狹。第二，產品組合的長度是指企業產品線中所包括的產品項目的數量。第三，產品組合的深度是指產品線中每一品牌產品花色、品種、規格的數量。第四，產品組合的關聯性是指各種產品線在最終用途、生產條件、分銷渠道及其他方面相互聯繫的程度。例如，某家用電器集團生產電視機、電冰箱、錄音機、洗衣機、電子琴5種產品，而電視機

第九章　國際市場產品策略

又包含彩色電視機和黑白電視機，兩種電視機的花色、款型共有 19 種，則該集團的產品組合寬度為 5，長度為 2，深度為 19。該集團生產的都是家用電器類，相關性較強。

研究產品組合的寬度、長度、深度和關聯性對企業國際市場行銷具有重要意義。第一，拓寬產品組合的寬度，擴大企業的經營領域，實現多角化經營，可以充分利用企業的資源，充分發揮企業的特長，分散企業的投資風險，提高企業經營效益。第二，拓展產品組合的深度，可以占領同類產品更多的細分市場，滿足更廣泛的消費者的不同需求和愛好。第三，加強產品組合的關聯性，可以提高企業在某一特定區域市場的聲譽。

二、國際產品組合的調整策略

國際企業要把產品打入國際市場，在競爭中求得生存與發展，必須分析、評價並調整現行的產品組合，實現產品結構的最優化。企業調整產品組合的方式有兩種：①產品線改進方式。增加或剔除某些產品項目，改變產品組合的深度。②產品線增減方式。增加或減少產品線，調整產品組合的廣度。

企業在調整產品組合、實現產品組合的最優化時，應充分考慮到各產品線的銷售額對利潤的貢獻，並要與競爭對手的產品組合策略進行比較。一般來說，企業調整產品組合時，有以下策略可供選擇。

（一）擴大產品組合策略

擴大產品組合策略有兩種情況，即拓寬產品組合的寬度和拓展產品組合的深度。當企業在國際市場上的銷售額和盈利率開始下降時，就應該考慮增加產品線或產品項目的數量，開發有潛力的產品線或產品項目，彌補原有產品的不足，保持企業在國際市場上的競爭力。擴大產品組合，可以使企業充分利用自己的人、財、物資源。企業在一定時期的資源狀況是穩定的，而隨著經驗的累積、技術的發展或原有市場的飽和，企業就會形成剩餘的生產能力，開展新的生產線就可以充分利用剩餘生產能力。擴大產品組合還可降低企業的系統風險，避免因某一產品市場的衰竭而引發企業的滅頂之災，增強企業的抗風險能力。

（二）縮減產品組合策略

當國際市場疲軟或原料能源供應緊張時，企業往往會縮減自己的產品線，放棄某些產品項目，這就是縮減產品組合策略。縮減產品組合策略，要在客觀分析的基礎上，綜合考慮產品的市場潛力和發展前景來決定產品線的取捨。縮減產品組合策略不是要真正退出市場，而是通過縮短戰線、加強優勢來保持企業在國際市場上的競爭地位，這是一種以退為進的策略。縮減產品組合策略，可以使企業集中技術、財力扶持優勢產品線，提高產品競爭能力，獲得較高的投資利潤率；可以減少資源占用，優化投資結構，加速資金週轉；有利於企業生產的專業化，使企業向市場縱

國際市場行銷

深發展，在特定市場贏得利益和信譽，避免因滯銷產品破壞企業形象；可以保持企業蓬勃發展的勢頭。

（三）產品線延伸策略

各種產品都有其特定的市場定位。產品線延伸策略就是指企業全部或部分地改變企業原有產品線的市場定位。產品線延伸策略有3種方式：向下延伸、向上延伸和雙向延伸。

1. 向下延伸策略

向下延伸策略是指企業把高檔定位的產品線向下延伸，加入低檔產品項目。例如，瑞士手錶過去一直定位於高價時髦的珠寶手錶市場，包括勞力士（Rolex）、伯爵（Piaget）、浪琴（Longines）等。但是到1981年，瑞士的ETA公司推出了斯沃琪（Swatch）時裝表，價格只有40～100美元，滿足追求潮流的年輕人。

2. 向上延伸策略

向上延伸策略是指企業把低檔定位的產品線向上延伸，加入高檔產品項目。企業實行向上延伸策略，通常是考慮到如下原因：第一，高檔產品市場潛力大，利潤率高；第二，企業已經具備進入高檔定位的實力；第三，低檔產品市場已經飽和，企業只能在高檔產品市場中獲得發展空間。一旦企業的向上延伸策略獲得成功，就可以獲得豐厚的利潤。但要使低檔品牌經重新包裝，具有高檔形象是相當困難的，有時還會影響產品的聲譽。因此，企業實行向上延伸策略，必須輔之以適當的市場行銷策劃，重塑產品形象。

3. 雙向延伸策略

雙向延伸策略即定位於中檔市場的企業向高檔市場和低檔市場兩個方向同時延伸，全面進入市場。當企業在中檔市場獲得巨大的成功時，往往會採取這種策略。例如，豐田公司在自己的中檔產品卡羅拉牌汽車的基礎上，為高檔市場增加了佳美牌，主要吸引中層經理人員；為低檔市場增加了小明星牌，主要吸引收入不多的首次購買者；還為豪華市場推出了凌志牌，主要吸引高層管理人員。

（四）產品線現代化策略

產品線現代化策略就是用現代化的科學技術改造企業的生產過程，實現生產的現代化。在某種情況下，雖然產品組合的深度、寬度、長度都非常適應市場的需要，但產品線的生產形式可能已經過時，這時企業就要實行產品線現代化，提高企業的生產水準。這一點在國際競爭中尤為重要。

實行產品線現代化策略有兩種方式：

1. 休克型改造方式

在短期內投入巨額資金，對企業的生產過程進行全面技術改造，甚至不惜短期內停止作業。這樣做可以緊跟國際技術水準，減少競爭對手數目。

2. 漸進型改造方式

逐步實行企業的技術改進。這樣做可以減少資金的佔用水準，也不用停產進行

第九章　國際市場產品策略

改造,但競爭對手可能很快就會察覺,並立即採取措施與之對抗。企業必須綜合考慮企業的資源狀況、競爭能力和形勢,權衡利弊,慎重決策。

● 第三節　國際產品生命週期及其適應性改變

一、國際產品生命週期的概念及其階段

國際產品生命週期是指產品在某國研發出來,從投放國際市場開始,到退出國際市場為止的過程。美國哈佛大學教授雷蒙德·弗農（R. Vernon）於1966年在《經濟學季刊》發表的題為《產品生命週期的國際投資和國際貿易》論文中首先提出了國際產品生命週期理論。該理論揭示了某一新產品從高度發達國家向一般發達國家進而向發展中國家轉移的規律性,它不同於一般的產品生命週期理論。根據該理論,新產品首先產生於發達國家企業,在一段時期內被壟斷。之後,這種產品會先向其他發達國家轉移,最終再向發展中國家轉移,而發展中國家由於具有成本優勢,在掌握了產品的生產技術後,如發達國家仍有需求,再向發達國家出口。根據美國的實際情況,弗農提出了國際產品生命週期的階段模型。但這個週期在不同的國家裡發生的時間和過程是不一樣的。弗農認為,在國際市場上,產品的發展需經過三個階段。

1. 新產品階段

新產品階段又稱為導入期,即創新國先研究和開發新產品再引入國內市場。由於此時產品尚未定型,技術也很不完善,因此,本階段的主要定位是國內創新、國內生產、國內消費。當生產發展到一定階段後,才有少量產品出口到其他發達國家。

2. 成熟產品階段

成熟產品階段又稱產品的成長期,即在創新國的技術壟斷和市場寡頭地位被打破,且國內市場和一般發達國家市場開始出現飽和的情況下,企業為降低成本,提高經濟效益,紛紛到發展中國家投資設廠,逐步放棄國內生產。

3. 標準化產品階段

標準化產品階段又稱成熟期,即在生產技術和產品都已經標準化,成本和價格成為決定性因素的情況下,創新國和一般發達國家為進一步降低成本,開始大量地在發展中國家投資建廠,再將產品遠銷至別國和第三國市場。

弗農的國際產品生命週期理論的提出與二戰後美國企業的國際化歷程是相當一致的。20世紀50年代,美國企業的對外直接投資主要集中於與美國相鄰的拉美國家和加拿大。20世紀60年代初期,投資重心轉移到歐洲。20世紀70年代,投資重心又轉移到發展中國家,發展中國家吸收美國的對外直接投資的比重從1974年的18%增加到1980年的25%。但是,僅就產品生命週期而言,該理論也具有一定的局

國際市場行銷

限性。它是一種相對靜態的產品生命週期理論，沒有考慮到不斷加快的新產品引進步伐和創新領先時間的縮短對企業跨國經營會產生重要影響。跨國企業以全球市場為導向，在日益縮短的產品生命週期中對資源進行預見性開發，這已成為企業跨國經營的必然趨勢。20世紀80年代以來，信息技術的迅速發展和跨國公司的全球競爭都驅使跨國公司不斷革新技術，創新行銷方式，以最短的時間占領國際市場，從而大大縮短了國際產品生命週期。

二、國際產品生命週期與企業的適應策略

研究國際市場產品生命週期理論及國際產品生命週期縮短的趨勢，可以為企業分析國際市場形勢，進行科學的國際市場決策提供有效依據，這對於企業的國際化經營具有十分重要的現實意義。這就要求企業在經營理念、產品結構、生產方式、技術引進等方面做出調整。對於發展中國家的企業而言，應從以下方面進行適應性改變。

第一，企業應克服產品及技術引進中的盲目性，及時淘汰沒有銷售前途的老產品，加速出口產品的升級換代。

第二，企業應因勢利導，及時投產被先進國淘汰或轉移的產品，快速占領國內外市場。

第三，企業應調整出口產品的地區結構，將在某國市場處於下降階段的產品，轉移到處於上升階段的另一個國家的市場上，這實際上等於延長了產品的生命週期。

發達國家的企業也應根據國際產品生命週期縮短的趨勢進行適應性改變。

第一，企業跨國生產走向柔性化。國際產品生命週期的縮短要求企業變革難以適應新形勢的傳統生產模式，使個性化、多品種、小批量的生產和服務方式成為可能。例如，柔性製造系統（FMS）、全球性電子計算機集成製造系統（CIMS）都可以使跨國企業克服空間限制，實現全球性快速生產和服務。

第二，企業應改變傳統行銷理念，更加注重客戶關係和網路行銷。隨著國際產品生命週期的縮短和新產品的不斷上市，如何持久地擁有足夠的客戶就成為企業在國際競爭中取勝的關鍵。因此，企業需要變革傳統的行銷理念和方式，從產品導向轉變為顧客導向，更加注重對客戶關係進行持久地改善，延長客戶關係生命週期。此外，企業還要更加注重利用信息全球化的趨勢，大力發展網路行銷方式。利用計算機多媒體和因特網技術，準確、即時、連續地在企業與企業、企業與消費者、企業與社會公眾之間進行交流，並適時反饋回企業，以保證向消費者提供滿意的產品和服務。這不僅大大縮短了企業與消費者、企業與企業間供應鏈的距離，甚至無需中間商的參與，從而減少了行銷的中間環節，降低了交易成本，大大延長了行銷時間，相對延長了產品生命週期。

第三，企業應致力於企業組織結構優化，減弱甚至消除傳統企業組織結構中的

第九章　國際市場產品策略

信息流障礙。一方面，企業致力於取消企業組織結構的科層制，使企業組織扁平化。另一方面，虛擬企業、戰略性夥伴、項目小組等新型組織形式紛紛出現，企業的組織更加靈活，這種組織革新提高了企業對市場變化的靈敏性，有利於企業把不同國家或地區的現有資源迅速組合成一種超越時空的網路化經營實體，以最快的速度推出高質量、低成本的新產品，提高企業的國際競爭力。企業還可以借助計算機技術和網路技術對信息進行採集、分析、評價和傳播，信息的交流呈現出互動性，縱向、橫向溝通均非常容易，形成一種扁平化的動態網路結構。

第四，企業應轉變跨國經營戰略。跨國公司已從過去的國際型、多國型及全球型企業逐漸轉變為跨國型企業。國際型企業遵循產品導向，把跨國貿易與投資作為剩餘產品的出路。多國型企業則受外國環境影響的擴大，迫於國外的銷售和贏利壓力的增加，開始有意識地根據不同國家市場需求的特點來設計不同的產品和經營方法。針對全球型企業，隨著國際市場跨國公司數量的增加，競爭已具有全球性，迫使企業以全球市場為導向，在全球範圍配置資源和開拓市場，贏得競爭優勢。20世紀80年代以來，跨國公司競爭加劇，產品生命週期縮短，引起了跨國公司大規模的併購以及戰略聯盟的出現。為應對新世紀更為激烈的競爭，如何構建持續的核心能力成為每個企業在競爭中取勝的關鍵。面對這種情形，跨國公司開始轉變為真正意義上的跨國型企業，即同等重視全球化與當地化兩種趨勢，尋求經營當地化與全球一體化的均衡，在維持它們的全球化效能的同時，對當地的需要做出更為靈敏的反應。

● 第四節　國際市場新產品開發及其適應性改變

隨著技術的不斷進步及競爭的不斷加劇，任何一個企業都可不能單純地信賴現有產品來占領市場，而是必須不斷地向市場推出新產品。誰能在某一行業或某一產品領域中，率先推出新產品，開發出新的技術，誰就能領導世界的新潮流。

一、國際市場新產品開發的概念

市場行銷中的新產品概念，不能從純技術的角度理解。只要在功能或形態上得到改進或與原有產品產生差異，並為顧客帶來新的利益，即可視為新產品。因此，新產品可以分為六種基本類型：①全新產品，即運用新一代科學技術革命創造的整體更新產品。②新產品線，即企業首次進入一個新市場的產品。③現有產品線的增補產品。④現有產品的改進或更新。⑤再定位，即進入新的目標市場或改變原有產品市場定位推出新產品。⑥成本減少，以較低成本推出同樣性能的新產品。企業新產品開發的實質，是推出上述不同內涵與外延的新產品。但是，對大多數公司而言，

國際市場行銷

新產品開發是改進現有產品而非創新全新產品。

二、國際市場新產品開發策略

國際市場新產品開發策略，是指企業根據目標消費者國市場的環境來開發某種新產品進入該市場，是企業產品進入國際市場的一種策略，也是花費大量人力、物力和財力的一種進入策略。國際化經營企業應從用戶需求出發，通過技術創新提供使顧客滿意的某種新產品或服務，使企業獲得更多的市場份額。例如，日本各大電器公司，為了在國際彩電和錄像機市場上占據強有力的競爭地位，紛紛投入巨資開發新技術，研究新產品，使其在該行業始終處於世界領先地位。例如，彩電的「單槍電子束技術」是由日本索尼公司率先推出的；「黑色條紋技術」則是由東芝公司率先研究出來的，「平面直角技術」是由松下公司開發的。

由於開發新產品的風險和成本較大，企業在制定發展國際新產品策略時，一般都要考慮如何最有效地獲得新產品，同時又節省企業資源，增加利潤。國際新產品開發的具體策略主要包括以下兩大類：

（一）獲取策略

獲取策略是指企業不通過自己的研究和開發，而直接從外部購買某種新技術、新工藝的使用權或某種新產品的生產權。其形式有三種：

一是直接兼併策略，即企業收購或控制有吸引力的產品系列的其他公司。

二是專利獲取策略，即從新產品或新技術發明者手中購買生產和銷售新產品的權利。

三是許可策略，即企業從其他企業那裡獲得生產和銷售某種產品的許可。

上述這些獲取策略的好處在於企業不必花費巨大資金開發新產品，有利於節省開發資金和爭取時間，迅速參與新的市場。但企業必須時刻關注科技發展動態，以便瞭解國際最新的科技發展水準。

（二）創新策略

創新策略是指主要通過自己的力量開發新產品。其形式有兩種。

一種為內部創新，由企業的研究與開發部門（R&D）發明或改良新產品，如不少大企業都有自己的科研部門，從事有關產品的基礎研究和應用開發，能夠積極引領市場的新潮流。

另一種為委託創新，即企業把開發新產品的工作通過合同形式交由企業外部的人員或公司去完成。許多企業將某一新產品項目或課題委託高校或專門的科研機構進行研究與開發。對於那些內部科研人員不足、研究基礎薄弱或資源能力較差的中小企業，委託創新以開發新產品是最佳途徑。

綜上所述，國際化經營企業只有綜合運用各種策略，才能最經濟地獲得最有效的新產品。

第九章　國際市場產品策略

● 第五節　品牌國際化發展

　　在國際市場上，品牌與產品形象是緊密相關的。國際市場上最顯而易見的活動就是品牌宣傳。品牌可以讓顧客認識產品或服務，它們承諾特別的利益，能夠讓消費者將其與競爭者的產品區分，並且能使產品增值，所以品牌在進入國際市場時非常有價值，品牌決策因而變得十分重要。

一、品牌國際化的定義與內涵

　　品牌國際化是企業在國際市場行銷活動中，利用各國的資源與市場，樹立自己的品牌形象，逐步實現國際化的過程。品牌國際化的直接目的是創建國際品牌，使該品牌在多個國家銷售。因此，國際品牌不同於全球品牌，它們的主要區別在於全球品牌的輻射範圍、影響力和銷售區域都要比國際品牌大得多。

　　品牌國際化包括三個基本內涵：

　　品牌國際化首先是一個區域性和歷史性的概念，即品牌由本土向國外延伸和擴張的長期歷史過程。這是因為，品牌國際化不可能一蹴而就，需要企業付出幾年乃至幾十年的艱辛努力，才能真正完成國際化的目標。像麥當勞就耗費了 22 年才將這一品牌塑造成一個具有國際化特徵的全球品牌。而且，品牌國際化不僅取決於企業的競爭力，也取決於所要進入國家的政治、經濟和其他條件的約束。所以，將品牌國際化視為一種短期的提高銷量的應對策略是完全不正確的。

　　品牌國際化具有不同的形式。最低級的形式是產品的銷售，即品牌商品的輸出；較高級形式是資本的輸出，即通過在品牌延伸國投資建廠達到品牌擴張的目的；最高級形式是無形資產輸出，即通過簽訂商標使用許可合同等方式，實現品牌擴張的目的。從全球經濟發展趨勢來看，發達國家企業已經基本上完成了由商品輸出到資本輸出再到品牌輸出的過程。

　　產品國際化不等於品牌國際化。在國際市場上，日本名牌、美國名牌貼著「中國製造」的標籤隨處可見。這種有品無牌的狀況正成為中國企業走向世界面臨的尷尬。與品牌國際化相比，產品國際化帶來的利潤是非常微薄的。中國製造的皮夾克，賣給美國人平均每件 80 美元，美國人貼上自己的商標後，平均每件賣到 400 美元；關於菸花平均利潤在整個菸花產業利潤中所占的比重，日本、德國等國家達 100%、80%，而中國僅占 10%，甚至 8%。品牌弱勢必然導致經濟發展的落後。只有真正實現從「中國製造」到「中國創造」的品牌理念更新，才能重塑中國品牌走向世界的輝煌。

二、品牌國際化的基本原則

1. 合法性

品牌名稱及標誌應符合當地政府的法律法規，並向當地專利和商標管理部門申請註冊，取得合法銷售的地位，使企業的權益得到保護。

2. 獨特性

品牌應別具一格，富於創意，易於識別，有別於其他企業的品牌。

3. 適應性

國際品牌要符合所在國當地市場的文化習俗，否則容易在意義上引起誤解而造成國際市場行銷的困難。

4. 提示性

品牌名稱應向消費者暗示產品所含的某種意義或效用。

5. 穩定性

國際品牌要具有穩定的品質，一方面有利於企業在國際上進一步延伸品牌；另一方面消費者也容易記住，如世界著名品牌 IBM 和飛利浦等都具有極大的穩定性。

6. 簡明性

品牌如果易於記憶、易於讀取和易於理解，就有利於消費者識別，對企業而言，也便於宣傳，可降低宣傳成本。

三、品牌國際化戰略與策略

(一) 品牌國際化戰略選擇

1. 品牌國際化進入路徑

品牌國際化首先要考慮的問題是進入什麼國家和地區。根據先進入國家發展程度和品牌相對優勢兩個維度，可以將品牌國際化路徑分為三種類型。

(1) 先進入發達國家

發達國家以歐、美、日等國家為代表，這些市場進入門檻相當高，國際性品牌多且實力強，有些公司已經經營了幾十年甚至上百年，競爭規則已有一定的規範且消費習慣成熟、市場規模龐大、經濟利益可觀。若是選擇先進入發達國家並豎立起品牌信譽和形象，則能順勢把品牌推向全世界，實現品牌全球化，成為強勢品牌。然而，先進入發達國家市場的投資也是最大的，且要有長期投資的心理準備。

(2) 先進入發展中國家

發展中國家以東歐、南亞與南非等國家為代表。這些國家基本上沒有本土的全球化品牌，同時消費者的忠誠度及對產品質量的要求相對沒有發達國家消費者那麼高，但是發展中國家大多存在政治與經濟等體制不完善的風險。選擇先進入發展中國家市場，可以較低的投資累積品牌國際化的經驗，風險較小，建立信心以後，再

第九章　國際市場產品策略

進攻發達國家。

（3）先進入欠發達國家

欠發達國家以第三世界國家和地區為代表。這些國家進入門檻相對較低，市場競爭程度較低，消費者的行為模式不成熟，品牌概念較弱，對質量的要求也較低，而且這些國家的政治、經濟體制不完善，經濟不發達，因此市場規模有限。若選擇先進入欠發達國家，則進入較快，代價較低，但建立的品牌信譽與形象很難擴散到其他發達國家。

2. 品牌國際化進入方式

（1）品牌隨著產品或服務向國際市場輸出

這是品牌進入國際市場最原始的方式。但是，這種方式只是階段性的、不確定的，因為企業無法掌控品牌在消費者心目中的形象與認知價值。毫無疑問，這對一個品牌的長遠發展是危險的。要使品牌獲得高度的認同，建立品牌信心、品牌忠誠甚至品牌信賴，就必須扎根於目標市場。

（2）收購及兼併東道國現有品牌

與單純輸出自創品牌相比，運用資本收購品牌，不僅減少了財務和精力的投入，更避免了受到當地市場各種競爭力量的排擠。採用這種方式最成功的例子是聯合利華，它在全球的400多個品牌中，大部分是通過收購本地品牌並推廣到世界各地而提升為國際品牌的。

然而，收購也有一些內在的缺點。一是對收購品牌的價值評估存在困難。二是被收購品牌的文化是否能夠融入收購企業的文化。若不能融入，就會造成管理上的混亂。

（3）品牌聯合

品牌聯合可以幫助品牌所有者迅速打入新的市場，可以使公司進入新市場所需要的花費最小化。通過仔細地分析品牌自身擁有的力量和目標領域存在的機會，有可能找到一個非常適合品牌聯合行動的已經建立起來的理想品牌，從而實現資本的最有效利用。另外，品牌聯合還提供了一種方式來克服進入新國家的非財務性障礙。例如，選擇法律限制註冊經營者數量的地方，或是進行特種商業活動需要計劃許可的地方。

但是，品牌聯合也有一些潛在的缺點，包括：兩個合作的品牌企業文化不兼容、合作夥伴品牌的重新定位、合作夥伴的財務狀況發生變化、喪失品牌特徵的獨特性等。

（4）品牌特許使用

品牌特許使用是指通過對品牌的特許使用，即簽訂商標使用許可證合同等方式獲取品牌收益。許可合同交易是介入國際市場一種最簡單的形式。採用這種方式，許證方不用冒太大的風險就能打入國外市場，受證方也能獲得成熟的生產技術，生產名牌商品或使用名牌的商標。

國際市場行銷

但是，品牌特許方式也存在一些潛在的不利因素，即企業對受證方的控制較少，有可能影響品牌的形象與聲譽。如果受證方經營很成功，也會與許證方在市場上展開競爭。

(5) 直接投資

直接投資是指直接在東道國進行品牌投資，建立全股子公司、分公司、合營子公司，是國際經營活動的高級形式，也是企業品牌全球化成熟的標誌，因為企業可以直接貼近當地市場的環境、文化與消費者，使品牌深入消費者的心中。但是，直接投資的風險較大，一旦受挫，可逆轉性也較差。

(二) 品牌國際化策略

1. 品牌命名策略

一個良好的品牌名稱是品牌國際化成功的先決條件之一。在品牌命名的過程中，既要注重保留原品牌名稱的精華，又要符合本土消費者對品牌的期望和心理，融入當地的審美情趣和文化習慣。因此，品牌步入全球市場，翻譯成外文時，必須兼顧外國消費者的文化、生活習慣和審美心理，注意東道國的民族禁忌。按照國際慣例，出口商品包裝上的文字說明應該使用目標市場國家的語言，以求廣大消費者理解和接受。因此，在品牌名稱翻譯的過程中，我們應該選擇音譯和意譯等多種翻譯方式相結合的方法，而不能簡單地翻譯了事。比如，中國生產的「藍天」牌牙膏在東南亞一帶很受歡迎，但是在美國碰了釘子。因為「藍天」被譯成「Blue Sky」是「不能兌現的證券」的意思，結果不討美國人的喜歡。中國茉莉花茶在東南亞一度不受歡迎，因諧音「沒利」，後改名「萊莉」（諧音「來利」）就暢銷了。

而且，有些國家的人們對數字有忌諱與喜好之分，如歐美普遍忌諱13，也不喜歡6（尤其666），日本忌諱4和9（日語發音同「死」和「苦」），喜歡8，韓國同樣忌諱4，中國也忌諱4，但喜歡6、8、9。例如，美國銷往日本的高爾夫球最初是4個一套，很長時間無人問津，後來經調查才知道問題出在數字上。另外，有些國家送禮喜歡成雙成對，有些國家送禮則喜歡單數。

因此，在品牌翻譯時，無論使用哪一種翻譯方法，都要考慮到目標市場的語言習慣，以消除溝通障礙、傳達原品牌核心價值觀為主要目的，才能實現最優效果。

2. 品牌傳播策略

一個品牌能否在國際市場上贏得市場優勢，很重要的一個方面就是企業能否在全球市場上進行有效的品牌溝通與傳播。從具體操作層面上看，品牌傳播策略主要有以下幾種：

(1) 廣告傳播

廣告在生活中無處不在，是品牌與全球消費者進行溝通的基本方式之一。可口可樂公司在廣告行銷中體現了強烈的本土化傾向。「家庭」「集體」等典型的中國傳統文化價值觀在中國廣告中頻頻湧現，而在美國廣告中則極少出現；在以年輕人戀愛為主題的廣告中，美國廣告側重於對性感模特的描寫，中國廣告則重點渲染浪漫

第九章　國際市場產品策略

的愛情意境。此外，在廣告中以本土知名人物作為品牌代言人，有助於企業在當地樹立品牌領導作用，激發消費群體的集體購買慾望。

（2）事件傳播

在品牌全球化的過程，借助某些有利時機開展積極的、有影響力的公關活動，如通過主辦和贊助本土賽事，可以樹立該項品牌的旗幟作用，提升品牌價值。2016年3月18日，國際足聯宣布萬達集團正式成為國際足聯合作夥伴，萬達也成為國際足聯第六個最高級別贊助商，享有2016—2030年國際足聯頂級贊助商權益。這是國際足聯歷史上第一次迎來來自中國的頂級贊助商。這是中國企業首次成為國際足聯的頂級贊助商，其意義遠遠不止「贊助商」這三個字。萬達在取得市場行銷權益的同時，和國際足聯的合作還包括如何支持中國足球發展、如何支持中國開展青少年足球運動以及支持中國舉辦一些大型比賽等。值得注意的是，2016年，包括萬達在內的中國資本在足球領域的步伐可謂又大又快。這說明，足球等體育活動已成為中國品牌在國際市場上宣傳和推廣的有效策略。

（3）文化滲透

品牌未到，文化滲透先行，這是許多品牌進行國際化傳播的方式。例如在影視作品中輸出本國的文化，如價值取向、生活方式等，以引起目標市場國消費者的共鳴，進而追逐該國的品牌。

四、中國品牌國際化的思路

面對海外市場的良好契機和諸多挑戰，新興的中國跨國企業在拓展市場過程中，可以採取有效的地緣策略，通過建立差異化定位，開展靈活投資，借助新媒體渠道，加速中國品牌的國際化進程。

（一）新興市場優先

建立熟諳國內外市場營運的團隊，投入相應資源，並且具備足夠的耐心，這是國際品牌建設的保障。要將有限的資源極致利用，盡快獲得回報，確定合適的地緣策略十分重要。

同時必須看到，中國品牌在整體國際品牌大環境中仍然處於「窪地」態勢，如果直接向歐美、日本等發達的市場品牌高地進軍，將處於仰攻態勢，將同強有力的國際領先品牌正面碰撞，這將置資源、經驗和能力相對匱乏的新興中國品牌於險境。相比之下，亞非拉的新興市場則提供了另一種更為合適的舞臺。不少國家所處的發展階段類似中國改革開放初期，其市場和消費者對於性價比的需求更加強烈，對中國品牌的接受度也更高。因此，在現階段，採取「農村包圍城市」的策略，從新興市場入手奪取和鞏固全球市場份額，進而轉攻發達國家市場，可能是更適合中國品牌國際化的一條有效路徑。

（二）尋求差異化

「性價比」是當前中國企業開拓業務的利器，但如果囿於「性價比」的紅海，

國際市場行銷

長遠來看只能束縛中國企業的手腳，阻礙中國國際品牌的健康發展。因此，要走出同質化惡性競爭的陷阱，開闢新的贏利空間，必須走「性價比+」路線，也就是在「高性價比」的基礎上走差異化。

要做到這一點，首先要實實在在地透澈理解目標市場的宏觀趨勢、文化潮流和消費者心態，其次對企業自身理念和發展願景深度梳理，從兩者的交集中提煉品牌與眾不同的 DNA。通過品牌差異化，不但能迅速有效地提升品牌認知，更能感召全球消費者和企業自身團隊，讓世界認識到，我們不但代表著優質產品和服務，更是支持消費者追求美好生活和實現遠大理想的強勁動力。

(三) 借助新媒體東風

與 20 世紀八九十年代日本和韓國品牌走向國際市場的媒體傳播環境相比，今天中國企業面臨空前的機遇。隨著移動互聯網的飛速發展，數字和社交媒體在發達國家和新興市場如野火般蔓延，極大降低了傳播成本，特別是媒體投放成本。如果中國企業能夠樹立獨特的品牌形象，巧妙地開發內容，與消費者和各利益相關方積極互動和溝通，將迅速有效地提升品牌的可見度和影響力。換句話說，儘管「條條大路通羅馬」，但數字和社交媒體無疑是一條捷徑。

(四) 靈活和堅定地投資

天下沒有免費的午餐，但只要有心，就能找到既好吃又實惠的午餐。品牌建設與產品研發、通路建設一樣，都必須配備相應的資源投入。許多中國企業往往被一些國際品牌看似高不可攀的品牌投資所嚇到，卻沒有意識到「小米加步槍」有時也能打敗「飛機加大炮」。特別是在當前國際媒體格局經歷互聯網衝擊、發生巨變的大環境下，如果進行靈活的投資，往往能夠起到四兩撥千斤的效果。一旦找到合適的通路，就需要堅定不移地進行投資。

縱觀近代經濟社會發展歷史，不難得出結論：當一國的經濟實力躋身世界前列時，必然會加快國際化步伐，在全球範圍內配置和優化資源。在這一過程中，品牌國際化會隨之興起，為國家的經濟社會發展提供強勁和持續的動力。在將來的十年裡，中國的新興跨國企業應當把握難得的機遇，迎難而上，實現由卓越的中國公司到偉大的全球品牌的歷史性轉變。

本章小結

市場行銷中的產品整體是指人們通過購買而獲得的能夠滿足某種需求和慾望的物品的總和。它既包括具有物質形態的產品實體，又包括非物質形態的利益，包含核心產品、形式產品、附加產品、期望產品和潛在產品五個層次。當產品從國內市場進入國外市場時，其物質特性要做的改變很小，而其非物質特性要根據文化差異進行適應性改變。

國際產品組合是指企業在國際範圍內生產經營的全部產品的結構，包括企業所

第九章　國際市場產品策略

有的產品線和產品項目。企業的產品組合包括四個要素：產品組合的寬度、長度、深度和關聯性。企業要把產品打入國際市場，在競爭中求得生存與發展，必須分析、評價並調整現行的產品組合，實現產品結構的最優化。企業調整產品組合的方式有兩種：①產品線改進方式。增加或剔除某些產品項目，改變產品組合的深度。②產品線增減方式。增加或減少產品線，調整產品組合的廣度。

國際產品生命週期是指產品在某國研發出來，從投放國際市場開始，到退出國際市場為止的過程。在國際市場上，產品生命週期包括新產品、成熟產品和標準化產品三個階段。國際產品的生命週期要求國際企業在經營理念、產品結構、生產方式、技術引進等方面做出調整。

國際市場新產品開發策略，是指企業根據目標消費者國市場的環境來開發某種新產品進入該市場，是企業產品進入國際市場的一種策略，也是花費大量人力、物力和財力的一種進入策略。國際市場新產品開發策略主要有兩種：獲取策略和創新策略。

品牌國際化是企業在國際市場行銷活動中，利用各國的資源與市場，樹立自己的品牌形象，逐步實現國際化的過程。品牌國際化的進入方式包括：產品或服務輸出、收購或兼併、品牌聯合、品牌特許使用、直接投資。面對海外市場的良好契機和諸多挑戰，新興的中國跨國企業在拓展市場過程中，可以採取有效的地緣策略，通過建立差異化定位，開展靈活投資，借助新媒體渠道，加速中國品牌的國際化進程。

關鍵術語

產品整體　文化差異　適應性改變　國際產品組合　國際產品生命週期　國際市場新產品開發　品牌國際化　品牌聯合　品牌特許使用　品牌命名　品牌傳播

復習思考題

1. 產品整體包括哪些內容？
2. 國際產品的構成要素如何根據文化差異進行適應性改變？
3. 國際產品生命週期包括哪些階段？發展中國家應如何根據國際產品生命週期進行調整或改變？
4. 國際企業調整產品組合的策略有哪些？
5. 國際市場新產品開發的策略主要有哪些？
6. 品牌國際化的進入方式主要有哪幾種？
7. 中國企業應如何實現品牌國際化？

國際市場行銷

第十章 國際市場定價策略

本章要點

- 影響國際市場行銷的因素，企業在國際市場行銷的定價目標與方法
- 中國企業在國際定價中常見的低質低價、價格戰、內外銷差價巨大等問題以及影響
- 傾銷對國際化經營企業的影響以及反傾銷措施

開篇案例

遭遇「國際價格戰」的安岳檸檬咋突圍？

據相關報導，2014 年安岳檸檬（中國 80% 以上的檸檬產自安岳）本地田間收購價為每千克七八元，而來自國外的檸檬進口到岸價也為每千克七八元；2012 年 30% 能出口，2014 年僅出口不到 1%，而往年到 10 月中旬，70% 的安岳檸檬已有銷路，而從 2014 年 10 月到現在，全縣有近 40% 的檸檬仍儲存在經銷商庫中。2013 年國內檸檬市場需求比 2011 年增長 6 倍，這讓南非、美國等檸檬生產大國看到了商機。以往國內每年進口檸檬 1 萬多噸，在 2014 年進口量突增到 21 萬噸。安岳檸檬要打贏「國際價格戰」，需要引導價格迴歸理性，但更重要的是，要從生產源頭抓起，提升規模化、機械化水準，提升檸檬品質，延伸加工鏈條，拓展銷售平臺。

作為中國檸檬主產地，安岳現種植檸檬 48 萬畝（1 畝 ≈ 666.67 平方米），年產量 42 萬噸左右，占全國 80% 以上。每年 10 月、11 月，是安岳檸檬主要的收穫季

國際市場行銷

節。安岳縣檸檬產業局局長田再澤介紹，往年10月中旬，70%的安岳檸檬已有銷路，而從2014年10月到現在，全縣還有15萬噸左右檸檬仍儲存庫中，價格也從去年同期的1千克20元左右降到六七元。且隨著國內消費市場逐年擴大，安岳檸檬價格連年攀高。受國內市場高價誘惑，2014年起，美國、南非等地檸檬大量湧入國內市場，抑制了安岳檸檬價格上漲勢頭，也拉開了一場檸檬「國際價格戰」的帷幕。安岳縣檸檬產業局調查發現，以往國內每年的進口檸檬為1萬多噸。但2014年，中國進口檸檬數量突增到20餘萬噸。2010—2012年，大約30%的安岳檸檬用於出口。到2013年，出口量減少到10%左右，2014年更是不到1,000噸。一邊「外來入侵」，一邊出口受阻！「漲價潮」為何沒來，相關人士認為，這和安岳檸檬剛剛遭遇的「國際價格戰」有關。檸檬的「價格戰」還蔓延到了海外。

記者聯繫到香港新龍潛商行進出口部的負責經理丁胤魁，他說，最近一年，自己經手的檸檬貿易形勢發生了逆轉。「以前每週能往國外發出兩三櫃安岳檸檬，現在幾乎走不動。」相反，他去年從國外進口了大量檸檬。為何？「西班牙檸檬一箱15千克，價格為17~22美元。美國檸檬一箱18千克，價格也僅為41~45美元。」而安岳檸檬每千克十多元人民幣，商人們心裡自有比較。俄羅斯是安岳檸檬主要出口國之一。「往年公司有70%~80%的檸檬都是從安岳進口，而今年這一數據跌至10%~20%。」俄羅斯烏蘇里斯克友誼公司負責人赫英發從業已有六七年，安岳檸檬份額如此之低，他還是第一次遇到。郝英發在電話裡告訴記者，現在他的公司主要從土耳其、阿根廷、南非等地進口檸檬，「安岳檸檬每千克140盧布。俄羅斯經濟不景氣，每千克100盧布的土耳其檸檬更好賣些。」

「國際價格戰」讓安岳檸檬經銷商損失最嚴重。田再澤反而認為，這樣一次衝擊，正好可以讓一段時間以來價格暴漲的安岳檸檬產業冷靜迴歸理性發展。事實上，安岳檸檬每千克種植成本不到兩元，但近兩年國內火爆的市場使其田間收購價格漲到每千克七八元。如此高的收購價格，再加上其他成本，讓安岳檸檬價格在國內一級市場上已經遠高於進口檸檬。田再澤認為，對比國際市場價格，將安岳檸檬的收購價穩定在每千克四五元較為合理，既讓農民、銷售商有利可圖，也有利於安岳檸檬產業健康有序發展。

除了引導價格迴歸理性外，從更深層次看，安岳檸檬產業需要從生產源頭抓起，全面提升生產水準，降低生產成本。由於高度規模化、機械化，美國用於加工的檸檬通過機械化採摘，成本較低。即便是用於鮮銷的檸檬需要昂貴的人工來標準化採摘，美國檸檬每千克成本也僅為人民幣5元多，加上保鮮處理、運輸等，進口到中國的到岸價格頂多每千克10元。來自南非、阿根廷等其他國家的檸檬，人工成本更低，價格更便宜。

提升檸檬附加值，還需要延伸產業鏈條。目前，全球檸檬60%用於鮮銷，40%用於深加工。安岳檸檬的加工率並不高，鮮果價格高不僅導致出口受阻，也使得當地幾家檸檬加工企業陷入生產困境。「安岳檸檬應加大研發投入、延長加工業的生

第十章　國際市場定價策略

產鏈條,以提高產品附加值和應對市場風險的能力」,劉建軍說,「延伸產業鏈並不等於簡單地發展果汁、果醬等產業,還應提高科研水準,發展果膠等功能性、附加值高的加工產業,提高產品價值。」

還應努力搭建平臺,拓寬檸檬銷售渠道。安岳正在建設國際檸檬交易中心,交易中心內規劃了檸檬博物館、儲藏庫房、交易市場、網路平臺等板塊,可整合全國甚至全球的檸檬信息,預計 2016 年建成。

資料來源:鄭先聰,段玉清.遭遇「國際價格戰」安岳檸檬咋突圍 [EB/OL].[2018-03-08]. http://news.163.com/15/0327/06/ALMN2E9000014AED.html.

章節正文

價格是國際市場行銷活動中最為敏感的因素,調整價格也是競爭的重要手段,整個國際市場的變化往往可以從價格上反應出來。所以,國際市場上運用的定價策略是否得當,直接影響到企業在國際市場上是否處於有利的競爭地位。

第一節　國際行銷定價目標與方法

一、國際行銷定價的影響因素

(一) 企業定價目標

企業在制定價格策略時要考慮的一個因素是企業的定價目標。企業常用的定價目標有以下幾種:

1. 利潤目標

利潤最大化定價目標是企業將實現利潤最大化作為自己本期的經營目標。如果企業希望以最快的速度收回初期開拓市場的投入並獲取最大的利潤,往往會在已知產品成本的基礎上,為產品確定一個最高價格,以求在最短時間內獲取最大利潤。

企業在較準確地掌握某種產品的需求與成本函數的情況下,可以通過建立數學模型得到最大化時的商品價格:

需求函數:$Q = a - b * P$

其中,a,b 為大於 0 的常數;Q 為產品的需求量;P 為產品的價格。該函數體現了需求隨價格變化而變化的一般關係。

成本函數:$TC = FC + VC * Q$

其中,TC 為生產某產品的總成本;FC 為固定成本;VC 為變動成本。

總收入函數:$R = P * Q$

其中,R 為總銷售收入。

由此可得，總利潤：Z＝R－TC

＝P＊Q－（FC＋VC（Q））

＝P＊（a－b＊P）－［FC＋VC＊（a－b＊P）］

對利潤函數求導得：

dZ/dP＝a＋b＊VC－2b＊P

當 dZ/dP＝0 時，Z 有極大值，所以得 P＝（a＋b＊VC）/（2b）為企業獲得最大利潤時的產品價格。

採用這種定價策略，會使企業面臨兩種風險：第一，當前利潤最大化，有可能會喪失擴大市場份額的良好時機，損害企業的長遠利益；第二，對產品的需求彈性的測定和對產品生產、銷售總成本的預計往往會有偏差，由此定出的價格可能不太準確，企業可能會因定價過高而達不到預期銷售量，或者因定價低於可達到的最高售價而蒙受損失。

2. 市場目標

企業的市場目標是市場佔有率。企業的市場佔有率是決定企業盈利情況的最重要因素，市場佔有率變化方向基本上與企業的盈利水準一致。

3. 競爭目標

（1）維持現狀。當企業產品不為消費者所瞭解，產品在市場上銷售不暢時，企業的產品定價目標是只要出售產品的收入能彌補變動成本的支出，其價格就是能接受的。

（2）避免競爭。避免競爭有兩種情況，一種是處於弱勢，將價格定得靠近主要競爭者，以避免價格競爭。這種情況比較常見。另一種則是弱勢產品完全不參與競爭。

（二）產品成本

1. 生產成本

我們考察一個企業，它使用資本、勞動和原料等投入，得到產出。表 10-1 說明了不同產出水準的總成本。觀察第一欄和第四欄，我們看到總成本隨著產量的增加而增加。這是很自然的，因為要得到某一物品的更多產量必須使用更多的勞動和其他投入；增加生產要素會引起貨幣資本的增加。例如，生產 2 單位的物品總成本為 110 元，生產 3 單位的產品的總成本是 130 元，等等。在我們的討論中，企業總試圖以最低的成本創造產出。

表 10-1　　　　　　　　　　不同產出水準的總成本

產量/Q	固定成本/FC（元）	可變成本/VC（元）	總成本/TC（元）
0	55	0	55
1	55	30	85

第十章 國際市場定價策略

表10-1(續)

產量/Q	固定成本/FC（元）	可變成本/VC（元）	總成本/TC（元）
2	55	55	110
3	55	75	130
4	55	105	160
5	55	155	210
6	55	255	280

固定成本也稱為「固定開銷」或「沉澱成本」。它由許多部分組成，包括廠房和辦公室的租金、合同規定的設備費用、債務的利息支付、長期工作人員的薪水、等等。即使企業的生產量是零，也必須支付這些開支。而且，如果產量發生變化，這些開支也不會改變。

上表第三欄顯示的是可變成本，可變成本是隨著產出水準的變化而變化的那些成本。它包括：產出所需的物料；為生產線配置的生產工人；工廠進行生產所需要的能源；等等。

總成本是固定成本和可變成本的和。

2. 分銷成本

產品從生產地流通到最終消費者身上，要經歷相應的環節，其間必然發生相應的費用。中間環節費用主要包括運輸費用和支付給中間商的費用。

3. 運輸成本

制定產品的國際市場價格時必須把運費考慮進去，並注意國際市場運價狀況。按照國際貿易慣例，中國企業進出口產品使用較多的是 FOB（裝運港船上交貨）、CFR（成本加運費）和 CIF（成本加運費和保險費）這三種辦法。對於出口國來說，使用較多的是後兩種，通常由賣方負責支付運輸費用。

4. 關稅

關稅是當貨物跨越國境時所繳納的費用，是一種特殊形式的稅收。關稅是國際貿易最普遍的成本之一，它對進出口貨物的價格有直接的影響。徵收關稅可以增加政府的財政收入，而且可以保護本國市場。關稅額的高低取決於關稅率，可以按從量、從價或混合方式徵收。

5. 通貨膨脹

在通貨膨脹的國家，成本可能比價格上漲得更快。而且政府往往為了抑制通貨膨脹還對價格、外匯交易等進行嚴格的管制。企業必須做好對成本價格和通貨膨脹率的預測，在長期合同中規定價格調整的條款，並且盡量縮短向買方提供信用的期限。

6. 匯率成本

　　匯率波動是國際貿易中經常面對的問題之一，其風險成本也必須考慮。由於發達國家的貨幣基本上都是採用浮動匯率制度，因此這些主要貨幣之間的比價變動使得人們很難準確地預測某種貨幣未來時期的確切價值。

　　7. 融資成本

　　國際行銷的一項交易從買賣雙方開始磋商到最後付款，所費時間通常較長，容易造成企業資金的短缺，增加企業的資本成本。資本成本在不同的國家是不一樣的，通常發達國家的利率要低於發展中國家。因此，如果企業使用利率較高國家當地的信貸來支持生產和行銷，可能會用較高的價格把高利率成本轉移到買方。

　　（三）供求狀況

　　產品的最低價格取決於該產品的成本費用，而最高價格則取決於產品的市場需求狀況。各國的文化背景、自然環境、經濟條件等因素不同，決定了各國消費者對相同產品的消費偏好不盡相同。要使制定的價格政策能實現企業定價目標，企業需要深入研究目標市場消費者的消費習慣及收入分佈情況。

　　（四）國際市場競爭狀況

　　產品的最低價格取決於該產品的成本費用，最高價格取決於產品的市場需求狀況。對許多種類的產品來講，競爭因素是影響產品價格最為重要的因素。市場競爭按程度大小可分為完全競爭、完全壟斷、不完全競爭和寡頭壟斷四種類型，這裡我們只介紹前三種市場類型的價格策略：

　　（1）在完全競爭條件下，由於買賣雙方對商品的價格均無影響力，價格只能隨供求關係而定，為此，企業只能接受現實的價格。

　　（2）在完全壟斷條件下，由於某產品完全被一個壟斷組織所控制，因而該組織擁有較大的定價自由。但是，壟斷組織在制定價格時，也必須考慮比較高的價格可能會引起消費者的反感和政府的干預。

　　（3）在不完全競爭條件下，對價格的影響力是由企業對市場的控制能力的大小決定的。

　　（五）行銷組合

　　行銷組合作為有機的整體，產品、渠道、促銷等要素不可避免地會對價格要素產生影響。如針對不同系列的產品，企業的定價方法也會不一樣；產品的所屬類別不同，其定價方法也會不同。同理，渠道策略也會影響到企業在國外市場上的定價。渠道長還是短，渠道是自建的還是合作渠道等都會直接影響到企業的國外定價。如企業需要增加廣告費用，這無疑增加了產品的成本，也會影響到企業的國外定價，所以說行銷組合是一個互相影響的有機組織。

　　（六）公共政策

　　東道國政府可以從很多方面影響企業的定價政策，比如關稅、稅收、匯率、利息、競爭政策以及行業發展規劃等。作為出口企業，不可避免地要遇到各國政府有

第十章　國際市場定價策略

關價格規定的限制，遵守政府對進口商品實行的最低限價和最高限價，約束了企業的定價自由。

（七）國際價格協定

同業之間為了避免在國外市場上出現惡性競爭（尤其是削價競爭），有時會採用價格協定的方式來解決這一問題。有些協定是由政府推動達成的，有些是由企業自行達成的，還有些是經過國際會議達成的，如石油輸出國組織經常開會討論價格問題。無論哪一種方式的價格協定都能影響國際行銷的定價決策。國際市場上的價格協定主要有如下幾種：

1. 專利授權協定

通過專利授權協定，專利所有人必須劃分市場範圍，使用者擁有在某一特定地區的獨家產銷權，當然也就有了定價的控制權。

2. 卡特爾協定

卡特爾是由數個生產相同或相似產品的生產者組織而成的，這種組織簽訂協定以設定價格，分配市場範圍，甚至分配利潤。

3. 聯合協定

聯合協定較卡特爾協定更具控制力。它由公司組織成理事會，對外採取統一定價。會員中如有違反協定者，將受罰款處分。

4. 同業公會協定

同業公會控制其會員產品的價格水準，使所有會員都能得利，如臺灣的許多行業和同業公會都有核算制度，對出口價格進行管制。

5. 國際協定

許多農、礦產品，如咖啡、可可、糖、小麥、煤、石油等的價格，必須經過生產國與消費國的談判來決定。一般來說，這些產品的出口國大多數屬於發展中國家，它們聯合起來可以把價格定得更有利。

二、定價方法

（一）成本導向定價法

成本導向定價法是一種主要根據產品的成本決定其銷售價格的定價方法。其主要優點在於簡便易用、比較公平。其主要方法有：

1. 成本加成定價法

成本加成定價法是一種傳統的產品定價方法。成本加成就是以商品總成本為基礎，再加上一個百分比作為利潤來確定價格。

成本包括生產成本（包括固定成本與變動成本）和經營成本（包括銷售費用、管理費用、運費、關稅等）。

成本加成定價法是企業最基本、最普遍採用的定價方法，這種方法簡便易行，

計算準確，但由於缺乏競爭性，沒有考慮消費者的需要，是很難制定出最適宜的價格的。

若以 C 表示產品單位成本，以 S 表示百分比，P 表示價格，則有：

$P=C(1+S)$

上述公式中，C 除了指產品的製造成本外，還應考慮許多國際市場行銷所特有的成本項目。根據這些費用是由生產廠家負擔，還是由出口商或進口商負擔，決定制定價格時是否將這些成本計算在內。

也可以從商品價格出發，倒扣一個百分比，求得進價。

$C=P(1-S)$

(1) 式稱為順加法，(2) 式稱為倒扣法，並都有所應用。在美國，多採用倒扣法。現在，我們對兩種方法的運用試做分析：

例如，公司生產出口某型號的電視機 1 萬臺，每臺固定成本 200 元，變動成本 1,000 元，預期利潤率 10%。

用順加法計算售價：

$P=1,200(1+10\%)=1,320$（元）

用倒扣法計算進價：

$C=1,320(1-10\%)=1,188$（元）

同一比例的加成，倒扣法算出的價格與成本和順加法不相同。從中我們可以體會到倒扣法的作用。與順加法相比，在成本相同的情況下，倒扣法有較高的價格，或者說市場價格相同，而倒扣率較低，其迷惑性較強；企業欲統一市場價格或維護既定的定價策略，可根據經營條件的不同給零售商以不同的折扣率，而形成統一的市場價格，以避免價格戰。

成本加成定價法之所以受到企業界歡迎，主要是由於這一方法有以下幾個優點：

(1) 相對於需求的不確定性而言，成本的不確定性一般比較少，根據成本決定價格可以大大簡化企業定價的過程。即使企業對國外市場上的需求、競爭等因素瞭解不多，但只要產品能夠賣得出去，根據成本加成定出的價格就能保證企業的正常經營。

(2) 如果同行業中所有企業都採取這種定價方法，那價格在成本與加成相似的情況下也大致相似，價格競爭也會因此減至最低程度。

(3) 許多人感到成本加成法對買方和賣方講都比較公平，當買方需求強烈時，賣方也不利用這一有利條件謀取額外利益，同時又能獲得公平的投資報酬。

成本加成法的主要缺點就是忽視了市場供求關係的變化及影響產品銷售的其他因素。當市場出現供大於求時，企業定高價而未及時改變，使產品難以銷售出去，當市場出現供不應求時，產品定低價，一方面使企業未能及時提高利潤率以加快收回投資，另一方面使購買者認為企業產品質量低劣，影響企業和產品形象。

中國企業在運用成本加成法制定產品價格時，還要考慮國外市場對傾銷的認定。

第十章　國際市場定價策略

中國勞動力成本低,導致產品低成本和低售價,有時在國外市場上被他國政府認定為有傾銷傾向。這也是我們在制定產品價格時要考慮的一個因素。

2. 目標利潤定價法

目標利潤定價法亦稱為投資收益率定價法。它是根據企業的總成本、計劃的總銷售量,以及按投資收益率制定的目標利潤制定銷售價格的定價方法。

這種方法的實質是將利潤看作產品成本的一部分來定價。將產品價格和企業的投資活動聯繫起來,一方面強化了企業經理的計劃性,另一方面能較好地實現投資回收計劃。因為投資大,業務具有壟斷性,又與公眾利益息息相關,政府對它的定價有一定的限制,國外大型的工業企業常採用這種方法。

企業使用目標收益率定價法,首先要估算出不同產量的總成本、未來階段總銷售量(或總產量),然後決定期望達到的收益率,才能制定出價格。其過程是:

產品收益＝產品總成本＋目標利潤

產品收益＝產品單價＊產銷量

產品總成本＝固定成本＋變動成本＊產銷量

因此,

產銷量＝(固定成本＋目標利潤)／(單價－變動成本)

用公式表示:

$Q = (FC+R) / (P-VC)$

仍以上例為例,設:目標利潤為 100 萬元,單價為 1,320 元,則

(200,000 ＋ 1,000,000)／(1,320－1,000)＝ 3,750(元)

在目標利潤定價法中,價格與銷量的關係是由需求彈性決定的。因此,在採用此法時,要明確:①要實現的目標利潤是多少;②大致的需求彈性是多少,最後才能考慮價格,把定價定在能使企業實現目標利潤的水準上。

目標利潤定價法的不足之處在於價格是根據估計的銷售量計算的,而實際操作中,價格的高低反過來對銷售量有很大影響。銷售量的預計是否準確,對最終市場狀況有很大影響。企業必須在價格與銷售量之間尋求平衡,從而確保用所定價格來實現預期銷售量的目標。

(二) 需求導向定價法

1. 價值定價法

價值定價法是指盡量讓產品的價格反應產品的實際價值,以合理的定價提供極好的質量和優質的服務。這種方法興起於 20 世紀 90 年代,被麥卡錫稱為市場導向的戰略計劃中最好的定價方法。

價值定價與認知定價是有區別的,消費者對企業產品的認知價值是主觀的感知,並不等於企業產品的客觀的真實價值,有時兩者之間甚至會有較大的偏離。企業價值定價的目標就是盡量縮小這一差距,而不是通過行銷手段使這一差距向有利於企業的方向擴大。企業要讓顧客在物有所值的感覺中購買商品,以長期保持顧客對企

業產品的忠誠。

在零售業中，沃爾瑪被認為是實施價值定價法的成功典範。它的「天天低價」策略比傳統零售商的「高—低」定價策略（即平時的定價較高，但頻繁地進行促銷，使選定商品的價格有時會低於沃爾瑪的價格）更加受顧客青睞。值得強調的是，所謂的低價是相對於商品的質量及服務而言的，任何以犧牲質量為代價的低價正是價值定價法所反對的。此外，價值定價不僅僅涉及定價決策，如果企業無法讓消費者在現有的價格下感覺到物有所值，那麼企業就必須對產品重新設計、重新包裝、重新定位以及在保證有滿意利潤的前提下重新定價。

2. 倒推定價法

這種定價方法不以實際成本為主要依據，而是以市場需求為定價的出發點。可以通過以下公式計算價格：

批發價 = 零售價格／（1 + 零售商毛利率）

出廠價 = 批發價格／（1 + 批發商毛利率）

顯然這一方法仍然是建立在最終消費者對商品認知價值的基礎上的。它的特點是：價格能反應市場需求情況；有利於鞏固與中間商的良好關係，保證中間商的正常利潤，使產品迅速向市場滲透；根據市場供求情況及時調整，定價比較簡單、靈活。這種定價方法特別適用於需求價格彈性大、花色品種多、產品更新快、市場競爭激烈的商品。

3. 差別定價法

從根本上說，隨行就市定價法是一種防禦性的定價方法。它在避免價格競爭的同時，也拋棄了價格這一競爭武器。產品差別定價法則與之形成了鮮明的對比，一些企業依據企業自身及產品的差異性，特意制定出高於或低於市場競爭者的價格，甚至直接利用低價格作為企業產品的差異特徵。主動降價的企業一般處於進攻地位，這就要求它們必須具備真正的實力，不能以犧牲顧客價值和顧客滿意度為降價的代價。而實施高價戰略的企業則只有保證本企業的產品具備真正有價值的差異性，才能使企業在長期競爭中立於不敗之地。

（三）競爭導向定價法

1. 隨行就市定價法

大多數以競爭為導向定價的企業採用隨行就市定價法。企業往往按同行業的市場平均價格或市場流行的價格來定價。

2. 密封投標定價法

當多家供應商競爭企業的同一個採購項目時，企業經常採用招標的方式來選擇供應商。供應商對標的物的報價是決定競標成功與否的關鍵。價格報的過高自然會得到更多的利潤，但是減少了中標的可能性；反之，則可能由於急於中標而失去可能得到的利潤。很多企業在投標前往往會擬定幾套方案，計算出各方案的利潤並根據對競爭者的瞭解預測出各方案可能中標的概率，然後計算各方案的期望利潤，選

第十章　國際市場定價策略

擇期望值最大的投標方案。

專欄 10-1

俄羅斯市場的汽車銷售「格局」

　　普華永道國際會計師事務所（PWC）俄羅斯分部負責向汽車行業企業提供諮詢服務的高級經理謝爾蓋・利特維年科認為，中國汽車製造商在俄羅斯市場的份額和銷售總額將增加。他認為，這在很大程度受到品牌策略和中國政府支持汽車企業進軍海外市場的戰略推動。早些時候俄羅斯《新聞報》報導稱，在俄羅斯市場上就汽車經銷中心而言，中方的數量（668家）超過了俄方（667家）。一年內中國經銷中心數量增加了161家，俄方則減少了44家。力帆汽車和奇瑞汽車擁有的經銷中心數量領先同行，分別是153家（增長27%）和105家（增長3%）。

　　普華永道稱，中國汽車品牌在俄羅斯市場上最大的競爭對手是歐洲、日本和韓國品牌中低價位的部分，後者將被迫抬價，因為它們的費用是以歐元、美元和其他外幣標價的。中國企業享有政府機構提供的「政治層面上的某些支持」。利特維年科解釋說：「中國汽車經銷商明年很可能會提高價格，但會將價格保持在合理水準。這會促進銷量的增長。」普華永道指出，公司客戶視俄羅斯市場為優先發展市場之一。利特維年科說，中國汽車製造商的策略旨在擴大在俄市場的份額。專家相信,中國經銷商網路將不會力求擴大市場覆蓋面，而是爭取提高質量和標準。

　　普華永道對俄羅斯經銷中心數量減少的解釋分為兩個方面：一方面是經濟危機，另一方面是提高服務質量和標準的戰略。普華永道列舉俄汽車製造商伏爾加汽車製造公司（AvtoVAZ），該公司在推出優質新系車型前夕，「推行經銷網改組政策，提高標準」。利特維年科認為，俄產汽車品牌，首先是伏爾加，能夠保持價格，而其在市場的份額不會有很大變動。

　　思考問題：如果日系汽車被迫抬價，那麼日系汽車採用的是哪種定價策略？

　　資料來源：環球網．中國汽車在俄羅斯爆發 日系車遭到重創被迫抬價［EB/OL］．［2018-03-08］．http://finance.chinanews.com/auto/2014/12-04/6845661.shtml．

● 第二節　國內企業的常見國際定價問題

　　對國內市場行銷來說，價格是企業的可控因素，這比較確切，但國際市場行銷的情況則不同，因為影響國際市場行銷價格策略制定的因素較複雜，企業在國際市場上的定價策略就更複雜，下面將著重討論一下企業在國際市場上常遇到的與價格

國際市場行銷

有關的問題。

一、外銷產品的報價

外銷產品的報價具體反應在國際銷售合同的價格條款上,合同的價格條款必須明確劃分商品運輸中各方的責任,如由誰支付運費和從什麼地方開始支付;明確商品的數量、質量、計量單位、貿易術語、單位價格、計價貨幣,如有佣金和折扣應說明其百分比率。所有這些在國際貿易實務等相關學科都有詳盡的介紹,在此主要討論出廠價的確定和報價技巧問題。

外銷產品的報價可採用工廠交貨價、裝運港船邊交貨價、裝運港船上交貨價、完稅交貨價等多種方式,而這些報價的基礎是工廠交貨價,即出廠價。出廠價也是目標市場最終價格的基礎,可見出廠價格的制定非常重要。出廠價的確定可採用常見的成本導向定價、需求導向定價和競爭導向定價三種類型的定價方法。而許多不熟悉國際市場行銷業務的企業,包括中國的外銷產品企業,往往喜歡採用簡便易行的成本導向定價法,從而使中國企業的外銷產品很難在外國市場上準確定價,因為某一國家的產品成本偏高偏低很難避免。這樣會導致確定的價格偏低而失去盈利的機會,偏高會降低價格競爭的能力。從中國企業外銷產品的定價歷史來看,因為基本採用成本導向定價法,所以中國產品在國際市場上的價格普遍偏低。如在法國市場上最好的中國米酒賣 40 法郎一瓶,還不及法國一瓶普通酒的價格;中國製造的膠鞋和繡花拖鞋,每雙售價是 10 法郎,比看一場電影的票價還少 20 法郎。如此低廉價格的商品,在發達國家的市場裡不僅會被視為「低劣商品」,影響產品銷路和獲利水準,還可能被指控傾銷。所以說國際化經營企業出口產品時不能簡單地採用成本導向定價法,而要根據各個目標市場國的具體情況,更多地採用需求導向定價法、競爭導向定價法,使出廠價在國內外市場上有所區別,提高中國產品在國際市場上的價格競爭力,脫離「低質低價」的怪圈。

專欄 10-2

不再低質低價 中國品牌正在崛起

據信息時報 2016 年 10 月 27 日報導:目前,很多消費者購買自主品牌汽車的主要原因是自主品牌性價比高。比如用一輛合資緊湊型車的價格能買到一輛自主緊湊型 SUV 甚至是中型 SUV。廣汽傳祺號稱要對標奧迪 A6L 的 GA8,售價僅為奧迪 A6L 售價的一半不到。靠價格搶市場,確實是自主品牌成功的市場手段。不過這種做法也讓不少消費者心中產生出一個疑問——「自主品牌質量不行,價格才這麼低吧?」值得慶幸的是中國自主品牌整體造車實力提升,在《財富》雜誌公布的 2016 年度

第十章　國際市場定價策略

世界500強企業排行榜中，有35家與汽車相關的企業入選。這35家企業中，日本占據10家，中國占據6家，德國占據6家，美國、法國和韓國各占3家。入選500強榜單的6家中國汽車企業分別是上汽集團、東風集團、一汽集團、北汽集團、廣汽集團和吉利控股集團，除了吉利以外全是國有企業。不過，國有企業不是僅生產自主品牌。光上汽集團一家就有凱迪拉克、別克、雪佛蘭、五菱、大眾等多家合資品牌，也就是說上汽出色的效益規模，主要得益於合資業務的成功。由此看來，自主品牌整體實力還是有一定的欠缺，難與合資品牌競爭。

　　所幸的是，近幾年自主品牌迅速崛起。此次吉利以民營身分入圍500強榜單。比較有意思的是，在榜單公布的前幾天，吉利為其「博瑞」車型做了一場24小時的拆車直播，同場對比的還有本田的雅閣。從拆車的情況來看，博瑞車身內部不少做工確實達到了雅閣的水準，不少零部件也都與雅閣源自相同的供應商。雖然單純的零部件堆砌，不能完全反應一輛車的質量（還包括動力總成匹配、底盤調教等多方面），但至少能夠從側面反應出博瑞汽車並不只是簡單地在空間、外觀方面下功夫，在內裡是有一定的技術、品質支撐的。中國企業的產品在國際市場上，不再「低質低價」，說明中國品牌正在崛起！

　　資料來源：信息時報. 不再低質低價 中國品牌正在崛起［EB/OL］.［2018-03-08］. http：//news. ifeng. com/a/20161027/50161074_ 0. shtml.

二、國際市場上的價格戰

　　價格戰一般是指企業之間通過競相降低商品的市場價格展開的一種商業競爭行為，其主要內部動力有市場拉動、成本推動和技術推動，目的是打壓競爭對手、占領更多市場份額、消化庫存等，如沸沸揚揚的「京東當當價格戰」。同時，價格戰也泛指通過把價格作為競爭策略的各種市場競爭行為，在某些行業高價取勝。

　　欲罷不能的價格戰給中國企業帶來一種難以拆解的壓力，原以為這種壓力只來自於中國業內，實際不然，如今一種新的壓力正從海外悄悄襲來。有信息顯示，以家電行業為例，有將近10家國外的家電品牌在經過20世紀80年代末中國的生產線建設高潮之後，又於最近醞釀或正在向中國搬遷生產線。例如，松下電器不久前將美國肯塔基州的微波爐生產線搬到了上海。東芝公司把包括數字電視在內的電視機生產線全部轉移到中國。洋品牌生產線的二次搬遷高潮悄然來到。據分析，洋品牌生產線搬遷新高潮的直接動因就是中國的價格戰。從20世紀90年代中期開始的價格戰經過5年多相對高利潤消解運動，基本上覆蓋了整個家電產品線，並且每一類產品的價格都得到了大幅度的下調。不知不覺中，中國成為全球家電市場的「價格盆地」。低價國產家電在國際市場的影響日漸深遠。歐洲國家、日本等家電強國已經感受到來自中國家電的壓力。歐盟於1995年對中國彩電開始長達40個月的反傾銷調查，最終決定對中國彩電徵收44.6%的高額反傾銷稅。日本經濟產業省也已經

國際市場行銷

表達了中國家電是日本越來越強勁的競爭對手。

價格戰的推進正在改變著世界產業的格局。我們看到，行業未來的競爭將由成本競爭轉向多要素競爭，所以中國企業不要單純依靠低成本的產品，要在國際價格戰打響之前，爭先搶奪專業的技術人才，強化技術創新，為非單一的成本競爭做好準備。生產線轉移的下一步將是研發機構的轉移，中國擁有世界上最便宜的科學技術研發人才，我們最緊迫的任務就是趕快搶奪人才。如果我們在人才的搶奪戰中失敗的話，中國企業在未來競爭力將大打折!

三、國際價格升級

（一）國際價格升級的概述

同在國內銷售產品相比，出口到國際市場上的產品會面臨更多的成本和費用，比如需要更多的運輸和保險費用，需要更多的中間商和更長的分銷渠道，從而導致了產品在國際生產上的最終價格要比國內銷售價格高很多。我們把由這種外銷成本逐漸增加所形成的出口價格逐步上漲的現象稱為價格升級。

（二）降低價格升級的途徑

價格升級並沒有給出口企業帶來任何額外的利潤。相反，由於價格升級，企業目標市場的消費者需要花高價購買同樣的商品，高的價格抑制了需求，減少了企業產品的銷售量，對生產企業本身產生不同的影響。因此，企業要努力採取措施，抑制價格的逐步升級。常用的方法有以下幾種：

（1）降低淨售價，即通過降低淨售價的方法來抵銷關稅和運費。但這種策略常常行不通。

（2）改變產品形式。

（3）在國外建廠生產。這樣可以在很大程度上減少運費、關稅、中間商毛利等價格升級造成的影響，但這需要較高的資金投入和管理投入，所面臨的風險較高。

（4）縮短分銷渠道。這可以減少交易次數，從而減少一部分中間費用。在按照交易次數徵收交易稅的國家，可以採用這種方法來少繳稅。

（5）降低產品質量，即取消產品某些成本昂貴的功能特性，甚至全面降低產品質量。

四、平行輸入

在國際市場上，平行輸入是指同一生產企業的同一產品通過兩條通道輸入某一國家市場，一條是正規的分銷渠道系統，一條是非正規的分銷渠道系統。導致平行輸入的根本原因是同一產品在不同的國家市場存在價格差異。當價格差異大於兩個市場之間的運費、關稅等成本時，就可能產生這一貿易行為。具體有以下原因：

（一）各國間幣值的變動

最早，一個國家的貨幣（紙幣）的相對價值是由這個國家的黃金儲備量來決定

第十章　國際市場定價策略

的，我們稱為金本位體制。這種狀況從 15、16 世紀世界上出現紙幣開始一直持續到 20 世紀中葉。那時候，哪個國家的黃金多，哪個國家的貨幣就值錢——無論是金屬鑄幣還是銀行券、紙幣。事實上當我們的世界進入工業化時代以後，哪個國家的能源多，哪個國家的貨幣也會變得比較值錢，中東那些產油國的貨幣幣值就是在這種情況下形成的。

第二次世界大戰以後，由於美國的經濟實力最強大，美元和黃金強制掛勾固定，約定其兌換率為 1 盎司黃金兌換 28 美元，其他貨幣也和美元掛勾（實際上都是和黃金掛勾了），布雷頓森林貨幣體系，即以美元為主體的全球貨幣體系形成了。20 世紀 70 年代以後，隨著西方國家經濟的恢復，布雷頓森林貨幣體系崩潰，浮動匯率取代了固定匯率體制。一開始一個國家的貨幣的匯率是根據國際貿易的需求在布雷頓森林貨幣體系的價格上變動的。後來，大家認為這樣也不符合國家或地區經濟發展的需要，於是採用購買力平價來確定貨幣的匯率。當然，購買力平價理論只能從理論上來闡述貨幣應有的匯率，市場匯率又是另外一回事，所以到了 20 世紀 80 年代中期以後購買力平價理論被新古典貿易理論（貿易、利率差、央行票據量綜合評判）所代替。如在美國市場上需要 2.4 萬美元購買一輛奔馳汽車，而在同時期的德國只要 1.2 萬美元就可以買到一輛奔馳汽車。

（二）國際化經營企業實行差別價格策略

企業在給產品定價時，實行差別價格策略，使同一產品在國內價格高於國外價格，就會發生平行輸入。

（三）各國稅率與中間商毛利

各國由於政策不同，稅率或高或低，各國中間商的毛利水準也不一樣，因此同一生產企業的同一產品在各國的最終價格會相差很大，也因此引起了平行輸入。

這種平行輸入還會影響在國外進口商品的渠道建設，使產品的渠道出現兩種方式，一種是由有代理權的經銷商代理進口；另一種則為無代理權的貿易商進口，稱為「平行輸入」（水貨）。貿易商之間就外國商品先競爭代理權，取得代理權者稱為「代理商」。沒有獲得代理權的貿易商仍可自市面或原廠取得同項商品的進口銷售。這樣的「平行輸入貿易公司」可以買斷許多大品牌的某些商品，並且不用上繳關稅，利用自己龐大的「秘密管道」系統把這些「平行輸入商品」弄到國內市場，低價賣出。由於不是「根紅苗正」的商品，所以只能出現在一些個體的小商鋪裡，並且不會用任何一種化妝品的名稱給自己的小店冠名。但是目前國內還沒有這樣的行業。

若消費者購買水貨，應就其品質及售後服務多加考慮，不能因為水貨便宜而忽略售後服務。若進口水貨，貿易商資金少，以後難以依《中華人民共和國消費者權益保護法》追償製造者責任。例如，貿易商以低出商場許多的價格出售水貨化妝品，引起了有代理權的大商場的不滿。某商場表示，由於貿易商的挖牆腳行為，一部分消費者流失了。而口袋裡欠缺金錢的消費者，就成了這些小店的「熟客」。但

是代理商通常需花費大筆的廣告費用，而平行貿易商坐享其成，搭便車，易造成不公平競爭。但也有人認為政府可以通過增加平行輸入商經營的流通成本和額外成本，降低其利潤，或許有助於抑制灰色市場的發展。例如，對洋酒等某些進口商品數量上的限制。

五、跨國公司的國際轉移價格

在國際市場上，假設一家美國企業來華投資設廠後，以 10 美元的價格從其母公司進口原材料，在中國又追加投資 2 美元，則其成本應為 12 美元。但是其在華子公司僅以 11.5 美元的價格把產品返銷給其母公司。從帳面看，這家美商在華投資企業就是虧損的，而其母公司很可能以 14 美元的價格把產品轉手銷給其他消費者，這樣利潤就被截留在中國之外了。目前中國批准成立的外商直接投資企業中，60%的企業自稱虧損，原因就在於轉移價格。

（一）轉移價格的含義與特徵

轉移價格（Transfer Price）是指跨國公司根據全球行銷目標在母公司與子公司之間或者在不同子公司之間轉移商品或勞務時使用的一種內部交易價格。

作為一種跨國公司內部交易價格，轉移價格具有如下的特徵：一是轉移價格服務於跨國公司的全球行銷目標和整體利潤追求，並非完全反應被轉移商品或勞務的實際價值；二是轉移價格是由公司少數高級管理人員制定的，並非通過市場供求與競爭機制來確定；三是轉移價格僅適用於公司內部的交易，轉移的是成本費用或利潤收入。

（二）轉移價格的目的

從根本上說，跨國公司的母公司與子公司之間或各國子公司之間，為轉移產品或勞務制定價格的目的，就在於獲取公司整體的、長期的最大利潤。轉移價格是公司實行全球利益最大化的重要調節機制，其目的有如下幾種：

1. 加強某個子公司的競爭地位

跨國公司從全局利益出發，可能會認為某個子公司所在的市場潛力很大或很有前途，擴大公司產品在該市場的佔有率，對整個公司的長遠利益大有裨益。因此，母公司或其他市場的子公司就會以低價向子公司提供所需的原材料及服務，使該子公司能夠保持較低的成本，以低價擊敗競爭對手，並使該公司顯示出較好的資信情況，從而有利於子公司擴大市場份額，樹立較好的財務形象，在市場競爭中處於有利的地位。

2. 減少稅負

通過轉移價格，跨國公司可以設法降低在高稅率國家的納稅基數，增加在低稅率國家的納稅基數，從而減少跨國公司的整體稅負。

從所得稅的角度分析，各國稅率懸殊。當國外子公司之間進行貿易時，跨國公司先將貨物以低價售給「避稅地」的子公司，通過轉移價格在公司之間進行轉帳。

第十章　國際市場定價策略

這樣便可以達到減輕稅負的目的。

從關稅的角度分析，跨國公司同樣可以利用轉移價格減少稅負。不過只有在徵收從價稅和混合稅條件下，轉移價格才具備這樣的功能。當國外子公司出售產品給關聯企業時，可以採用偏低的價格發貨，從而減少公司的納稅基數和納稅額。

值得注意的是，減少關稅和所得稅有時是互相矛盾的。例如，如果進口國所得稅率比出口國高，企業需要提高價格以減少所得稅。但這樣做會增加關稅稅額。這時公司就要從全局的角度出發，根據各種稅率進行計算、比較和分析，最後制定出使公司整體利益最大化的轉移價格。

3. 獲取利潤

許多跨國公司在國外的子公司都與當地企業共同興建合資企業。跨國公司可以運用轉移價格將利潤轉移出去，損害合作夥伴的利益。當然，轉移利潤時要考慮跨國公司在利潤輸入公司後所持的股份，還要計算所得稅及關稅上的得失。國際化經營企業只有在經過綜合比較後才能制定出價格。

4. 規避風險

跨國公司在國外從事生產經營，面臨各種各樣的風險，如政治風險、經濟風險、外匯風險、通貨膨脹風險等。為了逃避這些風險，跨國公司可以利用轉移價格將資金轉移出去，使其將可能遭受的損失降到最低的限度。

5. 對付價格控制

當東道國認為跨國公司的產品或勞務是以低於其成本的價格進行「傾銷」時，公司可以盡量降低原材料、零部件的供應價，減少其成本，使其較低的價格成為「合理」的價格，從而逃避東道國的限制和監督。當東道國認為跨國公司的產品或勞務價格太高、利潤過多時，跨國公司對海外子公司盡可能提高原材料、零部件的供應價格，增加其成本，使較高的價格成為「合理」的價格，這樣也有效地避免了東道國的限制和監督。

6. 減輕配額限制的影響

在國際市場上，配額是常見的非關稅壁壘。如果配額是針對產品數量的，而不是產品金額，跨國公司可利用轉移價格在一定程度上減少限制。如果出口國子公司降低轉移價格，而進口國配額一定，其結果等於不增加配額就擴大了進口國子公司實物的進口量，達到了擴大銷售的目的。

(三) 國際轉移價格的形式

1. 高進低出，低進高出

這是在貨物採購與銷售時跨國公司經常使用的方法。高進低出是指跨國公司的子公司以高於市場價格從國外的母公司或子公司採購貨物，而在該子公司出口貨物給母公司或其他子公司時採取低於市場價格的方法來制定轉移價格。通過這種方法可以將該子公司的利潤轉移到母公司或其他子公司。低進高出則採取相反的購銷活動，可將利潤從國外的母公司或其他子公司轉移進來。

2. 收取諮詢費、服務費、管理費等費用

跨國公司的母公司通過提高或降低服務費、諮詢費等費用水準，人為地提高或降低子公司的利潤，以達到公司的多種目的。

3. 收取商標、專利、專有技術等無形資產轉讓費用

跨國公司的母公司還可以通過調整商標、專利等無形資產轉讓費用來達到提高或降低子公司利潤的目的。

4. 提供貨款或設備租賃

跨國公司母公司採取向國外子公司提供高息或低息貸款的方法影響子公司的成本，還可通過對設備租賃費用高低的調整來制定轉移價格。

（四）轉移價格的限制

轉移價格的限制主要來自兩個方面：

1. 公司內部的限制

雖然高低價格的利用能使公司整體利益達到最優化，但以轉移部分子公司的經營實績為前提，在跨國公司管理實行高度分權的模式下，有些轉移價格的政策會受到某些子公司的抵制。在國外的合資企業中，由於東道國一方決策權力的存在，通過轉移價格實現公司整體利益最優化更難辦到。為了解決公司集中管理與分散經營相對獨立的矛盾，大型跨國公司往往通過設置結算中心來進行統一協調。

2. 東道國政府的限制

各國政府都很重視外國公司通過轉移價格來逃稅，因而通過稅收、審計、海關等部門進行檢查、監督，並在政策法規上採取一系列措施，以消除通過轉移價格進行逃稅的現象。目前國際上普遍採用的是「比較定價」原則，又稱為「一臂長」（Arm's Length）定價原則，即對同一行業中某項產品一系列的交易價格、利潤率進行比較，如果發現某一跨國公司子公司的進口貨價格過高，不能達到該行業的平均利潤率時，東道國稅務部門可以要求按「正常價格」進行營業補稅。

第三節　傾銷與反傾銷

在西方國家，反傾銷法以法律手段排除某些來自國外商品的進口，以達到保護本國企業競爭優勢的目的。

一、傾銷的衡量標準

各國反傾銷法中都確定了一些用以衡量傾銷存在與否的基本尺度，其中最主要的有「正常價值」「出口價格」「傾銷」。

第十章　國際市場定價策略

導讀：中美貿易大戰

（一）正常價值或國外市場價值

正常價值是制定反傾銷法的各國用來衡量有關進口商品是否構成傾銷的最根本的指標。在美國反傾銷法中，該指標被稱為「國外市場價值」。根據 1988 年修訂的歐洲共同體反傾銷規則的規定，在確定正常價值時對市場經濟國家與非市場經濟國家分別適用不同的判斷標準。對市場經濟國家而言，正常價值指的是：為在國內市場上消費，某種產品在通過一般的商業過程後購買者實際支付或應當支付的價格。如果存在以下情況：賠本銷售；在商品生產國的國內市場上沒有同類產品的買賣；雖有同類產品的買賣，但該種買賣並不是通過一般的商業過程進行的，那麼，確定正常價值的原則可選用以下二者之一：同類產品向非共同體國家的出口價格或者推定價值。對非市場經濟國家而言，其國內售價在確定正常價值時被視為不可靠的因素。為了確定非市場經濟國家出口產品的正常價值，需選定一個可以類比的第三國作為參照。

（二）出口價格或美國價格

以正常價值為基礎，確定傾銷是否存在的最終指標是有關產品的出口價格（歐共體用語），即提起反傾銷程序的國家進口該產品的價格。出口價格在美國反傾銷法中稱為「美國價格」。依照美國及歐洲共同體反傾銷法的規定，出口價格指的是下列兩種價格之一：如果有關產品是由出口商直接向進口國與其無關的買主銷售的，那麼出口價格（或美國價格）即是該出口商向進口地的直接買主索要的價格，或者進口地的無關買主應當支付的價格；如果出口商將其產品首先賣給了進口國與之有關係的進口商，然後再由該進口商銷售給進口地的買主，那麼出口價格則為該進口商向首位獨立買主索要的價格，或者首位獨立買主應當支付的價格。

（三）傾銷

傾銷指的是針對不同國家實施價格歧視的貿易行為。依照歐洲共同體反傾銷規則的規定，傾銷是指某種產品以低於正常價值的價格向共同體國家出口的銷售行為，即出口價格低於正常價值進行銷售時，該種產品對其出口所指向的進口國構成了傾銷。

231

二、反傾銷程序

（一）傾銷投訴

根據歐美反傾銷法的規定，有資格的傾銷投訴者可以是其地域範圍內的自然人或者法人，以及代表其域內產業利益的任何實體。具體包括以下四種：一是同類產品在進口地的製造商、生產商或者批發商；二是作為製造、生產或批發行業的代表的、已獲認可或承認的工人聯合會或團體；三是其多數成員屬於進口地製造、生產或者批發同類產品者的貿易或者商業聯合會；四是其多數成員為上述第一項至第三項所述的法律主體的其他聯合體。這四類法律主體都與同類產品的製造、生產或者批發有關。按照美國反傾銷法的規定，有關產品的進口商、組裝商，或者與所涉及的產品沒有關係的任何製造商、生產商與批發商等，均不能成為傾銷的投訴者。除投訴外，在美國商務部亦可在其認為必要時主動發動反傾銷程序。

歐美反傾銷法還要求，傾銷投訴者必須是以地域內絕大多數產業代表的身分提出投訴的。按照歐洲共同體反傾銷規則的規定，投訴者必須能夠代表共同體內同類產品生產的60%以上。美國的反傾銷法則要求，反傾銷調查的申請必須為產業的利益而提出。

反傾銷行政當局在接到投訴書或申請書後，首先要對其進行合法性、完備性及可靠性等方面的審查，然後才能確定是否正式接受該投訴或申請，並開始發動反傾銷程序。歐洲共同體始終將反傾銷視為一種政策性行為，是否發動反傾銷程序主要取決於共同體的政策導向，只有當共同體的整體利益要求其這樣做時，而不是某種產業利益受到損害時，共同體才會決定發動反傾銷程序。而美國的反傾銷行動基本上以產業利益為出發點，只要申請者按照法律的要求提出了完整而可信的反傾銷申請，商務部就必須在該申請提出後的20個工作日內做出發動反傾銷調查的決定。

（二）反傾銷程序的發動

歐洲共同體和美國有關的行政當局在決定正式接受投訴或申請後，都要在其官方報刊上公開發表一份「發動反傾銷調查公告」，以此作為反傾銷調查程序的開端。反傾銷調查程序一般分為三個階段：書面調查階段、鑑別與核實階段、做出結論階段。

書面調查階段屬於全方位的資料收集階段。在此階段，所有與某一反傾銷案件有關的「當事方」，如外國出口商、本國進口商、本國同類產品的生產商與批發商等都將被列為調查的對象。行政當局製作一些完整而詳細的調查問卷，分別送交其所要調查的對象，要求他們限期做出回答。

行政當局在收到調查問卷或其他書面資料後，將對其進行鑑別與核實。鑑別與核實一般都是通過現場核查進行的，核查的對象包括：出口商在其正常交易過程中製作並保留下來的原始數據資料、會計與財務報表、庫存清單、銀行帳目以及成本

第十章 國際市場定價策略

核算記錄等。鑑別核實完成以後,辦案人員要製作詳細的鑑別報告,說明其鑑別過程中的各種發現和客觀結論。報告包括兩份:一份為保密性報告,提交給被調查者、商務部以及投訴者的律師;另一份為不保密的報告,用於向社會公開。不論歐洲共同體還是美國,均將反傾銷調查結論的做出劃分為兩個階段。歐洲共同體反傾銷規則按階段將調查結論區分為「臨時性結論」與「永久性結論」兩種。美國的反傾銷調查結論也分為「初步結論」和「最終結論」兩種,但其反傾銷過程中實際要做出的結論至少有以下四個:一是由國際貿易委員會做出的因傾銷性進口引起損害的初步結論;二是由商務部做出的存在傾銷的初步結論;三是由商務部做出的最終結論;四是由國際貿易委員會做出的最終結論。

(三) 反傾銷調查程序的終止

根據歐洲共同體和美國的相關法律,反傾銷調查程序均可因某種特殊情況的出現而終止。根據美國法律的規定,反傾銷調查程序可因反傾銷申請的撤回或調查的中斷而終止。反傾銷申請的撤回有兩種情況:一是代表美國產業利益的申請者撤回其反傾銷申請;二是商務部自認為有必要終止程序,這是針對商務部自行發動反傾銷程序而言的。申請人撤回申請以及商務部自動終止調查程序的前提是「限量進口協議」的達成。這種協議一般是由被調查的外國出口商與域內產業或者商務部之間達成的,旨在限制該外國出口商向美國出口有關產品的數量。因申請的撤回而終止反傾銷調查程序只可能發生在反傾銷指令發出之前的調查階段,一旦反傾銷調查程序的最終結論已經做出,而且商務部依此而發布了反傾銷指令,反傾銷申請便不可能再撤回了。調查程序的中斷是美國政府主動採取的一種終止反傾銷調查程序的做法。在滿足下列條件的情況下,主管當局可以中斷反傾銷調查程序:幾乎全部被調查的出口商同意在程序中斷後6個月內停止向美國出口有關的產品;或者調整出口價格,徹底消除傾銷幅度;或者調整出口價格,徹底消除傾銷的損害性影響。

根據歐洲共同體反傾銷規則的規定,在基本確定有傾銷及損害存在的情況下,終止反傾銷調查程序的可能只有一種,即接受外國出口商的承諾。所謂的承諾實際上就是歐洲共同體委員會與傾銷產品的進口商或者出口商之間達成的協議。按照此種協議,有關的進口商或出口商同意調整其產品價格或者停止向共同體出口,以徹底消除傾銷幅度或其所帶來的損害性後果。

三、反傾銷稅

一旦反傾銷行政主管當局確認了傾銷和域內產業損害的存在,並已認定了該種傾銷與其域內產業所受損害之間的因果關係,就會對有關進口產品徵收反傾銷稅。徵收反傾銷稅的結果是有關產品在被徵稅的市場上價格上漲,而且其最終售價一般都會高於該市場上同類產品,從而極大地削弱了該商品出口商在域內的競爭力。在美國,商務部與國際貿易委員會負責反傾銷調查,並依其調查做出是否存在傾銷與

國際市場行銷

損害的結論。在此基礎上，美國海關計算並實際徵收反傾銷稅。歐洲共同體的反傾銷稅劃分為兩種，即臨時性反傾銷稅與永久性反傾銷稅。臨時性反傾銷稅是由歐洲共同體委員會根據其調查結論而確定的一個初步適用的徵稅額；永久性反傾銷稅則是由共同體理事會確定的，在情勢不變的情況下永久性地適用於有關進口產品的反傾銷稅額。

本章小結

定價是國際行銷者面臨的最複雜的一個決策領域，影響國際行銷定價的因素是多樣化的，有成本因素、企業目標、目標市場國的顧客需求與政府等因素。所以我們在定價時要考慮綜合運用成本導向定價法、需求導向定價法與競爭導向定價法等多種方法，提高中國企業產品在國際市場上的價格競爭力。在國際市場上控制最終價格比在國內市場上難得多，我們要面臨很多挑戰，如外銷產品的定價問題、國際市場上的價格戰、國際價格升級、平行輸入、與跨國公司的價格轉移等。把握好國際行銷者對銷售成本、各種法規條例等具體細節，提高市場敏感度，便於企業順利開展國際行銷。客觀看待傾銷與反傾銷，控制好質量與成本的問題，出口優質優價的商品，提高中國企業的國際行銷水準。

關鍵術語

價值定價法　倒推定價法　差別定價法　隨行就市定價法　密封投標定價法
價格戰　國際價格升級　平行輸入　轉移價格　傾銷

復習思考題

1. 選擇一個你所熟悉的國際品牌，考察一下它的國際定價策略。
2. 影響國際定價的因素有哪些？
3. 簡述國際行銷各定價方法的優缺點。
4. 面對國際價格升級我們應怎麼看待及運用什麼措施去防範？
5. 面對轉移價格我們應怎麼看待及運用什麼措施去防範？
6. 案例分析：

戴爾在中國的低價策略

1998年，戴爾公司開始進入中國市場，憑藉其在國際市場上的聲譽，戴爾對高端PC市場的爭奪輕而易舉。但是，面對中國市場潛力更大而且高速增長的中低PC市場，戴爾一貫的「直銷」銳器似乎並不奏效。更為嚴峻的是，全球性PC市場的

第十章　國際市場定價策略

不景氣使得戴爾公司的年收入在 2001 年出現了 17 年來的首次下降。中國已經成為亞太地區最大的 IT 消費市場。為了在中國市場獲得生存和發展，公司面臨著戰略轉型。在中國的個人電腦市場上，價格戰是國內電腦企業的常用招數，而國際電腦業的老大戴爾也終於選擇了同樣的招數，但其力度更大，令人難以招架。見表 10-2。

表 10-2　　　　　　　　　　戴爾價格戰大事記

時間	戴爾公司的降價標志性事件
2000 年	戴爾公司不斷對筆記本電腦降價，降幅平均高達 20%
2001 年 3 月	戴爾筆記本電腦 3 月份一次降價幅度高達 19%
2001 年 5 月	戴爾宣布其商用機價格下調 10%，總裁宣布全面啟動價格大戰
2001 年 7 月	戴爾向中國推出 5 款 Smart 低價家用 PC，最低售價 4,999 元
2001 年 8 月 28 日	全面推出 6,598 元起價的，配備 15 英吋液晶顯示器的 Smart 電腦，如此低的價位在全球市場尚屬首次
2001 年 10 月 29 日	以更低的價格正式推出了 Smart Step 100D 個人電腦，售價為 599 美元

到 2001 年年底，戴爾在中國市場上從高端產品到低端產品的價格全部調低。有人說，價格戰成就了戴爾。在中國這樣一個對價格極為敏感的市場上，戴爾通過降價策略使其能在 2001 年低迷的個人電腦市場上獨占鰲頭，獲得了市場優勢：戴爾公司 2001 年第三季度在中國市場的佔有率上升到 4.9%，超過 IBM，名列國外 PC 銷售商之首；戴爾公司在中國 6 個主要銷售成熟的銷量超過了預期；

截止到 2001 年 8 月 31 日，戴爾在中國市場銷售額的增長超過了 61%，營業額增長 31%，以 93.79% 的高速增長躍居中國十大個人電腦供應商的榜首。

戴爾利用降價策略，在普遍不景氣的 2001 年 PC 市場上成為增長最快的公司，其臺式機、筆記本電腦和服務器在全球市場上都大幅增長。價格策略為公司帶來了有目共睹的成績。這在很大程度上得益於公司具有的規模優勢、成本控制能力以及按需定制的生產模式所帶來的定價靈活性。然而，價格策略也會為戴爾帶來負面的影響。

作為一個國際品牌，總是以低價示人，很多消費者開始懷疑產品的品質。低價策略使得產品的市場佔有率大幅提升，這當然是很大企業夢寐以求的，但是市場佔有率遠遠不能等同於利潤率，超低價格降低了戴爾的利潤回報。優質的服務是需要成本的，而低價策略無法支持長久的優質服務，戴爾就相應調整了服務策略，比如，將消費型和小型商用 PC 機的保修期由原來的 3 年降為 1 年。在行業內部，像戴爾這樣的領軍人物通過低價格換取高市場佔有率，必然帶來中國家用電腦市場競爭的白熱化。

討論題：

(1) 戴爾公司在中國市場採取了典型的降價策略，試分析公司選擇這種策略的

宏觀因素是什麼。

（2）結合案例，淺談戴爾採取降價策略的利弊。

（3）結合案例和你所瞭解的實際情況，談談中國國內的PC公司是否可以像戴爾一樣採取降價策略。為什麼？

第十一章　國際市場渠道及促銷策略

本章要點

- 國際分銷渠道的模式
- 國際分銷渠道的管理
- 國際市場促銷的實質，制定促銷組合應考慮的因素

開篇案例

非凡的行銷策劃好手——農夫山泉

1998 年，「農夫山泉有點甜」創意廣告語策劃，使當年農夫山泉水的市場佔有率迅速上升為全國第三，品牌知名度迅速提高；

1999 年，體育行銷——中國乒乓球夢之隊的主要贊助商、悉尼奧運會中國代表團訓練比賽專用水策劃，使當年瓶裝飲用水市場佔有率農夫山泉位列第一，份額為 16.39%；

2000 年，體育事件策劃——成為首家中國奧委會重要合作夥伴，當年農夫山泉市場佔有率為 19.63%，繼續保持排名第一；

2001 年，策劃社會公益事件——「一分錢一個心願，一分錢一份力量」的支持北京申奧公益活動，隨後品牌美譽度迅速提高；

2002 年，農夫山泉 2008 陽光工程正式啟動，從社會層面關注中小學體育設施建設，將品牌美譽度、忠誠度提升到歷史新高；

國際市場行銷

2003 年，策劃成為中國載人航天工程贊助商，山泉水成為中國航天員專用飲用水，將品牌內涵與航天科技緊密嫁接；

2004 年，與 TCL 冰箱展開旺季聯合促銷，掀起異業聯合行銷的新高潮；

2005 年，五萬元重獎徵集廣告創意，再次吸引業界的眼球；

2006 年，組織發起「你家喝什麼水，我來幫你測」的活動，將天然水、純淨水之爭上升到另一個輿論焦點。

資料來源：張慶虎，陳青. 農夫山泉，大可不必這麼炒［EB/OL］.［2018-03-08］. http://info.tjkx.com/detail/102577.htm.

章節正文

第一節　國際分銷渠道策略

一、國際分銷系統

（一）國際分銷渠道的定義

分銷渠道，又稱銷售渠道，是指將產品或服務從生產者向消費者轉移的過程中，取得這種產品和服務的所有權或幫助所有權轉移的所有企業和個人。分銷渠道包括中間商（因為他們取得所有權）和代理中間商（因為他們幫助轉移所有權）。此外，還包括處於渠道起點和終點的生產者和最終消費者或用戶，但是不包括供應商、輔助商。

國際分銷渠道是指通過交易將產品或服務從一個國家的製造商手中轉移到目標國的消費者手中所經過的途徑以及與此有關的一系列機構和個人。

國際分銷渠道的設計直接影響和決定企業對國際市場行銷的控制程度。

（二）國際分銷系統的結構

企業把自己的產品或服務通過某種途徑或方式轉移到國際市場消費者手中的過程構成國際分銷系統。其中轉移的途徑或方式稱為國際分銷渠道。在國際分銷系統中，一般具有三個基本因素：製造商、中間商和最終消費者。

製造商和消費者分別居於分銷系統的起點和終點。當企業採取不同的分銷策略進入國際市場時，產品或服務從生產者向消費者的轉移就會經過不同的行銷仲介結構，從而形成不同類型的國際分銷結構。出口企業管理分銷渠道主要有兩個目標：一是將產品有效地從生產國轉移到產品銷售國市場；二是參加銷售國的市場競爭，實現產品的銷售和獲取利潤。

總結長期的國際市場行銷活動，國際分銷系統可以簡化為一定的模式，其結構

第十一章　國際市場渠道及促銷策略

如圖 11-1 所示：

生產者 --消費者
生產者 ---零售商------------消費者
生產者 ------------進口中間商---批發商-------- 零售商------------消費者
生產者 ----出口代理商------------批發商------ 零售商------------消費者
生產者 ---出口代理商--進口代理商---批發商--------零售商------------消費者

圖 11-1　國際分銷系統可以簡化為一定的模式

　　從圖 11-1 可以看出，從事國際市場行銷的企業有多種分銷模式可供選擇。前五種模式企業直接向外出口稱為直接渠道，其中，第一種模式為企業把產品直接賣給國外最終用戶，層次最少，分銷渠道最短。後四種模式是企業通過國內中間商向國外出口，稱為間接渠道，其中，最後一種模式中企業產品依次經過四個層次，才賣給最終用戶，銷售渠道最長。

　　（三）不同國家分銷渠道比較

　　進行國際行銷的企業，可以建立自己的分銷渠道來銷售產品，也可以利用目標市場國現有的分銷渠道。由於各國的銷售渠道是隨著長期歷史演變與經濟發展逐步形成的，具有各自的特點，因此企業必須對目標市場國現有的分銷渠道進行分析，決定是否利用這些渠道或採取其他可行的方案，以便有效地進入國際目標市場。

　　1. 歐美的分銷渠道

　　美國是市場經濟高度發達的國家，基本上形成了有秩序的市場。進入美國的產品一般要經過本國進口商，再轉賣給批發商。有的還要經過代理商，由批發商或代理商轉賣給零售商，零售商再將產品賣給最終消費者。

　　西歐國家進口商的業務通常限定一定的產品類別，代理商規模通常也比較小，但西歐國家的零售商主體，如百貨公司、連鎖商店、超級市場的規模都很大，且經常從國外直接進口。大型零售商的銷售網路遍布全國，中國企業若把產品銷往西歐各國，可直接將產品出售給這些大型零售商，節省許多中間商費用，並利用它們的銷售網路擴大市場佔有率。

　　2. 日本的分銷渠道

　　日本也是高度發達的市場經濟國家，但它的渠道結構不同於歐美各國。日本的銷售渠道被稱為是世界上最長、最複雜的銷售渠道。其基本模式是：生產者+總批發商+行業批發商+專業批發商+區域性批發商+地方批發商+零售商+最終消費者。日本的分銷系統一直被看成阻止外國商品進入日本市場的最有效的非關稅壁壘。任何想要進入日本市場的企業都必須仔細研究其市場分銷渠道。日本分銷體系有以下幾個顯著的特點：

　　（1）中間商的密度很高。日本國內市場中間商的密度遠遠高於其他西方發達國家。由於日本消費者習慣於到附近的小商店去購買商品，量少且購買頻率高，因此，

239

國際市場行銷

日本小商店密度高,且存貨量小,其結果就是需要同樣密度的批發商來支持高密度且存貨不多的小商店。商品通常由生產者經過一級、二級、區域性和當地的各級批發商,最後再經過零售商到達最終消費者,分銷渠道非常長,而且日本小零售商店(雇員不足9名)的商品銷售比例非常大。以日本和美國為例,在日本,91.5%的零售食品小商店銷售額占零售食品總額的57.7%,而在美國,67.8%的零售食品小商店銷售額占零售食品總額的19.2%。日本小商店的非食品類銷售額也很高,因此,高密度的小商店對日本消費者來說至關重要。

(2) 生產者對分銷渠道進行控制。生產者依賴批發商為分銷渠道上的其他成員提供多種服務,如提供融資、貨物運輸、庫存、促銷及收款等服務。生產者通過為中間商設計的一系列激勵措施與批發商及其他中間商緊密地聯繫在一起,批發商通常起著代理商的作用,通過分銷渠道把生產者的控制一直延伸到零售商。

生產者控制分銷渠道的措施主要有:①為中間商解決存貨資金;②提供折扣,生產者每年為中間商提供折扣的種類繁多,如大宗購買、迅速付款、提供服務、參與促銷、維持規定的庫存水準、堅持生產者的價格政策等;③退貨,中間商所有沒銷售完的商品都可以退還給生產者;④促銷支持,生產者為中間商提供一系列的商品展覽、銷售廣告設計等支持,以加強生產者與中間商的聯繫。

(3) 獨特的經營哲學。貿易習慣和日本較長的分銷渠道使生產者與中間商之間產生了緊密的經濟聯繫和相互依賴性,從而形成了日本獨特的經營哲學,即強調忠誠、和諧、友誼。這種價值體系維繫著銷售商和供應商之間長期的關係。只要雙方覺得有利可圖,這種關係就難以改變。這種獨特經營哲學的存在,致使日本市場普遍缺少價格競爭,使日本消費品價格居世界最高行列,如96片一瓶的阿司匹林售價20美元,日本的玩具價格是其他國家的4倍,進口到美國的日本產品比在日本便宜等。

(4) 《大規模零售店鋪法》對小零售商進行保護。為了保護小零售商不受大商場競爭的侵害,日本制定了《大規模零售店鋪法》。該法規定營業面積超過5,382平方英尺(約500平方米)的大型商店,只有經過市一級政府批准,才可建造、擴大、延長開門時間或改變歇業日期。所有建立「大」商場的計劃必須首先經過國際貿易工業省的審批和零售商的一致同意,如果得不到市一級的批准及當地小零售商的全體同意,計劃就會被發回重新修改,幾年甚至10年以後再報批。該法限制了國內公司與國外公司在日本的發展。除了《大規模零售店鋪法》以外,還有許多許可條件也對零售商店的開設進行限制,日本和美國的商人都把日本的分銷體系看作非關稅壁壘。

(5) 日本分銷體系的改變。20世紀60年代以來,由於在美日結構性障礙倡議談判中,日美兩國達成的協議對日本的分銷系統產生了深遠的影響,最終導致日本撤銷對零售業的管制,強化有關壟斷商業慣例的法規。零售法對零售店的設立條件有所放寬,如允許不經事先批准建立1,000平方米的新零售店,對開業時間和日期

第十一章　國際市場渠道及促銷策略

的限制也被取消。日本的分銷體系發生了明顯的變化，傳統的零售業正在失去地盤，讓位給專門商店、超級市場和廉價商店。日本分銷體系的改變也有利於外國產品進入日本市場。

二、國際中間商類型

(一) 出口中間商

國內中間商與企業同處在一個國家，由於社會文化背景相同，彼此容易溝通和信任。特別是企業規模較小或者進入國際市場的初期，企業國際市場行銷經驗不足或者沒有實力直接進入國際市場時，通過本國中間商進入國際市場是一條費用省、風險小、操作簡便的有效途徑。選擇國內中間商進入國際市場的缺點是遠離目標市場，與目標顧客的接觸是間接的，企業對市場的控制程度很低，或根本無法控制，不利於企業在市場建立起自己的聲譽，並以此作為擴大市場的基礎，不利於出口規模的擴大和長遠的發展，中間商為盡快獲得利潤，不會花很大力氣去挖掘市場潛力等。但到目前，通過本國中間商進入國際市場仍然是一條主要的國際分銷渠道。

根據國內中間商是否擁有商品所有權可將它分為兩類：出口商和出口代理商。凡對商品擁有所有權的，稱為出口商；凡接受委託，以委託人身分買賣貨物而非擁有商品所有權，稱為出口代理商。

1. 出口商（出口經銷商）

出口商是以自己的名義在本國市場上購買商品，然後再以自己的名義組織出口，將產品賣給國外買主的貿易企業。它自己決定買賣商品的花色品種和價格，自己籌集經營的資金，自己備有倉庫，從而自己承擔經營的風險。出口商經營出口業務有兩種形式。一種是「先買後賣」，即先在國內市場採購商品，然後再轉售給國外買主。另一種出口形式是「先賣後買」，即先接受外國買主的訂貨，然後再根據訂貨向國內企業購買。常見的出口商主要有三種類型：

(1) 出口行。有的國家稱之為「國際貿易公司」，有的國家稱之為「綜合商社」（如日本、韓國），中國則一般稱之為「對外貿易公司」或「進出口公司」。出口行的實質是在國外市場上從事經濟活動的國內批發商。它們在國外有自己的銷售人員、代理商，並往往設有分公司。由於出口行熟悉出口業務，與國外的客戶聯繫廣泛，擁有較多的國際市場信息，一般在國際市場上享有較高的聲譽，而且擁有大批精通國際商務、外語和法律的專業人才，因此對一些初次進入國際市場的企業來說，使用出口行往往是比較理想的選擇。對國外買主來說，由於出口行提供花色品種齊全的商品，他們也願意與出口行打交道。日本的綜合商社是出口行的典型形式，是日本在世界各地經營進出口業務的主要企業，業務活動涉及面廣，包括工業、商業、進出口貿易、進出口融資、技術服務、諮詢服務等。

(2) 採購（訂貨）行。採購（訂貨）行主要依據從國外收到的訂單向國內生

國際市場行銷

產企業進行採購,或者向國外買主指定的生產企業進行訂貨。他們擁有貨物所有權,但並不大量、長期持有存貨,在收購數量達到訂單數量時,就直接運交國外買主。因採購(訂貨)行是先找到買主,而後才向生產企業進行採購,而且也不大量儲備貨物,所以其風險較低,資金週轉快,成本較低。

(3)互補行銷。互補市場行銷又稱「豬馱式出口」,或合作出口,或附帶式出口,它是一種將自己與其他企業的互補產品搭配出售的出口行銷形式。

它指的是這樣一種出口情況:一個生產企業 A 叫「負重者」,另一個生產企業 B 叫「乘坐者」。「負重者」利用自己已經建立起來的海外分銷渠道,將「乘坐者」和自己的產品一起進行銷售。在進行這種經營時,通常有兩種做法:①「負重者」將「乘坐者」的產品全部買下,然後再以較好的價格轉賣出去,起到出口商的作用;②「負重者」在佣金基礎上為「乘坐者」銷售產品,起到代理人的作用。互補出口對於那些無法直接出口的小企業來說,是一種簡單易行、風險小的出口經營方式。而對於「負重者」來說,由於增加了產品的範圍,填補季節性短缺,從而增加利潤。

2. 出口代理商

出口代理商是接受出口企業的委託,代理出口業務的中間商。出口代理商並不擁有貨物所有權,不以自己的名義向國外買主出售商品,而是接受國內賣主的委託,按照委託協議向國外客商銷售商品,收取佣金,風險由委託人承擔。在國際市場上,出口代理商常見的類型有:

(1)綜合出口經理商。如果企業海外銷售額占企業總銷售額的比重不大,或者企業不願設立外銷部門處理國外市場業務時,選擇綜合出口經理商是一種理想的渠道。綜合出口經理商為企業提供全面的出口管理服務,如海外廣告、接洽客戶、擬訂銷售計劃、提供商業情報等。它以生產企業的名義從事業務活動,甚至使用生產企業的信箋,實際上起到生產企業出口部的作用。他們一般負責資金融通和單證的處理,有時還要承擔信用風險。綜合經理商一般同時接受幾個委託人的委託業務,其獲得的報酬形式一般是收取銷售佣金,此外每年還收取一定的服務費用。

(2)製造商出口代理商。這是一種專業化程度較高的出口代理商,又稱為製造商出口代表。他們也相當於執行著生產企業的出口部的職能。他們接受生產企業的委託,為其代理出口業務,以佣金形式獲得報酬。製造商出口代理商是以自己的名義而非製造商的名義做買賣,他所提供的服務一般要少於綜合代理商,通常不負責出口資金、信貸風險、運輸、出口單證等方面的業務。而且由於製造商出口代理商同時接受許多生產企業的委託,其銷售費用可以在不同廠家的產品上分攤,因此收取的佣金率也較低,製造商對其有較大的控制權。如在美國,凡是數量大、有銷路的產品,他們只收取銷售額的 2%作為佣金。

(3)出口經營公司。出口經營公司行使類似製造商出口部的功能。它提供服務的範圍很廣,包括尋找客戶、促銷、市場調研、貨物運輸等。它還可以為製造商討

第十一章　國際市場渠道及促銷策略

債和尋求擔保業務。不過，其最主要的職能是和國外的客戶保持接觸，並進行信貸磋商。選擇出口經營公司的優點是廠商可以以最小的投資將產品投放到國際市場，並可借此檢驗產品在國外市場的可接受程度，而製造商本身無須介入。其缺點是這種分銷渠道極不穩固，出口經營公司為了自己的利益不會為銷售產品做長期努力，一旦產品在短期內難以盈利或是銷量下降，將很可能被出口經營公司所拋棄。

（4）出口經紀人。這種代理商只負責給買賣雙方牽線搭橋，既不擁有商品所有權，也不實際持有商品和代辦貨物運輸工作，在雙方達成交易後收取佣金。佣金率一般不超過2%。出口經紀人與買賣雙方一般沒有長期、固定的關係，出口經紀人一般專營一種或幾種產品，多數經紀人經營的對象是笨重貨物或季節性產品，如機械、礦山、大宗農產品等。

（二）進口中間商

1. 進口商

進口商又稱「進口行」。它是以自己的名義從國外進口貨物向國內市場銷售，獲取商業利潤的貿易企業。它擁有貨物所有權，因而須承擔買賣風險。進口商既可以「先買後賣」（先從國外買進商品，然後再賣給國內工業用戶、批發商、零售商或其他用戶），也可以「先賣後買」（先根據樣品與買主成交，然後再從國外買進商品）。

按其業務範圍，一般可區分為三種：①專業進口商；②特定地區進口商；③從國際市場廣泛選購商品的進口商。進口商熟悉所經營的產品和目標國際市場，並掌握一套商品的挑選、分級、包裝等處理技術和銷售技巧，因此國內中間商很難取代進口商的作用。

2. 進口代理商

進口代理商是接受出口國賣主的委託、代辦進口、收取佣金的貿易服務企業。它們一般不承擔信用、匯兌、市場風險，不擁有進口商品的所有權。進口代理商主要有以下幾種類型：

（1）經紀人。經紀人是對提供低價代理服務的各種中間商的統稱。它們主要經營大宗商品和糧食製品的交易。在大多數國家，經紀人為數不多。但由於其主要經營大宗商品，再加上在某些國家，經紀人組建了聯營公司，他們熟悉當地市場，往往與客戶建立了良好、持久的關係，常常是初級產品市場上最重要的中間商。其工作是把買賣雙方匯集在一起，不進行具體促銷，仲介服務的佣金較低。經紀人沒有存貨，但需要參與融資和承擔風險，如信息仲介。

（2）融資經紀商。這是近年來迅速發展的一種代理中間商。這種代理中間商除具有一般經紀商的全部職能外，還可以為製造商生產、銷售的各個階段提供融資，為買主或賣主分擔風險。

（3）製造商代理人。這是指凡接受出口製造商的委託，簽訂代理合同，為推銷產品收取佣金的進口國的中間商。製造商代理人有很多不同的名稱，如銷售代理人、

243

國際市場行銷

國外常駐銷售代理人、獨家代理人、佣金代理人、訂購代理人等。製造商代理人可以對一個城市、一個地區、一個國家或是相鄰幾個國家出口企業的產品負責。他們不承擔信用、匯兌、市場風險，不負責安排運輸、裝卸，不實際佔有貨物。他們忠實履行銷售代理人的責任，為委託人提供市場信息並為出口企業開拓市場提供良好的服務。當出口企業無力向進口國派駐自己的銷售機構，但希望對出口業務予以控制時，適當地利用製造商代理人是一種明智的選擇。

（4）經營代理商。經營代理商在亞洲及非洲較為普遍，在某些地區也稱作買辦。它們根據同產品製造國的供應商簽訂的獨家代理合同，在某一國境內開展業務，有時也對業務進行投資。報酬通常是所用成本加上母公司利潤的一定百分比。

專欄 11-1

NIKE 的銷售渠道策略

耐克體育用品有限公司（以下簡稱耐克公司）是全球最著名的體育用品公司，由美國俄勒岡大學的田徑教練比爾·鮑爾曼（Bill Bowerman）和其天才運動員菲爾·奈特（Phil Knight）於1972年正式建立。耐克公司起初是作為為體育運動員服務的專業品牌而建立的。經過幾十年的經營，耐克公司已經發展成為一家全球性的國際化專業體育公司，其2017年全球營業額超過300億美元，位居同行業企業第一位，在世界500強中排名第331位。其標誌性的勾型商標見證了其無與倫比的市場地位和品牌價值。耐克公司生產的運動服裝和運動鞋深受全球運動員和普通消費者的喜愛。其廣告中提出的口號「想做就做（Just Do It!）」更是在廣大顧客腦海中留下了深刻記憶，成功代表了現代年輕人的價值觀和消費觀，成為其他競爭品牌競相模仿的對象。耐克公司發展制勝的關鍵因素或特殊性在於：產品保持高品位、高質量；價格堅持相對合理的高價位；行銷重視對潛在、長遠市場形勢的把握，行使獨特的管理策略。其背後的根本支持力量是重在研發的創新，是勝人一籌的科學發展。具體而言，NIKE 的銷售渠道主要有：

1. 體育用品專賣店，如高爾夫職業選手用品商店。
2. 大眾體育用品商店，供應許多不同樣式的耐克產品。
3. 百貨商店，集中銷售最新樣式的耐克產品。
4. 大型綜合商場，僅銷售折扣款式。
5. 耐克產品零售商店，設在大城市中的耐克城，供應耐克的全部產品，重點銷售最新款式。
6. 工廠的門市零售店，銷售的商品大部分是二手貨和存貨。

資料來源：劉劍勇. 耐克運動產品市場行銷戰略分析［D］. 北京：中國人民大學，2010.

第十一章　國際市場渠道及促銷策略

三、國際分銷渠道管理

（一）影響國際分銷渠道決策的因素

企業在選擇國際分銷渠道時一般要考慮六個因素：成本、資金、控制、覆蓋、特性和連續性。這六個因素被稱為分銷渠道的六個「C」。

1. 成本

成本包括開發渠道的投資成本和維持渠道的持續成本。在這兩種成本中，持續成本是主要的、經常的。它包括維持企業自身銷售隊伍的直接開支，支付給中間商的佣金，物流中發生的運輸、倉儲、裝卸費用，各種單據和文書的費用，提供給中間商的信用、廣告、促銷等方面的維持費用，以及業務洽談、通信等費用。投資成本是任何企業都不可避免的，行銷決策者必須在成本與效益間做出權衡和選擇。如果增加的效益能夠補償增加的成本，那渠道策略的選擇在經濟上就是合理的。顧客總是希望從分銷渠道上得到更多的服務：及時的交貨，大量可供選擇的商品類別，周到的售後服務等。當經濟蕭條時，顧客要求的服務就會下降。因此，近年來，隨著日本經濟的蕭條，各種折扣店大量湧現，各種分銷商也相應大幅度降低了分銷成本，減少了服務。評價渠道成本的基本原則是以最小的成本達到預期的銷售目標。

2. 資金

這是指建立分銷渠道的資本要求。如果製造商要建立自己的國際分銷渠道，使用自己的銷售隊伍，通常需要大量的投資。如果使用獨家中間商，雖可減少現金投資，但有時需要向中間商提供財務上的支持。這些都對國際市場行銷者選擇渠道類型產生影響。

3. 控制

企業自己投資建立國際分銷渠道，將最有利於渠道的控制，但相應增加了分銷渠道成本。如果使用中間商，企業對渠道的控制將會相對減弱，而且會受各中間商願意接受控制的程度的影響。一般來說，渠道越長、越寬，企業對價格、促銷、顧客服務等的控制就越弱。渠道控制與產品性質有一定的關係。對於工業品來說，由於使用它的客戶相對比較少，分銷渠道較短，中間商較依賴製造商對產品的服務，因此製造商對分銷渠道進行控制的能力較強。而就消費品來說，由於消費者人數多，市場分散，分銷渠道也較長、較寬，製造商對分銷渠道的控制能力較弱。

4. 覆蓋

渠道的市場覆蓋面，是指企業通過一定的分銷渠道所能達到或影響的市場。行銷者在考慮市場覆蓋時要注意三個要素：一是渠道所覆蓋的每個市場能否獲取最大可能的銷售額；二是這一市場覆蓋能否確保合理的市場佔有率；三是這一市場覆蓋能否取得滿意的市場滲透率。市場覆蓋面並非越廣越好，主要看其是否合理、有效，能否給企業帶來好的效益。國外不少大企業在選擇分銷渠道時，並不是以盡可能地

國際市場行銷

拓展市場的地理區域為目標,而是集中在核心市場中進行盡可能的滲透。如在日本,60%的人口集中在東京、名古屋、大阪這三個連成一體的城市區域。企業若能在這種市場區域中成功滲透,即使市場覆蓋的地域範圍不廣,也可以以較少的分銷成本獲得滿意的銷售額。從事國際市場行銷者在進行國際分銷渠道設計時,必須考慮自身的企業特性、產品特性及行銷的企業的性質,即在考慮市場覆蓋時還必須考慮各中間商的市場覆蓋能力。對於大中間商來說,儘管數量不多,但市場覆蓋面非常大;中小中間商雖然為數眾多,但單個中間商的市場覆蓋面非常有限。

5. 特性

國際市場行銷者在進行國際市場分銷渠道設計時,必須考慮自身的企業特性、產品特性以及東道國的市場特性、環境特性等因素。

(1) 企業特性。企業特性涉及企業的規模、財務狀況、產品組合、行銷政策等。一般來說,企業的規模越大,越容易取得中間商的合作,因此,可選擇的渠道方案也越多;如果企業的財務狀況好、資金實力強,可自設銷售機構,少用中間商,那主要借助中間商進入國際市場;企業的產品組合中種類多、差異大,一般要使用較多的中間商,但如果產品組合中產品線少而深,那使用獨家分銷比較適宜。企業的行銷政策也對分銷渠道的選擇產生影響,如果企業奉行的是快速交貨的客戶政策,就需要選擇盡可能短的分銷渠道。

(2) 產品特性。產品的特性,如標準化程度、易腐性、體積、服務要求等,對渠道戰略決策和設計具有重要影響。如對鮮活、易腐產品等,應盡量使用較短的分銷渠道;對單位價值較低的產品、標準化的產品,分銷渠道可相應地長一些;對技術要求高、需要提供較多客戶服務的產品,如汽車、機電產品等,宜採用直銷的方式;原材料、初級產品一般宜直接銷售給進口國的製造商。

(3) 市場特性。各國的市場各有其自身的特性。這些特性主要包括市場特徵、顧客特性、競爭特性、中間商特性等。關於市場特徵,這裡主要分析市場集中程度,即市場與顧客在地理上的集中或分散程度。如果市場集中,可採用短渠道或直銷渠道;反之,則採用間接或長渠道。如果顧客多、市場容量大且分佈地區廣,可採用較長的渠道。顧客特性對分銷渠道的設計有重要影響。因為各國顧客的收入、購買習慣及購買頻率等千差萬別,所以要求採取不同的分銷渠道。從顧客的購買習慣和購買頻率來看,日用品一般是就近購買,可採用較廣泛的分銷渠道。對於特殊品,顧客一般向專業商店購買,則不宜採用廣泛的分銷渠道。如果市場中顧客購買某種商品的次數頻繁,但每次購買數量不多,宜採用中間商。如果顧客一次購買批量大,可採用直接渠道。在國際市場行銷中,必須認真研究東道國的分銷體系並與本國和其他國反覆比較,選擇適宜的銷售仲介。日本的分銷渠道是世界上最長、最複雜的,並且零售商總是期望退貨可以被完全接受,以及大量融資和定期送貨上門服務。競爭者的分銷渠道是渠道決策需考慮的另一重要因素。國際市場行銷者對付競爭者的分銷一般採取兩種策略:第一是建立能與競爭對手相抗衡的分銷渠道體系。日立公

第十一章　國際市場渠道及促銷策略

司擁有1,000個特許零售商和幾百家有業務聯繫的摩托車商店和其他設備銷售隊伍。為與其競爭，IBM公司在公司系統外招聘了60多個中間商來向顧客銷售其產品。第二是採取與競爭對手不同的分銷方式，以獲得競爭優勢。

（4）環境特性。就法律環境而言，東道國的法律和政府規定可能限制某些銷售渠道，如美國的克萊頓法禁止實質上減少競爭或造成壟斷的渠道安排。如一些發展中國家規定某些進出口業務必須由特許的企業經辦。有些國家或地區規定要對代理商徵收代銷稅。就經濟環境而言，當一國經濟衰退時，一般可能採用短渠道，以低價格將產品盡快銷售給最終消費者。

6. 連續性

保持渠道的連續性是行銷者一項重要的任務。中間商是謀求自身利益最大化的組織，在確保產品能在市場站穩腳之前，一般不會介入。他們從生產廠商那裡挑選市場需要的品牌，而不會為推銷產品做任何努力。並且一旦無利可圖，即使是一時出現短期困難，製造商也可能被它們放棄。分銷渠道的連續性會受到三個方面力量的衝擊：第一是中間商的終止，因為中間商本身存在一個壽命問題。由於某些中間商機構的領導人及原業務人員的更迭而變更經營範圍，甚至由於企業經營不善而倒閉等引起壽命縮短。第二是激烈的市場競爭。當競爭激烈及商品銷路不佳，或者利潤較低時，原來的渠道成員可能會退出。第三是隨著現代技術尤其是信息技術的不斷變革，以及行銷上的不斷創新，一些新的分銷渠道模式可能會出現，而傳統的模式因此而失去其競爭力。因此，企業必須維護分銷渠道的連續性。為此，一是是慎重地選擇中間商，並採取有效的措施提供支持和服務，同時在用戶或消費者中樹立品牌信譽，培養中間商的忠誠度；二是對已加入本企業分銷系統的中間商，只要其願意繼續經營本企業的產品，而且符合本企業要求，則不宜輕易更換，應努力與之建立良好的長期關係；三是對那些可能不再經營本企業產品的中間商，企業應預先做出估計，提前安排好潛在的接替者，以保持分銷渠道的連續性；四是時刻關注競爭者渠道策略、現代技術以及消費者購買習慣與購買模式的變化，以保證分銷渠道的不斷優化。

（二）國外中間商的選擇

國外中間商的選擇也是國際分銷渠道的管理中十分重要的一個環節，如果企業決定使用國際中間商就需要對具體的中間商做出選擇，以確保企業高效率地完成國際行銷目標。選擇國外中間商有個篩選的過程。

1. 尋找中間商

尋找中間商的最佳選擇在於採取主動方式。企業尋找中間商有很多渠道，如外國政府機構、國外領事館、常駐國外的商務團體、中間人團體及銀行、顧客和報刊等。製造商也可以通過更為直接的方式來吸引分銷商，其中登載廣告是一種選擇範圍很廣的方式，參加貿易展覽會也是尋找潛在分銷商的方式。企業還可以用代理商機構或諮詢公司提供服務來挑選分銷商。如美國專門設立了兩種尋找外國代理人的

服務方式。代理商（或分銷商）服務（A/DS）是用來尋找對美國企業遞交的出口協議感興趣的外國企業。世界交易商數據報告（WTDR）是一種有價值的服務項目，它提供了具體的國外企業的貿易概覽及由商務部官員擬定的對可靠的外國企業進行調查之後的一般描述性報告。所有的服務費用並不高，一次分銷商（或代理商）服務的費用約90美元。

2. 選擇中間商

企業應根據分銷目標和自身條件制定選擇中間商的適應標準。這些標準中有一些是容易定量化的，對各中間商可以進行分析與比較，有些標準則只能定性化。同時，還必須仔細分析信息來源的可靠性。企業選擇中間商的主要標準有以下幾個方面：

（1）財力和績效。中間商能否按時結算，包括在必要時預付貨款，取決於中間商的經濟實力和財務狀況。如果財務狀況不佳，流動資金短缺，中間商往往很難保證履約、守信。瞭解中間商財務狀況的方式之一是審查其財務報表，尤其是對中間商的註冊資本、流動資金、負債情況做出判斷。當然財務報表並非全面和可靠，還要借助於相關的參考資料。銷售額是另一個重要的指標，中間商目前的業績在一定程度上預示著其將來的表現如何。

（2）市場覆蓋率。市場覆蓋率不僅包括覆蓋的地區大小、銷售點數目、所服務市場的質量、銷售人員的特點和銷售代理人的數目也是主要參考指標。

（3）目前正在經營的業務。國際市場的經營者經常會發現，某個市場中最合適的分銷商已經在經營競爭性的產品，因而不能再爭取到它的幫助。在這種情況下，可尋找另一個具有同樣資歷的經營相關產品的中間商。產品的互補性可能對雙方均有好處。

（4）信譽。中間商的信譽必須審查。這是一種抽象的衡量方法，應通過中間商的顧客、供應商、聯繫機構、主要對手和其他當地商業夥伴進行分析與研究。

（5）合作態度。有的中間商儘管有健全的分銷網路，但如果其對製造商的產品分銷不能給予足夠的重視，中間商所提供的貨架空間、商品陳列位置等難以達到理想水準，製造商也應考慮其他的選擇。

企業按照其制定的標準尋找到初步符合標準的中間商名單，再對其進行逐一論證和篩選。企業可給每位中間商候選人寫去函，概述產品情況並提出對經銷人的條件。對答覆滿意者再提出更為具體的詢問，如商品種類、商場區域、銷售人員數量及其他背景材料等。

（三）分銷渠道的管理和控制

國際分銷渠道的控制包括對中間商的業績評估、激勵、約束及各分銷商之間的關係協調的過程。國際市場分銷渠道一般長於國內市場分銷渠道，這就增加了企業控制渠道的難度。不少公司通過建立自己的分銷主體來解決這個問題，有些則通過特約代銷或獨家經銷方式來維持對渠道前幾個階段的管理控制。但這種控制並不僅

第十一章　國際市場渠道及促銷策略

僅是針對獨家經銷商的，而是盡可能地直接影響更多的渠道成員。國際分銷渠道的控制可分為以下幾個方面：

1. 評估中間商

企業可以確立一些標準來加以對照衡量，如中間商是否接受配額，銷售指標完成情況，是否努力完成既定目標，付款是否及時，市場覆蓋面以及促銷工作的合作情況等。企業通過分析這些指標發現問題，進行診斷和改進。

2. 激勵中間商

對分銷中間商的激勵不僅包括給予豐厚的報酬，還包括人員培訓、信息溝通、感情交流、給中間商獨家專營、共同開展促銷等。在很多情況下，製造商只注重利益的刺激，如銷售利潤、折扣、獎賞、銷售比賽等。如果這些未能發生作用，往往改用懲罰的辦法，甚至中止雙方的合作關係。高報酬的刺激方法的代價很高又不見得有很大的成效。實際上，製造商應更多地保持與中間商的溝通與聯繫，努力與其建立長久的合作關係。

3. 調整渠道成員

銷售渠道各成員之間既存在合作，又存在著矛盾和競爭。企業除了讓各中間商瞭解企業本身的目標政策外，還應平衡各成員間的關係，彼此互相協調，共同受益。國際分銷渠道的調整方法主要有：增減渠道或中間商，以及改變整個分銷系統。後者的難度更大。如日本進入美國市場時，初期幾乎是請美國中間商或製造商代銷，並打美國公司商標，經過一段時間後，日本企業開始嘗試用自己的商標，自己開設門市部或直接找連鎖商店和百貨公司銷售。當條件成熟後，日本企業完全擺脫美國公司，自己設立分公司。

第二節　國際促銷策略

一、國際市場促銷的概念

促銷（Promotion）一詞最早來源於拉丁語，原意是「前進」。從狹義上講，行銷界權威菲利浦‧科特勒在其行銷學的經典名著中曾對促銷做了如下界定：促銷就是刺激消費者或中間商迅速或大量購買某一特定產品的促銷手段，包含各種短期的促銷工具。從廣義上看，促銷包含的內容非常廣，是指企業將產品和服務的信息傳遞給目標市場，並刺激消費者購買。促銷在本質上是溝通，而一個完整、有效的溝通模式則必須清晰地回答五個問題：

（1）由誰說？

（2）對誰說？

（3）說什麼？

(4) 用什麼渠道說?

(5) 說的最終效果?

國際促銷和國內促銷類似，只是國際促銷面對的是國際市場。國際促銷就是在國際市場行銷活動中，通過人員推銷和非人員推銷的方式，傳遞商品或服務的存在及其性能、特徵等信息，幫助顧客認識商品或服務所能帶給他的利益，從而達到引起顧客注意、喚起需求、採取購買行為的目的。國際促銷策略主要有四種形式，包含人員推銷和非人員推銷兩類，非人員推銷又分為廣告、營業推廣和公共關係。

二、國際促銷組合與組合策略

國際促銷組合是指從事國際行銷的企業根據促銷的需要，對廣告、營業推廣、公共關係與人員推銷等各種促銷方式進行適當選擇和綜合運用。由於各種促銷工具具有不同的優勢和劣勢，因此企業促銷中應針對不同目標顧客、不同產品、不同競爭環境等，選擇適合的促銷手段，並將它們加以整合運用，以達到在促銷預算約束下促銷效率最大化。表 11-1 就對各種常見的促銷手段進行了優劣勢分析：

表 11-1　　　　　　　　　促銷手段的優劣勢的分析

促銷手段	優勢	劣勢
人員推銷	與顧客直接接觸，可靈活地進行促銷宣傳，能立即得到顧客的反饋信息	市場覆蓋面有限，推銷成本較高；推銷隊伍的管理複雜
廣告	信息傳播範圍廣，可以控制信息傳播的內容、時間	對單個顧客的針對性不強；製作、發行總體費用較高
營業推廣	激勵零售商支持產品的銷售，給顧客提供購買的刺激，提升短期銷售量	過於頻繁的營業推廣會引起顧客的疑慮和反感，不利於提升品牌形象
公共關係	可信度高，易於為人們所接受，有利於樹立良好的企業形象	見效慢，間接促銷

不同的促銷組合形成不同的促銷策略，如以人員推銷為主的促銷策略、以廣告為主的促銷策略。從促銷活動運作的方向來分，主要有推式策略和拉式策略兩種。在企業實際操作過程中，企業常常要根據具體情況，靈活地將兩類策略有機地結合起來使用，如先推後拉、推拉結合或者先拉後推。需要對促銷手段進行優化組合，從而選擇最佳的促銷組合策略。在具體選擇何種手段時，需要考慮的主要因素包括促銷目標、產品因素、產品生命週期、促銷預算等。

三、國際廣告策略

(一) 國際廣告的含義

廣告（Advertising）是任何在傳播媒體上登出的、付費的、對企業及其產品的

第十一章　國際市場渠道及促銷策略

宣傳,是一種非人員的促銷活動。國際廣告是為了配合國際市場行銷活動,在東道國或地區所做的企業及產品廣告。它是以本國的廣告發展為母體,再進入國際市場的廣告宣傳,使出口產品能迅速進入國際市場,實現企業的經營目標。與其他溝通方式相比,國際廣告有三個優點:

(1) 公眾性:廣告公開地刊登在大眾傳媒上,可提高國外消費者對企業和產品的可信度,消除顧慮,這對於進入陌生國家的企業和產品來說,尤為重要;

(2) 滲透性:廣告可以利用大眾媒介的傳播渠道,迅速提高知名度;

(3) 表現性:廣告是一種藝術,具有美的或情感的表現力與感染力,比其他溝通方式更能體現國際產業或企業的價值,更能吸引國外消費者。

(二) 國際廣告策略

1. 廣告策略含義

廣告策略是指企業在分析環境因素、廣告目標、目標市場、產品特性、媒體可獲得性、政府控制和成本效益關係等的基礎上,所選擇的廣告活動的開展方式,即在媒體選擇和宣傳勸告重點的總體原則下做出的決策。

制定國際廣告策略,首先必須有一個具體的廣告目標。廣告目標總的來說,一是通過廣告在公眾中樹立企業或產品的良好形象;二是引起和刺激公眾對本企業產品的興趣並促使其購買,當然最終目標是獲利。

但要國際廣告實現其目標,必須使廣告能適應目標市場所在國的各類環境因素,並在此基礎上選擇廣告的方式和廣告的媒體。

2. 國際廣告的形式策略

(1) 標準化策略和差異化策略

從事國際化經營的企業都面臨著國際廣告標準化或差異化的選擇。所謂標準化,是指企業在不同國家的目標市場上使用主題相同的廣告宣傳。而國際廣告的差異化則是指企業針對各國市場的特性,向其傳送不同的廣告主題和廣告信息。在標準化的國際廣告方面,如萬寶路香菸和麥當勞快餐店的宣傳基本上採取標準化策略,使不同國家的消費者,看到美國西部風景、牛仔和騎馬,跋山涉水就聯想到萬寶路香菸,看到拱形的大 M 標誌就聯想到麥當勞快餐店。雀巢公司在世界各地雇用了 150 家廣告代理商,為在 40 多個國家的市場上做各種主題的咖啡廣告宣傳,運用的是國際廣告差異化策略。企業採用何種策略取決於消費者購買產品的動機而不是廣告的地理條件。當不同市場對相同的廣告做出相同程度的反應時,即對同類產品購買動機相似時,或企業採取全球行銷戰略時公司就可採用標準化的廣告策略。標準化策略並不排斥就地區差異做一定程度的修改。當消費者對企業產品的購買動機差異很大時,或企業採取差異化國際行銷戰略時,應採用差異化的廣告策略。荷蘭皇家殼牌公司在美國成功地進行了「到殼牌來要答案」的廣告訴求,使殼牌在各國建立了良好的公共形象。比利公司也是通過有效的技巧而成功地運用標準化廣告。該公司的廣告節目被用於世界各地的子公司。它以一個扮演啞劇的小醜為特徵,描述這一

國際市場行銷

小醜津津有味地品嘗比利公司生產的食品的簡單故事。

國際廣告標準化的主要優點有：

①可以降低企業廣告促銷活動的成本。企業只需確定一個廣告主題，就可將其在各國市場不加改動或稍加改動後進行宣傳，從而節省許多開支。②充分發揮企業人、財、物的整體效益。可以集中企業內部各種廣告人才的智慧，設計出一流新穎的廣告主題，同時能夠將企業的廣告費用集中使用，充分利用科學技術的最新成果，形成廣告手段的競爭優勢。③以統一的整體形象傳遞給目標市場國，從而增強消費者對企業及產品的印象。

國際廣告標準化的主要弊端是沒有考慮各國市場的特殊性，因而廣告的針對性差，效果也就不佳，所以很多企業採取差異化的國際廣告策略。

由於不同國家、地區存在著不同的政治、經濟、文化和法律環境，消費者對產品的需求動機差異甚大。因此根據不同的市場特點，設計不同的廣告主題，傳遞不同的市場信息，才能迎合不同的消費者需求。萊薇牛仔褲在 70 多個國家打開銷路，就採用了地區性或區域性的差異性廣告策略。例如在美國，廣告突出萊薇牌牛仔褲是美國貨，塑造全美英雄——充滿神奇色彩的西部荒漠中的「西部牛仔形象」；在日本，商業廣告主題是「英雄穿萊薇」，放映詹姆斯‧丁這樣的偶像的影片片段。這項廣告活動，使認識「萊薇」的日本人由 35% 增加到 95%。

國際廣告差異化策略的主要優點是：①適應不同文化背景的消費者需要；②針對性強。

國際廣告差異化策略的主要缺點是：①廣告企業總部對各國市場的廣告宣傳較難控制，甚至出現相互矛盾的情況，從而影響企業形象；②成本較高。

(2) 形象廣告策略和產品廣告策略

①形象廣告策略。廣告主的目標是塑造企業及其產品、商標的形象，使消費者對企業及其產品產生信賴和感情，而不是單純為了銷售產品。形象廣告的目的是獲得長久和穩定的利潤，而不是追求在商品利潤上立竿見影的效果。這種廣告內容真實、形象動人，比如廣告要表明產品的格調，塑造獨特、典型的產品形象，進而塑造企業形象。

②產品廣告策略。產品廣告的目標在於推銷產品，其核心是採用各種方式介紹、宣傳產品的特點和優點，利用各種勸說內容和形式，誘導人們購買，如各種削價銷售廣告、抽獎廣告等。

形象廣告與產品廣告並不是截然分開的，形象廣告的最終目標也是推銷企業的產品，獲得更大的利潤，而產品廣告也必須考慮產品形象、企業形象的樹立，絕不能與產品、企業的形象背道而馳。

(3) 滿足基本需求策略和選擇需求策略

滿足消費者基本生活需求的產品應物美價廉、供應充足、長期耐用、維修方便，因此廣告應著重塑造其產品大眾化和實惠的特點，宣傳貨源充足，售後服務良好，

第十一章　國際市場渠道及促銷策略

簡明易懂。滿足消費者選擇需求的產品應有獨特性，以滿足消費者自尊、自我實現的較高層次需求。其廣告策略應把宣傳產品的獨特性作為重點，顯示產品的高檔次和高價格。廣告語言應盡可能美好動聽、格調高雅。「人頭馬 XO，高人一籌」這一廣告就是典型一例。

（4）推動需求策略與拉動需求策略

推動需求策略是在產品已經上市的情況下，利用廣告宣傳這些產品，推動需求，使消費者接受這些產品，從而擴大產品的銷售。

拉動需求策略是在一種新產品上市之前或一種產品在新市場上市之前，就用廣告來宣傳這些產品，將顧客拉向自己的產品。消費者先見廣告後見產品，拉動消費者需求。

3. 國際廣告的內容策略

廣告內容的設計是一項較為複雜的工作，既要有科學性，又要有藝術性，而且必須與廣告目標緊密相連，為實現廣告目標服務。設計成功的廣告要求廣告設計者具有較強的創造力和想像力。廣告設計者還必須將廣告人的廣告目標融於廣告內容。廣告目標是廣告設計的指導思想，廣告創意是廣告目標的信息傳遞和體現形式。

廣告內容設計包括以下幾項決策：

（1）以強調情感為主，還是以強調理性為主

以強調情感為主的廣告成為情感訴求式廣告，以強調理性為主的廣告成為理性訴求式廣告，兩者的主要區別是訴求的方式和重點不同。目前，大多數國際企業者採取情感和理性兼顧，以其中一種為主的策略。例如，美國寶潔公司在推銷浪峰牙膏時，廣告語是「浪峰牙膏是美國牙醫學會推薦產品」，這一廣告宣傳，既體現了理性宣傳的特點，又強調了牙膏的防病功能，帶有引導消費者感情的作用。再如，在競爭十分激烈的全球航空市場上，大多數航空公司都想樹立自己的獨特形象，以吸引顧客。如新加坡航空公司以新加坡空姐的微笑來吸引顧客，這是以情感取勝的最成功的一例廣告。

（2）以對比為主，還是以陳述為主

所謂對比廣告，就是將企業產品與其他同類產品進行對比分析，以期明示出本企業產品的獨特之處。目前，對比廣告較為流行。美國蘇埃弗公司是一家生產洗髮精的企業，採用對比法做廣告時，直接將其產品與兩家最大企業（寶潔公司與強生公司）的洗髮精進行對比，強調「他們的產品功能我們也具備，然而，我們產品的價格僅為他們產品的一半」這一廣告主題，結果是蘇埃弗公司的洗髮精在市場上佔有主導地位。但是，由於比較廣告是一種較為敏感的廣告，很多國家都制定了有關比較廣告的法律規定，如德國就頒布了禁止對比廣告的規定。因此，在運用對比廣告時，要特別注意各目標市場國的法律規定，否則，很可能招致訴訟而導致不必要的損失。

(3) 以正面敘述為主，還是以全面敘述為主

正面敘述是指在廣告中只強調產品的優點，而全面敘述則是既講產品的優點也講產品的缺點。一般地講，如果廣告受眾的文化水準較高，那可採用全面敘述的方法，既告訴消費者產品的優點，又講述其不足之處。而對於文化水準較低的受眾，則應強調產品的優點。另外，從產品的角度講，對於超豪華、超高級類產品應僅強調其長處，因為指出這類產品的不足有損其高貴和卓越的形象。而對那些對本企業有疑問的消費者，則最好採用全面敘述的方法，促使其逐漸改變對本企業的產品的偏見。

(4) 廣告主題長期不變還是經常改變

從理論上講，廣告主題的重複播送能增強受眾的印象。諸如日本松下電器公司經常反覆播送其電器廣告，又如美國寶潔公司反覆播送其化妝品廣告，從而增強受眾的印象，引起其購買行為。但是，某產品重複播送廣告次數的增加，會使受眾產生厭煩心態，使印象逐漸變淺，而且容易造成產品老化的形象。因此，即使是一個十分成功的廣告也須根據情況的變化及時調整廣告主題。

(三) 國際廣告媒體及其選擇

1. 國際廣告媒體

在國際市場廣告促銷活動中，可以利用的渠道和媒體很多，使用最多的廣告媒體是報紙、雜誌、廣播、電視四大媒體。近幾年利用 Internet 做廣告的業務發展也很快。

(1) 報紙

報紙在許多國家居廣告媒體之首位，這是因為報紙作為廣告媒體具有許多特點，比如傳播面寬廣、反應迅速、製作簡單、費用低廉等，但也存在保存時間短、吸引力差等局限。報紙作為廣告媒體在不同國家或地區的使用受到限制。例如，黎巴嫩人口才100多萬，卻擁有200多家報紙，每家平均發行量才3,500份，若要將廣告信息傳遞給廣大消費者，就不得不在多家報紙上同時刊登廣告。與此相反，日本人口高達1.2億，全國性的報紙才5家，每家發行量均在百萬份以上。由於報紙數量少，發行量大，若想刊登廣告也不容易。

(2) 雜誌

雜誌作為廣告媒體，具有針對性強、保存時間長、可信度高等特點，但在國際市場上企業較少採用雜誌作為廣告媒體，因為雜誌的出版週期長，發行範圍窄，缺乏靈活性與時效性。同時，許多雜誌僅有本國文字的版本，擁有特定的讀者，難以在更為廣泛的國外市場發行。當然有些工業品或者某些特定的消費品也利用雜誌作為廣告媒體，如用美國《花花公子》《美國科學》來做廣告。

(3) 廣播

廣播具有傳播範圍廣、信息傳遞迅速及時、方式靈活多樣、費用相對低廉等特點。在文盲率較高或者電視機尚未普及的不發達國家或地區，廣播是傳遞廣告信息的重要媒體。即使在發達國家或地區，無線電廣播仍擁有許多聽眾。有的國家在汽

第十一章　國際市場渠道及促銷策略

車上裝有收音機，人們往往利用駕車時間收聽廣播，因而食品或飲料等生產廠家也大量利用廣播媒體播放商業廣告。

（4）電視

電視廣告由於實現了視、聽的結合，從而具有很強的吸引力。電視作為廣告媒體，具有傳播範圍廣、表現手法靈活多樣以及廣告促銷效果好等特點。近年來，視聽技術的發展、生產銷售的國際化以及電視普及率的提高，為電視作為國際性的廣告媒體提供了有利的條件。尤其是經濟發達的國家，如美國、日本，電視已成為日常消費品，成為最為大眾化的廣告媒體。近年來衛星電視及有線電視的發展，擴大了廣告在各國和地區的傳播範圍。但是，電視作為廣告媒體也有其自身的局限，比如廣告時間短、易受其他節目的干擾、費用昂貴、觀眾統計資料難以獲得等。許多國家對電視商業廣告或多或少有所限制，有時甚至很嚴格，不僅限制商業廣告播出的時間，而且限制廣告的內容及目標對象。如加拿大魁北克市政府通過一項法令，嚴禁電視向兒童做廣告，以及禁止所有促使人們借款購物的商業廣告。

（5）互聯網 Internet

有人稱 Internet 為電視、報紙、雜誌、廣播之後的廣告的「第五媒體」，具有信息量大、快速傳遞信息、交互式溝通、互動性強、全球連通、儲存時間長、集視覺與聽覺於一體等特點，不受印刷、運輸和發行的限制，具有傳統廣告無法比擬的效果，適合現代人崇尚自由、渴望參與的心理需求。互聯網可以使用戶隨時查詢、直接交易，信息易保存、易更新，顧客擁有選擇、控制廣告信息的主動權，個體溝通取代大眾溝通，便於企業開展一對一的數據庫行銷。但是目前互聯網使用的群體具有局限性，基本局限於知識層次、收入和社會地位較高的年輕人群體，因而，到目前為止，網路廣告的發展還不如電視、報紙等傳統媒體。

（6）戶外廣告

戶外廣告包括路牌廣告、招貼廣告、廣告牌、廣告語、建築物外廣告、車體廣告、霓虹燈廣告、菸霧廣告等。這類廣告地理選擇性好、靈活且持續的時間長、成本低；戶外廣告的缺點是缺乏創意、針對性差、不能選擇受眾的對象、信息容量小、傳播範圍窄，信息表達的形式與內容有較大的局限性。許多國家對戶外廣告的位置、尺寸及其顏色等常常有不同的限制。利用戶外廣告作為媒體的另一個問題是，主要商業區的建築物多已設滿了戶外廣告，擴大新廣告的空間有限，常常難以找到合適的地點。

交通廣告也可以說是一種特殊的戶外廣告。由於公共交通工具的利用率高，人們平均乘車時間長，在擁擠的電車或公共汽車上，乘客不管願意與否，均會遇到車上的廣告，並在乘車途中可能多次註視同一廣告，這樣就可能記住廣告的內容。

（7）POP 廣告（Point of Purchase Advertising）

POP 廣告包括企業在銷售現場設置的櫥窗廣告、招牌廣告、牆面廣告、櫃臺廣告、貨架廣告等。POP 廣告是廣告宣傳的重點、產品銷售的起點，其方式為默默地

國際市場行銷

推銷，誘導顧客購買。有研究指出：顧客在銷售現場的購買中，2/3 左右屬於非事先計劃的隨機購買，1/3 為計劃購買。POP 廣告的優點是能激發顧客隨機購買或衝動購買，有利於營造銷售現場氣氛，表現力強，成本低。POP 廣告的缺點是信息容量小、傳播面窄，如果傳播地點場地小，就會影響傳播效果。

(8) 郵寄廣告

郵寄廣告是將產品樣本、產品目錄、說明書等印刷廣告直接郵寄或當面交給顧客。這種廣告的地理位置的選擇性和針對性較好，對象可自由選擇，比較靈活，不受時空的限制，一對一的接觸（尤其是商業信函）有親近感；可讀性強，提供信息全面；在同一媒體內不受競爭者廣告的影響。缺點是成本較高、可信度差。

2. 國際廣告媒體的選擇

媒體的選擇是國際廣告中十分重要的問題。世界各國的廣告媒體類型基本相同，但又各有其特點。在選擇廣告媒體時，應著重考慮以下問題。

(1) 各國採用的媒體

各國媒體在不同國家的影響作用不同。在各種宣傳媒體中，電視影響最大的國家是秘魯、哥斯達黎加和委內瑞拉。在那些沒有商業電視、廣播廣告或者限制其使用的國家，印刷品的宣傳占了很高的比重，如阿曼、挪威、瑞典等。戶外和交通廣告在玻利維亞的宣傳媒介支出中約占 50%，而在美國不到總廣告費用支出的 2%。因此，必須根據各國目標市場常用的媒體加以選擇。

(2) 媒體的聲譽與特點

廣告媒體的聲譽影響其傳播信息的可信程度，企業應當選擇信譽高的媒體做廣告。媒體的特點是指媒體的專業性因素，如有的適宜於發布娛樂性廣告，有的則宜於宣傳產品，等等。

(3) 媒體發布廣告的時間

廣告播送必須及時，過時的廣告是毫無作用的。戰略性廣告針對著未來，戰術性廣告則著眼於即時效應。因此，只有瞭解廣告媒體的廣告週期和時間安排，才能及時發布國際廣告。如印度由於紙張供應緊張，報紙廣告版面不足，要在六個月前預定位置；德國電視廣告的全年安排一定要在前一年的 8 月底之前做好，但電視臺仍不能保證夏天的廣告不會延遲到冬天才播出。在計劃廣告時，就要把握時間，緊密結合商品上市時機做出恰當安排。

(4) 媒體費用

各個國家廣告媒體的廣告價格很不相同，如在 11 個歐洲國家，廣告傳到目標受眾的成本不等，在義大利是 1.58 美元，在丹麥是 2.51 美元，在德國是 10.87 美元。此外，還應考慮廣告稅率。各國的廣告稅率標準和徵收方法都不同，不同稅率會影響廣告費。

(5) 媒體組合

由於世界各地的媒體的特點不同，廣告管理法規不同，因此在運用媒體組合策

第十一章　國際市場渠道及促銷策略

略時，必須考慮各國使用媒體的具體情況。在國際市場上，一般以報紙為廣告的主要媒體，運用雜誌做廣告很少。但在某些國家也可運用有影響的雜誌加以配合，如美國、歐洲國家，婦女雜誌讀者多，往往採用雜誌作為化妝產品廣告。有些國家（如拉丁美洲國家）的廣播廣告成為主要的廣告工具，有些國家則以電視作為廣告的主要媒體。不少國家，如歐洲的一些國家運用路牌廣告作為開拓市場的重要工具。

（四）影響國際廣告的主要限制性因素

1. 語言差異

語言是借助廣告進行有效交流過程中最大的障礙之一，不同國家語言差異很大，有的一國之內語言差異也很大。許多企業發現，在美國做廣告除主要用英語外，還使用西班牙語、義大利語、法語、日語等語言；在泰國做廣告，要使用英語、漢語和泰國語；在新加坡做廣告，要使用英語、漢語、馬來語和泰米爾語。國際企業必須使用這些不同語言與潛在買主進行訊息傳遞。在處理多國語言問題時，稍有不慎就可能犯錯誤。行銷人員在東道國做廣告時，可雇用當地雇員幫助審核廣告稿本，也可以完全利用當地的廣告代理商，使廣告能得到當地消費者的正確理解，達到擴大銷售、提高聲譽和拓展國際市場的目的。

2. 文化因素

國際廣告最大的挑戰之一，是解決在不同文化的交流中遇到的問題。文化因素包括的範圍很廣，如傳統風俗習慣、社會價值觀、宗教信仰等。各國的風俗習慣、社會價值觀、宗教信仰差異很大。在一個國家是優秀的廣告，而在另一國家很可能犯了禁忌。例如，男女共進晚餐的畫面，在西方和大多數國是習以為常的事，但在中東國家，會被認為是大逆不道的事。孔雀在中國是「吉祥」的象徵，但歐洲視孔雀為「禍鳥」，因而所有帶有孔雀圖案的商品都被排斥。一國之內的亞文化之間的差異同樣值得重視。如在中國香港就有10多種不同的早餐方式。因此，企業設計廣告必須與東道國的文化習俗相適應。

3. 政府對廣告的調控政策

國際廣告除了受文化、地理環境、經濟發展水準等因素的影響外，還要受各國政府對廣告的調控政策的影響。各國對廣告的管理和法規各不相同。如果企業不瞭解東道國政府對廣告的有關政策和法規，不僅不能達到預期的促銷效果，還可能由於廣告方面的行為違反法律而受到處罰。各國政府廣告的調控政策主要包括廣告商品種類、廣告內容、廣告稅收和管制幾方面。

（1）對廣告商品種類的限制

不少國家對廣告商品類別做出明確的限制，許多國家禁止播放香菸、酒類、打火機、巧克力廣告。因此，不少廣告商通過變通的方法試圖繞過政府的管制。在西歐市場上，菸草產品和酒精飲料是嚴格限制做廣告的。一些歐洲香菸製造商採用投資於娛樂行業，為體育比賽出資贊助，用香菸的商標命名飯店、旅館、電影院等辦法，通過把自己的產品和體育、娛樂項目聯繫在一起，樹立一個朝氣蓬勃、健康的

形象，掩蓋了自己實際銷售的產品。

（2）對廣告內容的限制

世界各國對廣告內容和表現方式做了不少的限制。在德國禁止使用廣告比較性術語，如果廣告宣傳某種肥皂比其他肥皂更乾淨，可能隨時遭到起訴。在沙特阿拉伯，所有的廣告都要經過嚴格的審查，法律禁止以下內容的廣告：內容為占星術或算命的出版物的廣告；令兒童感到害怕或困擾的廣告；使用比較性的廣告宣傳；女性只能出現在與家庭事務有關的廣告中，她們的外表必須文雅從而體現女性的高貴；婦女必須穿合適的長裙蓋住除了面部和手掌之外的身體其他部分，不允許穿運動服裝或類似的外套在廣告上。

（3）對廣告媒體時間的限制

義大利規定電視商業廣告的播出次數每年不得超過 10 次，每兩次的時隔時間不得少於 10 天。德國規定除週末和節假日外，每天只允許播 20 分鐘的商業廣告，而且只能在 18：00—20：00 集中播放。在科威特，由政府控制的電視廣播公司，每天只允許用 32 分鐘時間做廣告，而且必須在晚上。

（4）對廣告稅率的限制

有些國家通過對不同媒體廣告徵收不同的稅率來加以調控。在義大利，對廣播和電視廣告徵收 15% 的稅率，對報紙廣告徵收 4%，對戶外廣告徵收 10%～12%。在奧地利，廣播和電影院廣告徵稅最高達 30%，對印刷物和電視廣告徵稅 10%。

四、國際市場人員推銷策略

（一）國際市場人員推銷的特點和功能

1. 人員推銷的特點

人員推銷是指企業派出或委託推銷人員向國際市場顧客和潛在顧客面對面地宣傳產品、促進顧客購買。它是一種古老的卻很重要的促銷方式。與其他促銷方式相比，人員推銷的主要特點是：

（1）人與人面對面接觸。可以和顧客進行面對面雙向式的溝通；

（2）反應。人員推銷可以根據對方的具體情況介紹產品性能、使用方法及現場解答顧客的質詢；

（3）人際關係培養。人員推銷還可以促進與顧客的情感交流，培養買賣雙方良好的關係。特別是對於工業品的銷售，由於它的購買者少而集中，商品技術性強，人員推銷是最有效的促銷方式。

人員推銷的缺點是費用較高。特別是對於國際市場行銷來說，由於文化、語言、經濟水準等條件差異很大，推銷人員的選拔、培養較困難，同時人員推銷的接觸面較窄，因此，採取人員推銷方法更是不易測算，同等條件下，在美國使用人員推銷的費用約是廣告費用的 2.5 倍。

第十一章　國際市場渠道及促銷策略

2. 人員推銷的主要功能

（1）開拓市場。通過派出推銷人員訪問顧客是企業開拓市場的常用手段。為此，推銷人員必須具備有關的知識，瞭解國際市場狀況的發展趨勢，以及擁有開拓市場的能力，即善於發現市場機會，具有良好的溝通技巧。國際市場推銷人員還必須精通各地語言。

（2）搞好銷售服務。銷售服務主要包括：免費上門安裝，提供諮詢服務，開展技術服務，及時辦理交貨手續，幫助用戶和中間商解決財務問題。

（3）訊息溝通。推銷人員通過向顧客介紹企業和產品，在顧客心目中樹立品牌形象和信譽。可見，人員推銷承擔廣告的功能，或者參與國際市場的廣告活動，不僅銷售產品，還要承擔傳遞與反饋信息的任務。

（4）進行市場研究。推銷人員通過市場調查，收集國際市場信息，並及時反饋給企業，為企業決策服務。例如，日本公司在國際市場的推銷人員，往往親自深入現場取得第一手資料，與中間商座談，獲得有關本企業產品、競爭者產品以及整個市場的具體狀況的信息；通過與顧客的直接接觸，瞭解顧客的消費態度和消費觀念、產品的使用方式和顧客對未來產品發展的意願。公司根據推銷人員反饋的這些信息，制定行銷戰略和策略，開發新產品和新市場，始終使企業立於不敗之地。

（二）國際市場推銷人員的管理

國際市場推銷人員的管理主要包括招聘、培訓、激勵、評估四個環節。

1. 推銷人員的招聘

產品推銷成敗的關鍵首先是能否挑選到優秀的推銷人員。優秀的推銷人員除具有強烈的進取心、熟練的溝通技巧外，還要具備對文化的適應力及獨立工作的能力。當招聘條件確定後，公司可採取多種方式進行招聘，其中包括推薦、利用人才市場及吸收學校畢業生。國際市場推銷人員的招聘多數是在目標市場國進行的。因為當地人對本國的風俗習慣、消費行為和商業慣例更加瞭解，並與當地政府及工商界人士或者與消費者或潛在客戶有著各種各樣的聯繫。

企業也可以從國內選派人員出國擔任推銷工作。企業選派的外銷人員最好能熟悉及尊重伊斯蘭教的信仰。推銷人員還要能熟練使用當地的語言。企業的外派人員由於已在企業工作過，熟悉企業的業務流程，企業對他們的業務能力與處事也比較瞭解，因而常常被作為骨幹使用或者委以領導責任。

2. 推銷人員的培訓

（1）國外推銷人員培訓的類型

國外推銷人員培訓包括對企業外派人員的培訓和對外籍人員的培訓。對企業外派人員的培訓重點是瞭解與適應東道國的文化，進行語言、禮儀、生活習慣、商業習俗方面的培訓。對外籍人員的培訓重點是瞭解企業的情況與產品性能、熟悉技術資料，以便向顧客提供諮詢和技術服務。

(2) 培訓的地點與內容

推銷人員的培訓既可在目標市場國進行，也可在企業所在地或企業培訓中心進行。培訓的內容可根據推銷人員的來源確定，主要包括產品知識、企業情況和推銷技巧等。對於跨國公司來說，推銷人員的培訓一般由各國子公司負責，公司總部應監督各子公司的培訓效果，並向各子公司提供培訓資料。如果產品是高技術產品，培訓工作可由總部統一負責，並可在某地區設立區域性培訓中心。因為高技術產品市場在各國具有更高的相似性，推銷的方法和技巧也較為相似。

(3) 對推銷人員的短期培訓

隨著知識經濟時代的到來，產品創新和更新換代步伐加快。為此，需要對推銷人員進行臨時性的短期培訓。對於這種類型的培訓，企業既可採取巡迴培訓組到各地現場培訓的方法，也可將推銷人員集中到地區培訓中心進行短期培訓。

(4) 對海外經銷商推銷員的培訓

企業在國際市場行銷活動中，經常利用海外經銷商推銷產品。為海外經銷商培訓推銷人員，也是工業品廠家常常要分擔的任務。對海外推銷人員的培訓通常是免費的，因為經銷商推銷人員的素質與技能的提高必然會帶來市場銷量的增加，生產廠家和經銷商均可受益。

3. 推銷人員的激勵

在國際市場人員推銷的管理中，最普遍使用的激勵措施是根據推銷人員的業績給予豐厚的報酬（如高薪金、佣金或獎金等直接報酬形式）並輔之以精神獎勵（如晉升職位、進修培訓或特權授予等），以調動他們的積極性。對海外人員的激勵，更要考慮到不同社會文化背景的影響。海外推銷人員可能來自不同的國家或地區，有著不同的社會文化背景、行為準則與價值觀念，因而對同樣的激勵措施可能會做出不同的反應。如，對於來自北美地區的推銷員，可以給予金錢獎勵和晉升機會；而日本推銷人員更注重集體榮譽感並考慮同事之間的關係，運用個人激勵的辦法不一定會取得很大成效，因為他們不願因與眾不同而招來麻煩。對於中國企業的外派推銷人員，應關心他們的生活與福利待遇，提供休假制度和晉升機會。對於在發展中國家招聘的推銷員，提供免費的海外旅遊或度假機會是一種重要的激勵措施。因為對他們來說，很難得到海外旅遊或度假。

4. 推銷人員業績的評估

對於海外推銷人員的激勵，建立在對其成績進行考核與評估的基礎上。但是企業對海外推銷人員的考核與評估，不僅是為了表彰先進，還要發現推銷效果不佳的市場與人員，分析原因，找出問題，加以改進。

人員推銷效果的考核與評估可分為兩個方面：一種是直接的推銷效果，比如所推銷的產品數量與價值、推銷的成本與費用、新客戶銷量比例，等等；另一種是間接的推銷效果，如訪問的顧客人數與頻率、產品與企業知名度的提高程度、顧客服務與市場調研任務的完成情況等。另外還可以把不同推銷人員的業績加以比較並

第十一章　國際市場渠道及促銷策略

排序。

企業在對人員推銷效果進行考核與評估時，還應考慮到當地市場的特點以及不同社會文化的影響。比如，產品在某些地區可能難以銷售，可相應地降低推銷限額或者提高酬金。若企業同時在海外市場上進行推銷，可按市場特徵進行分組，規定小組考核指標，從而更好地分析與比較不同市場條件下推銷員的推銷成績。

五、國際銷售推廣

（一）國際銷售推廣的含義與特點

1. 國際銷售推廣的含義

國際銷售推廣，又可稱為國際行銷推廣或國際營業推廣，是指除了人員推銷、廣告和公共關係等手段以外，企業在國際目標市場上，為了刺激需求、擴大銷售而採取的能迅速產生激勵作用的促銷措施。

廣告對消費者購買行為的影響是間接的，而銷售推廣產生的作用往往是直接的。銷售推廣通過為消費者和經銷商提供特殊的購買條件、額外的贈品和優惠的價格吸引顧客和擴大銷售。

銷售推廣的主要目的是：誘導消費者試用或直接購買新產品，刺激現有產品銷量增加或庫存減少，鼓勵經銷商採取多種措施擴大產品銷售，增強廣告與人員推銷的作用等。

在國際市場上，絕大多數企業都運用銷售推廣工具。目前，國際市場銷售推廣的總費用有超過廣告費的趨勢，原因是銷售推廣對刺激需求有立竿見影的效果。同時，由於長期的「廣告轟炸」，人們已對廣告產生了「免疫力」，廣告效果相對減弱。在實踐中，如果能夠將銷售推廣與廣告結合使用效果更佳。

2. 國際銷售推廣的特點

（1）銷售推廣的促銷效果顯著。

銷售推廣以強烈的呈現和特殊的優惠為表徵，給消費者以不同尋常的刺激，激發他們的購買慾望，從而能在短期內激發目標市場的需求，使之大幅度地增長，特別是一些優質名牌和具有民族風格的產品效果更佳。這種促銷方式向國際市場消費者提供了一個特殊的購買機會，它能夠喚起消費者的廣泛注意，對想購買便宜東西和低收入階層的消費者頗具吸引力。在營業推廣活動中，可選用的方式多種多樣。一般來說，只要能選擇合理的銷售推廣方式，就會很快地收到明顯的增加銷售效果，不像廣告和公共關係那樣需要一個較長的時期才能見效。作為一種促銷方式，銷售推廣見效快，但促銷作用短暫。所以，銷售推廣往往是企業短期、暫時性的促銷行為，一般不會對企業的長期行銷政策產生實質性的影響。

（2）銷售推廣是一種輔助性的促銷方式。

人員推銷、廣告和公共關係都是常規性的促銷方式，而多數銷售推廣的方式是

靈活多樣和非連續性的，其規模可大可小，銷售推廣方式只能是它們的補充方式。企業可以根據銷售的實際情況採取新的促銷方法。使用銷售推廣方式開展促銷活動，雖然能夠在短期內取得明顯的效果，但一般不能經常性地單獨使用，常常配合其他促銷方式使用。銷售推廣方式的運用能使與其配合的促銷方式更好地發揮作用。

（3）銷售推廣有貶低產品之嫌。

採用銷售推廣方式促銷，似乎迫使消費者產生「機不可失、時不再來」之感，進而能打破消費者需求動機的衰變和購買行為的惰性。不過，銷售推廣的一些做法也常使消費者感到商家急於出售。若頻繁使用或使用不當，甚至會使消費者擔心產品的質量不好，或者定價過高。所以，企業在國際市場上開展銷售推廣活動時，必須在適宜的條件下，以恰當的方式進行；否則，會降低產品的身分，影響產品在國際市場上的聲譽。

（4）銷售推廣的費用較高。

因為每一種銷售推廣方法都要在提供商品的同時附加上一些有實用價值的東西以誘發顧客的購買行為，所以費用較高，不能經常使用。但在某一個特定時期內，銷售推廣對於促進銷售量的迅速增長則是十分有效的。

（二）國際銷售推廣的分類

在國際市場上，企業可用的銷售推廣工具靈活多樣，一般可分為三類。

1. 直接對消費者的銷售推廣

（1）贈送禮品或樣品。如在商品中附有一個小物品等，如鑰匙扣、圓珠筆、一次性打火機等，以刺激消費者的購買慾望。

（2）優惠券。國際企業向目標市場的部分消費者發放一種優惠券，憑券可按實際銷售價格折價購買某種商品。優惠券可採取在廣告中附送、郵寄、當面奉送等方法發放。

（3）有獎銷售。國際企業對購買某些商品的消費者設立特殊的獎勵。

（4）現金兌換。憑商品上的某一包裝標志兌換現金。

（5）廉價包裝。在商品包裝上註明比通常包裝減價若干，可以吸引價格敏感的消費者，或者將幾件商品包裝成一件出售，可以擴大短期銷路。

（6）商品陳列。許多商品採取購物點陳列的方法促進銷售。

（7）組織展銷。企業將一些能顯示企業優勢和特徵的產品集中陳列，邊展邊銷。由於展銷可使消費者在同時同地看到大量的優質商品，有充分挑選的餘地，因此對消費者吸引力很強。

（8）現場示範。企業派人將自己的產品在銷售現場當場進行使用示範表演。

2. 直接對中間商的銷售推廣

（1）購買折扣。企業為爭取批發商或零售商多購進自己的產品，在某一時期內可按批發商購買企業產品的數量給予一定的折扣。

（2）推廣津貼。企業為促使中間商購進本企業產品，幫助企業推銷產品而支付

第十一章　國際市場渠道及促銷策略

給中間商一定的現金津貼或者免費贈送一部分樣品。

（3）合作廣告。當批發商和零售商為企業產品做廣告或櫥窗陳列時，企業給予一定的廣告折扣或者支付一些廣告費用。

（4）商品目錄。將企業各種產品名稱、規格、特點及其價格印成小冊子發給中間商。

（5）企業刊物。企業刊物可以宣傳產品，更可以宣傳企業，發布有關企業的最新信息。企業刊物可以在企業本部所在國出版。

（6）免費贈品。企業向有聯繫的中間商贈送有企業標記的各種紀念品，如掛曆、桌曆、菸灰缸、工藝美術品等。

（7）業務會議。企業邀請中間商參加定期舉行的行業年會、技術交流會、產品展示會等，傳遞信息，加強彼此的雙向溝通。

（8）銷售競賽。根據各個中間商銷售本企業產品的實績，分別給優勝者以不同的獎勵。

3. 直接對國際市場推銷人員的銷售推廣

這種方式涉及的人員主要包括企業的外銷人員、企業在國外分支機構的人員、出口商的推銷人員、進口國中間商的推銷人員以及在當地雇用的推銷人員。這是為了鼓勵他們積極推銷新產品、開拓新市場、拓展新客戶而採取的推廣方式。企業可根據具體情況，在紅利及利潤分成、高額補助等方面給予推銷員優惠條件。企業可採取如推銷競賽、提成、獎金等促銷形式，還可以給予表現出色的推銷人員精神和榮譽上鼓勵等。

（三）影響國際市場銷售推廣的因素

銷售推廣見效快，可以在短期內刺激銷售額大幅度地增長，但是它必須在適宜的條件下，以恰當的方式進行。因此，在國際市場開展銷售推廣活動時，國際企業應注意瞭解和掌握在目標市場國行之有效的銷售推廣方式，尤其要注意以下幾方面因素。

1. 當地政府的法律限制

由於各國的法律規定不同，一些國家的法律對銷售推廣的方式有諸多限制，例如企業在開展銷售推廣活動前需徵得政府有關部門的同意；規定贈送的物品必須與所推銷商品有關。個別國家規定，禁止抽獎銷售和贈送禮物；限制零售回扣金；競爭者不能用多於銷售同一類產品的其他公司的費用進行銷售推廣。有些國家的法律也許會限制樣品、獎品或獎金的性質和數量，免費贈送的商品價值通常被限定為不能超過所購買商品價值的一定百分比。

例如，法國的法律規定，禁止抽獎的做法，贈送禮品的金額不得超過促銷商品價值的5%，贈送的禮品必須與促銷的商品有關，如購買咖啡贈送杯子或者購買洗衣機贈送洗衣粉等。比利時的法律規定，嚴格禁止有獎銷售。新西蘭的法律規定，禁止使用交易貼花的做法，折價券僅限於兌換現金。義大利的法律規定，禁止現金折扣。德國的法律規定，禁止使用折扣券，對低值產品限制使用贈送方式，除非某

國際市場行銷

個公司在整年內都保持一致的政策，否則不能使用優惠券、抽獎、免費樣品等促銷方式。日本的法律規定，特殊贈品和象徵性優惠等促銷方式只有在得到當地政府的批准後才能使用。

2. 經銷商的合作態度與促銷能力

國際市場銷售推廣活動需要得到當地經銷商或者中間商的支持與協助。對於採用國外經銷商分銷渠道的企業而言，國際銷售推廣活動成功與否在很大程度上取決於經銷商的合作態度。友好的態度，有助於雙方保持良好的關係，從而達到良好的促銷效果。例如，由經銷商代為分發樣品或贈品、優惠券或折價券，安裝展覽設備，安排包裝內的小禮品，由零售商來負責現場示範或者布置櫥窗陳列等。

如果當地經銷商不願配合，可能影響到銷售推廣活動在當地市場的開展和預期促銷目標的實現。例如，顧客回覆的促銷廣告附單必須經過零售商重新確認並送給製造商或其代理商負責促銷的部門。美國 A.C.Nielsen 公司極力想在智利推廣這種優惠券，但在零售超市實施時遇到困難。主要問題是零售超市認為這樣將會增加不必要的營運成本，因而想通過提高價格將成本轉嫁給顧客。對於那些零售商數量多、規模小的國家或地區，企業在當地市場的銷售推廣活動要想得到零售商的有效支持與合作就困難得多了，因為零售商缺乏經驗，難以收到滿意的促銷效果。

3. 市場的競爭程度及競爭對手的反應

國際企業採用銷售推廣活動，有的是為了主動擴大市場份額，有的則是迫於競爭對手的壓力。目標市場的競爭結構及競爭對手在促銷方面的動向或措施，將會直接影響到企業的銷售推廣活動。例如，如果競爭對手推出新的促銷舉措來吸引顧客爭奪市場，企業若不採取相應的政策，就會喪失市場份額；同樣，當企業利用降價銷售來擴大市場份額時，競爭對手也可能採取各種措施來抵消企業降價銷售活動的影響，甚至不惜以價格戰相抗衡。另外，企業在國外目標市場的銷售推廣活動，也可能遭到當地競爭者的抵制，甚至通過當地商會或政府部門利用法律或技術壁壘的形式加以限制。

例如，美國通用電氣公司通過與當地企業合資的形式成功地打入日本的空調市場。通用電氣公司在日本市場上兩項行之有效的促銷措施是：對推銷成績突出的經銷商提供海外免費旅遊度假的機會，向購買數量達到一定額度的的顧客贈送彩色電視機。但隨後，當地電器生產廠商利用貿易協會通過決議，禁止以海外旅遊形式作為獎勵措施，並限制贈品的最高價值，這些決議得到日本公平貿易委員會的許可。

4. 收入水準的不同

不同收入的消費者群體的價格意識是不同的，因而以「小恩小惠」的不同方式刺激消費者積極購物的各種銷售推廣方式，對不同經濟發展水準的國家或不同收入水準的消費群體的促銷效果是存在差異的，甚至大不相同。即收入水準不同，最有效的銷售推廣方式也不同。

例如，在一些收入水準較低的發展中國家，其消費者的價格意識普遍較強，國

第十一章 國際市場渠道及促銷策略

際企業可以多運用使促銷對象直接獲得現金收益的銷售推廣工具，如現金兌換，少用各種自我清償性的禮品和贈品，因為有時消費者會認為這些東西「華而不實」，甚至是「得不償失」。然而，在高收入的發達國家，各種禮品、贈品、優惠券的激勵作用可能更大，因為各種實物獎勵及精神上的獎勵憑證，可以較長時間的保留，並能讓周圍更多的人知曉，從而可以不斷強化消費者的購買熱情。

5. 人文環境的差異

由於各國社會文化環境的差異，一些國家和地區的消費者對銷售推廣活動形式的興趣和認知也不一樣，當然促銷效果也不相同。銷售推廣方式在甲國有效，在乙國無效；而在甲國無效的銷售推廣方式，在乙國可能有效。早期的一項國際市場調研表明：在法國，最有效的形式是降價銷售、交易折扣和免費樣品；在西班牙，最有效的形式是折價券、贈送禮品和降價銷售；在德國，最有效的形式是降價銷售、產品展銷和交易折扣；在巴西，最有效的形式是附送贈品；在瑞典，最有效的形式是合作廣告；在匈牙利、荷蘭、希臘，最有效的形式是交易折扣。

又如，折價券的使用在美國非常普遍，每年企業發放的折價券達數百億張之多；但日本消費者至今還是不太願意使用折價券，到商場購物兌付折價券被認為是有傷體面的行為。法國消費者偏愛優惠券和買一送一的促銷方式，而英國消費者對於相同品牌的商品，對直接給予折扣反應更好。費用返還保證的促銷方式常使西班牙消費者以為某個公司這麼做一定是為了什麼，西班牙商人認為這種方式銷售的產品一定是不耐用的劣質產品，只有不到一半的西班牙商人將其看作可信的促銷工具。

國際企業在目標市場國開展銷售推廣，一定要考慮當地的人文特點，採取能吸引當地消費者及其可以接受的方式；否則，有可能使消費者懷疑產品質量有問題，從而降低產品的身分，以致影響產品在國際市場上的商譽。

六、國際公共關係

(一) 國際公共關係的含義和任務

1. 國際公共關係的含義

公共關係是指企業為搞好企業與社會各方面的關係，樹立和改善企業形象，增進社會公眾對企業的瞭解從而促進產品銷售的一種活動。它的三要素是：組織、公眾、媒介。它的本質是「內求團結，外求發展」。

與廣告、人員推銷、銷售推廣等促銷方式相比，公共關係是一種間接的促銷手段，它也許不會產生立竿見影的效果，但對樹立企業良好形象、企業未來的發展起著十分重要的作用。國際公共關係是企業搞好與國外社會公眾的關係、樹立企業在國外良好形象的手段。激烈的國際市場競爭使國際市場行銷者面臨著比國內更加複雜的公共關係。企業必須針對東道國的社會文化、生活習俗、宗教信仰的特點，建立公共關係，與東道國市場各方面建立融洽的關係，有利於企業長遠發展。

國際市場行銷

2. 國際公共關係的對象

國際公共關係的對象十分複雜。企業在開展國際公共關係前，首先必須確定企業的公關對象。企業在國際市場上公共關係的對象包括股東、顧客、供應商、國外進口商、國內出口商、經銷商、代理商、競爭者、金融界、保險公司、信息公司、諮詢公司、消費者組織、新聞界、當地政府、企業職工等。例如，美國 IBM 公司從創辦初期就注重企業宣傳，搞好與社會各界的關係，持之以恒地提供優質服務，竭力塑造為社會做貢獻的形象，目前已在國際市場建立了優良的聲譽，暢銷全世界，許多客戶以能使用 IBM 產品為榮。該企業成功的秘密就是，將企業宣傳與實際行動相結合，使國際公共關係與國際市場行銷策略密切配合，兼顧公眾利益與企業利益、短期利益與長遠利益。

3. 國際公共關係的任務

(1) 宣傳企業。利用大眾傳播媒介，如報紙、雜誌、廣播、電視等，為企業進行宣傳，以建立企業良好的形象。宣傳報導的內容針對性強，公眾感覺它比廣告更加可信。通常這種宣傳是由新聞單位自發採集報導的，不需要企業付費，但如企業通過專門的協調和精心籌劃，將會取得更好的效果。

(2) 加強與社會各方面的溝通和聯繫。企業通過與當地政府、經銷商、社會事業人士和團體消費者聯繫，增進瞭解，加深感情。有的企業建立與國際市場目標公眾固定的公開往來制度，經常向他們說明本企業對顧客、公眾和社會可能做出和已經做出的貢獻。為了完成這項任務，企業可以在國際社會搞些贊助、捐贈、競賽等活動，如贊助體育運動會，向社會團體贈送禮品，向對社會有突出貢獻的組織和個人頒發獎金，為公用事業捐款，扶持殘疾人事業，捐助文化、教育、衛生事業等。

(3) 意見反饋。建立與公眾的聯繫制度，答覆他們向本企業提出的各種詢問，提供有關本企業情況的材料，對任何來訪、來電和來信的人，進行迅速、有禮、準確、友好的接待和處理。美國一些企業提出並堅持「24 小時接待服務」和定期訪問顧客制度，在社會公眾中產生了良好的影響，效果極佳。

(4) 應付危機，消除不利影響。當企業的國際市場行銷戰略發生失誤，或出現較大的問題時，可以利用公共關係給予補救；對不利於本企業發展的社會活動和社會輿論，要運用公共關係進行糾正和反駁。如美國新聞界公開了一位消費者的控告：通用汽車公司的「卡瓦」牌汽車在任何速度下都不安全。幾年後，該車型在市場銷聲匿跡了。通用汽車公司為了防止因「卡瓦」汽車的失誤而導致整個企業的信譽下降和銷售量銳減，就在國際市場上廣泛開展公共關係活動，同時提高產品質量和售後服務水準，通過新聞媒介和其他方式搞好企業宣傳，重新在社會公眾中樹立形象，重振企業雄風。

(二) 國際公共關係作用

1. 鞏固與傳播媒介的關係

企業絕不可忽視與傳播媒介的關係。大眾傳播媒介承擔著傳播信息、引導輿論

第十一章 國際市場渠道及促銷策略

和提供娛樂的社會職能,因此企業必須充分利用宣傳媒介來為其服務,與傳媒的編輯、記者經常保持接觸,主動提供信息,盡量做到有求必應,建立可靠信譽和合作關係。同時,企業的公共關係部要創造具有新聞性的事件,讓媒體主動來報導。讓事件具有新聞價值,具有可信性,符合媒體性質的要求。在美國最有名的例子是九命貓閃星貓食公司創造「morris」貓。他們通過廣告將這只貓塑造得可愛、靈活。然後舉辦四項活動:①舉辦比賽,尋找和 morris 貓最相像的貓;②出版 morris 有趣的傳奇,敘述這只貓的冒險故事;③開展領養貓的活動,希望人們領養迷途的貓;④分發如何養好貓的 morris 手冊。這種具有新聞價值的事件,遠比呆板的記者招待會更容易受到媒體的青睞。

2. 改善和消費者的關係

企業運用公共關係同社會溝通思想,增進瞭解,使消費者對企業形象和其產品產生良好的感覺。消費者對企業怎麼想,怎麼看,以及他們所持的態度是衡量公共關係效果的一個要點。企業應積極收集目標市場國的公眾對本公司政策、產品等方面的意見並及時處理,消除公眾的抱怨情緒;同時,提出改進本公司政策和產品的方案,以消除抱怨情緒產生的根源。企業還可以開展市場教育,以各種方式向顧客介紹產品的用途和性能,並幫助顧客迅速掌握產品的使用方法,對來訪、來電、來函熱情對待,及時答覆。在消費者權益日益受到重視的今天,國際上任何一家享有信譽的公司幾乎都把同消費者的關係列為頭等重要的問題來處理。

3. 加強與政府的關係

在國際市場行銷活動中,企業面臨著各國政府不同的要求或壓力。所以,企業一方面必須經常調整自己的行銷策略以適應各國政府政策的變化;另一方面,要左右逢源,協調可能發生的衝突與矛盾。因此,重視加強企業與地方政府的聯繫,獲得政府部門的支持具有十分重要的意義。企業要通過公共關係加強與東道國政府官員的聯繫,瞭解有關的法律、法規和政策導向。企業處於不同的成長階段,其公共關係任務不一樣。初始進入東道國階段,公共關係任務繁重。進入營運階段時,就要關注東道國政局與政策動向,以及公司利潤匯回母國的風險問題。最後,在撤出階段,也要注意與東道國保持良好關係以維護其他方面的利益。為了達到這一目標,企業可以搞些公益活動,如為公用事業捐款,扶持殘疾人事業,贊助文化、教育、衛生、環保事業等,樹立為目標市場國家社會與經濟發展積極做貢獻的形象。

(三) 開展國際公共關係活動的程序

要建立良好的國際公共關係,需要持續、全面、穩妥、有計劃地開展工作,並通過一定的程序給予保證。企業開展國際公共關係活動一般應按照以下幾個程序進行。

1. 開展公眾調查

收集、瞭解目標市場公眾對本企業的意見和態度,分析企業及其產品在公眾中的形象和知名度,總結經驗教訓,發現問題。企業既可以自行設立機構從事收集信

息、研究工作，也可以委託公共關係代理機構來完成。美國、日本、西歐等都有專門的公共關係諮詢公司和市場調研機構，幫助企業在國際市場上調查與瞭解有關方面的問題。

2. 確定公共關係目標，制訂公共關係計劃

根據公眾調查分析的資料信息和企業的促銷目標，確定企業開展國際公共關係活動應達到的目標，包括近期、中期和遠期目標。按照目標，再制訂具體的公共關係活動計劃。例如，美國加利福尼亞一個酒廠請一家公共關係公司策劃在英國宣傳產品。這個酒廠提出了三個公共關係目標：一是讓人們感到喝葡萄酒是快快樂樂過日子的重要內容；二是使英國人認為喝該酒廠生產的酒是現代生活的象徵；三是提高該企業產品的聲譽，並擴大市場份額。

3. 實施計劃和溝通信息
4. 公共關係效果評價

在公共關係建立過程中和建立之後，企業必須對公眾信息進行反饋，瞭解國際公眾對公共關係策略和企業產品的反應，以及公共關係目標是否實現，任務是否完成。評價和反饋工作可以讓企業公共關係部門完成，也可以聘請目標市場上有關機構和國際性公共關係公司、市場調查研究諮詢公司代為進行。此外，當地市場的社會公眾的密切配合是必不可少的。

本章小結

本章對國際分銷渠道結構、國際分銷渠道的參與者以及國際分銷渠道的管理進行了詳細闡述，並對國際市場促銷組合進行了說明，具體包括國際市場人員推銷策略、國際廣告策略、國際銷售推廣策略和國際公共關係策略。

關鍵術語

國際分銷渠道 國際市場促銷組合 人員推銷 國際廣告 國際銷售推廣 國際公共關係

復習思考題

1. 簡述國際市場銷售渠道的特點。
2. 簡述國際市場行銷中渠道激勵的主要方法。
3. 影響國際市場銷售渠道決策的因素有哪些？
4. 簡述選擇國際廣告代理商的標準。
5. 在實行廣告標準化的決策中要考慮哪些問題？

第十一章　國際市場渠道及促銷策略

6. 請從國際促銷的性質分析國際促銷與國內促銷的不同之處。
7. 試分析企業應如何決定最佳的促銷組合。

第十二章　國際市場行銷的發展與展望

本章要點

· 國際市場行銷的發展趨勢
· 綠色行銷的內涵
· 網路行銷的內涵

開篇案例

香格里拉酒店集團微信行銷

微信行銷以其低成本、高送達的特點，受到越來越多企業的關注。目前，企業通過移動互聯網行銷推廣的比例高達83.3%。而在眾多行銷推廣方式中，75.5%是微信行銷。手機網民最經常使用的APP就是微信，比率為79.6%。香格里拉酒店集團是亞洲最大的豪華酒店集團，成立於1971年，總部位於香港，其微信公眾平臺認證於2016年12月19日。香格里拉酒店集團微信行銷的特點：（1）圖文並茂，側重軟文行銷。香格里拉酒店集團的發文以時下比較流行的軟文為主，利用其高端酒店特有的高品質環境和高顏值佈局的優勢，將其特有的品質更形象地表現出來，潛移默化地帶給讀者身臨其境的體驗，從情感和心理上慢慢讓讀者深入其中，從而接受酒店的產品。（2）格式統一，打造個性平臺。香格里拉酒店集團在微信平臺整體設計上沿用了高端酒店集團大氣穩重的風格，同時融入了流行元素。微信推送內容圖文並茂，在每篇文章後面附有「香管家」提示，體現了香格里拉酒店集團的品質和特色。（3）信息類型豐

第十二章　國際市場行銷的發展與展望

富,體現多元化行銷。香格里拉酒店集團微信平臺上發布的信息類型多樣,包括時下流行的軟文、小視頻、小漫畫、微電影等,體現了酒店多元化的行銷理念。其中軟文推薦酒店是最受讀者歡迎的部分,如6月22日發表的《向左沙漠,向右草原,只為與你在內蒙香遇》,閱讀量達到11,629次。(4) 黃金時間,增強信息時效性。香格里拉酒店集團微信公眾號的發文時間及頻率比較固定,基本上每個月三四次,避免信息發布過多而造成客戶的反感。該酒店在發文的時間上採用了其他機構的實驗結果,遵循了酒店行業的特殊性質,實行週末前期制,就是基本選在星期四和星期五發文。這一時期正是一週結束前的前兩天,也是大家考慮準備週末活動的時間。在這一時間發文,既能減少周一到周三這一時段無暇顧及酒店信息的情況發生,又能避免在週末出去玩之前消息被覆蓋的情況發生。香格里拉酒店集團為代表的高端酒店集團利用微信公眾平臺信息的推送,在微信行銷方面起到了形象展示、廣告宣傳的作用。儘管從房間預訂、入住服務、銷售支付上看還未起到更大的作用,但隨著微信功能的不斷優化和改進,未來會有更多新的行銷渠道需要發掘,高端酒店仍需繼續克服弊端,加強微信行銷平臺的建設,不斷創新微信行銷模式,挖掘潛在客戶需求,增強客戶粘合度,實現經濟效益的增長,使酒店業獲得長遠發展。

資料來源:石丹,李楊. 國際高端酒店集團微信行銷案例研究———以香格里拉酒店集團為例 [J].

章節正文

● 第一節　國際市場行銷的未來發展

以互聯網、知識經濟、高新技術為代表,以創造消費者需求為核心的新經濟迅速發展,迫使企業在行銷方面不斷開拓創新。進入21世紀後,新的行銷理念、新的行銷模式和新的行銷策略層出不窮,國際行銷呈現出一系列新的發展趨勢。

導讀:跨境電商

國際市場行銷

一、國際市場行銷的發展趨勢

(一) 行銷網路化、信息化

隨著在線行銷的發展，互聯網上的虛擬市場不斷擴大，消費者可以通過互聯網這個虛擬的購物空間消費，這標誌著21世紀企業行銷模式虛擬化時代的到來。行銷虛擬化不但表現在消費者身分虛擬化、消費者行為網路化，而且體現在企業的廣告、調查、分銷和購物結算等都通過互聯網而實現數字化。

計算機技術的發展和互聯網的興起，突破了傳統意義上的時空界限，促進企業擁有了可靠、快捷的全球信息傳遞系統，同時也帶來了全新的管理模式，即行銷管理信息化。它的誕生是信息技術和互聯網應用於市場行銷的直接結果，行銷信息不對稱和市場信息滯後的狀況將得到徹底改善，信息的有效傳遞、處理和反饋使得在線決策成為可能，從而極大地降低了行銷成本，提高了行銷管理效率。

信息技術的高速發展和互聯網的廣泛應用徹底改變了消費者傳統的購買行為，消費者由原來的信息被動接受者轉變為信息的主動搜尋者。尤其是電子商務的迅速崛起導致新世紀企業的行銷管理幾乎一刻也離不開計算機和互聯網。依據這種發展趨勢，必然掀起網上購物的熱潮。因此，企業要想在這樣的行銷環境中求得發展，就必須充分利用現代信息技術，隨時隨地將行銷管理的重點轉移至客戶的開發和維繫上來，實現客戶管理信息化。

可以說，沒有同客戶的信息交流與互動，就沒有企業的明天。所以，企業應該不斷優化行銷資源，隨時和客戶進行充分交流與溝通，把客戶的滿意作為企業的追求。可以預見，未來企業行銷優勢的形成，在很大程度上取決於網路化、信息化在行銷中的運用程度。

(二) 行銷組合策略高新化

行銷產品策略的創新首先表現在產品類型概念的內涵拓寬了。在傳統國際行銷中，產品主要是指實物產品、技術和勞務。在當前的市場條件下，產品類型的概念得到了極大的豐富，產品不僅包括實物產品、技術和勞務，還包括服務、事件、人員、組織、地方、財產權、信息和觀點等。這裡服務既指服務產品本身，也指附加在實物產品之上的支持性的服務。

品牌是企業商品個性化的沉澱和凝結，是在競爭激烈的同質化市場中引起消費者注意或購買的可識別的重要特徵。基於全球經濟一體化和網路化的宏觀環境影響，品牌行銷成為21世紀企業開展行銷活動的戰略重點。

在定價策略方面，首先，價格的構成因素發生了變化。知識因素、創新成本等開始被計入價格，並佔有較大的比重。其次，定價的導向發生了轉變，由傳統的以成本為導向的定價策略轉向以顧客感知價值為基礎的價值導向定價策略。企業之所以能做到這一點，跟信息技術的發展分不開。最後，定價方式也發生了變化。運用

第十二章　國際市場行銷的發展與展望

網路技術進行定價的方式出現了。顧客可以直接在網上與企業進行討價還價，這使得企業的定價策略更加靈活。

在新的行銷環境下，國際行銷渠道另一個明顯的變化是新的渠道系統的產生，包括垂直行銷系統、水準行銷系統和多渠道行銷系統。垂直行銷系統是基於渠道成員控制渠道行動、消除渠道衝突的強烈願望而出現的，它能夠通過其規模的縮小和重複服務的減少提高渠道系統的有效性。與傳統的行銷系統不同，垂直行銷系統是由生產商、批發商和零售商組成的聯合體。在美國的消費市場上，垂直行銷系統已成為一種主導的渠道形式，占全部市場的70%~80%。

國際促銷策略的豐富化主要表現在五個方面：「一對一」促銷、網路廣告、多元新型媒體、網路公共關係的產生和興起，以及整合行銷傳播。在舊經濟時代，企業依靠大規模的廣告傳播等基本手段便可以收到明顯的促銷效果；在新經濟時代，這種簡單的做法已經很難奏效了。首先，你很難把人們大規模地集中到一起，除非觀看諸如奧運會或美國橄欖球超級杯之類的比賽。其次，有些廣告也沒有必要面向廣大的人群，比如貓食廣告。因此，在新經濟時代可以通過網路進行「一對一」促銷。人們有充分的理由相信，電子郵件廣告（E-mail）、電子公告牌（BBS）廣告、互聯網（Web）廣告等新型網路廣告形式將成為未來廣告的重要組成部分。可以預見在未來國際市場行銷的發展過程中，企業為了在相互競爭中脫穎而出必將採取更加高端的行銷策略來提高自己的實力。

（三）行銷競爭共贏化

21世紀企業的行銷競爭已從有界走向無界，當今的企業應該清楚地認識到純粹意義上擊敗競爭對手的做法並不可取。而明智之舉應該是樹立共存共榮的合作理念，化敵為友，變競爭者為合作者。無論是提高市場佔有率，還是開闢新市場，都必須和其他企業聯盟與合作，整合優勢資源，共同創造讓顧客滿意的新價值。

早在20世紀90年代，西方發達國家的跨國公司就紛紛從擊敗競爭對手轉向建立戰略聯盟，全方位地謀劃企業的行銷戰略，與其他合作夥伴攜手前進，共同謀取企業的長期發展。其實，不論企業大小，在市場行銷方面各有其優勢與劣勢。只要進行合作就能優劣互補，就能有效地整合各方優勢資源，就能實現協同制勝、聯盟雙贏的目標。現代國際行銷呼籲一種體現「共贏」哲學的新的市場行銷觀念——合作行銷的出現。基於國際市場行銷現有的發展狀況可以預見，合作共贏的理念將在未來更加深入企業，成為其戰略決策的重要依據。

（四）行銷服務個性化

服務個性化是未來國際行銷發展總的趨勢。國際著名市場行銷專家菲利普·科特勒在其《想像未來的市場》一文中指出，未來市場經營者將把注意力從大的群體轉移到尋找特殊的、合適的目標。在這些目標所在處，有財富存在。由於消費者需求的特殊性，不同消費者在消費結構、時空、品質等諸多方面自然會衍生出特殊的、合適的目標市場。這些市場規模會縮小，但其購買力並不會相對減弱。目標市場特

國際市場行銷

殊性的強化預示著消費者行為的複雜化和消費者的成熟。

21世紀行銷服務呈現個性化的發展趨勢，完全不同於傳統工業社會將消費群體相近的需求等同看待。根據單個消費者的特殊需求進行產品的設計開發，制定相應的市場行銷組合策略，是新世紀行銷個性化的集中體現。21世紀高新技術的發展能夠滿足千差萬別的個性化需求。因為互聯網技術使信息社會供求關係變為動態的互動關係，消費者可以在全世界的任何一個地方、任何時間將自己的特殊需求利用互聯網迅速地反饋給供給方，而生產方也可以隨時隨地通過互聯網瞭解和跟蹤消費者的市場反饋。供需雙方利用現代媒體相互溝通，使得工業時代難以預測和捉摸的市場將變得逐漸清晰，傳統的市場調查在未來將漸漸失去其存在的價值。可以預見，隨著互聯網技術的飛速發展，「互聯網+」成為常態，為企業開展個性化的服務提供了重要的技術支撐。基於互聯網的行銷服務個性化將成為未來行銷界發展的主流趨勢。

二、全新的行銷理念

（一）社會行銷觀念

進入21世紀後，社會行銷觀念逐漸成為了現代企業行銷觀念的主流。隨著國際市場行銷的進一步發展，社會行銷的觀念在未來將核心表現為社會責任觀念。

社會責任是一個企業對社會承擔的責任。行銷的社會責任是指企業行銷工作對社會所承擔的義務。企業是社會的一個成員，行銷活動是企業與社會發生關係的最主要活動之一。企業的社會責任很大程度是通過其行銷活動表現出來的。因為行銷在於滿足顧客的需求，滿足社會整體的需求就是企業的社會責任。對社會負責任就是要最大化對社會的正面影響和最小化對社會的負面影響。《財富》以八種關鍵的聲譽品質為基礎，評出美國年度最受歡迎的公司名單，其中評價的主要標準就是社會責任。在它的評價結果中，得高分者通常做事情時考慮到社會福利；得低分者通常是因為該公司在倫理和法律方面有過不當行為。得低分者往往跟經濟效益差聯繫在一起。

（二）互聯網行銷觀念

互聯網行銷觀念是由互聯網的發展及其與行銷的結合而產生的全新行銷觀念。其含義是以國際互聯網為基礎，利用數字化的信息和網路媒體的交互性來實現行銷目標的一種行銷方式。在當下的發展中，各種媒介的應用已經遍布行銷界的各個環節。一種行銷活動從宣傳到推廣再到銷售最後完成交易都可以在互聯網上完成。網路行銷的便捷、高效是企業選擇這種行銷方式的重要原因。可以認為，互聯網行銷觀念是互聯網發展大背景下的產物。

（三）客戶關係生命週期觀念

客戶關係生命週期是產品生命週期概念在客戶關係管理中的移植。企業的任何

第十二章　國際市場行銷的發展與展望

客戶關係都會經歷開拓、成長、成熟、飽和、衰退以至終止業務關係的過程。人們把客戶關係從開拓至終止的全過程稱為客戶關係生命週期。客戶關係生命週期是客戶關係水準隨時間變化的發展軌跡，它動態地描述了客戶關係在不同階段的總體特徵。客戶關係生命週期可分為考察期、形成期、穩定期和退化期四個階段。

考察期是客戶關係的孕育期，雙方考察目標的兼容性、對方的誠意、對方的績效，考慮若建立長期關係雙方潛在的職責、權利和義務。

形成期是客戶關係的快速發展階段。雙方關係能進入這一階段，表明在考察期雙方相互滿意，相互信任和依賴。

穩定期是客戶關係的成熟期和理想階段。在這一階段，雙方或含蓄或明確地對持續的長期關係做了保證。這一階段有如下明顯特徵：雙方對對方提供的價值高度滿意；為能長期維持穩定的關係，雙方都做了大量有形和無形的投入；雙方交易量很大。

退化期是客戶關係水準發生逆轉的階段。關係的退化並不總是發生在穩定期後的第四階段，實際上在任何一階段關係都可能退化。引起關係退化的原因可能很多，如一方或雙方經歷了一些不滿意或需求發生了變化等。退化期的主要特徵有：交易量下降；一方或雙方正在考慮結束關係甚至物色候選關係夥伴（供應商或客戶）；開始交流結束關係的意圖等。

從產品生命週期到客戶關係生命週期，標志著企業行銷理念的變化。這種變化對企業經營者具有一定的啟發意義，它給市場行銷者一個重要的信號，即：在激烈的市場競爭中，影響企業生存和發展能力的主要因素是客戶，而不是產品。因此，企業應該想方設法延長有利可圖的客戶關係生命週期，建立長期穩定的客戶關係。

● 第二節　綠色行銷

綠色行銷是一個全新的行銷觀，是企業實現可持續發展的必然選擇。綠色行銷觀念的產生和推廣是未來國際行銷發展的大趨勢。

一、綠色行銷的含義

綠色行銷是指企業以保護環境為經營指導思想，以促進可持續發展為目標，以綠色文化為價值觀念，以消費者的綠色消費為中心和出發點的行銷觀念、行銷方式和行銷策略。本質上是一種通過有目的、有計劃地開發以及同其他市場主體交換產品價值來滿足市場需求的管理過程。

該定義強調了綠色行銷的本質是一種滿足市場需求的管理過程，而實現該過程的準則是注重經濟利益、環境效益和可持續發展的統一。因此，企業無論是在戰略

國際市場行銷

管理的過程中，即探測（市場調查預測）、細分（市場細分）、擇優（選擇目標市場）、定位（市場定位）的過程中，還是在戰術管理，即產品開發、定價、分銷渠道、促銷的過程中，都必須從經濟效益與生態環境效益相統一這個基本原則出發，既注重保持自然生態平衡和保護自然資源，又強調在創造及交換產品、滿足消費者需求的時候，不會導致環境和自然資源的破壞，為子孫後代留下生存和發展的權利。實際上，綠色行銷是人類環境保護意識與市場行銷觀念相結合的一種現代市場行銷觀念，也是實現經濟持續發展的重要戰略措施。它要求企業在行銷活動中，既要大膽追逐利益，又要注重與環境的結合，走可持續發展之路，以確保企業的永續性經營。正是基於這樣的發展理念，可以預見，綠色行銷將成為未來國際市場行銷的主流。

二、綠色行銷與傳統行銷的差異

經過近一個世紀的探索和發展，企業的行銷觀念已從以產品為導向發展到以人類社會的可持續發展為導向，綠色行銷理論被越來越多的企業接受。與傳統的行銷觀念相比較，綠色行銷觀是繼20世紀50年代由產品導向轉向顧客導向的這一根本性的變革後的又一次昇華。綠色行銷觀與傳統行銷觀的差異主要表現在以下幾個方面：

（一）行銷觀念的昇華

1. 綠色行銷觀是以人類社會的可持續發展為導向的行銷觀

21世紀以來，由於生態環境的變化、自然資源的短缺嚴重影響人類的生存與發展，世界各國開始重視生態環境的保護，企業界則以保護地球生態環境、保證人類社會的可持續發展為宗旨提出了綠色行銷。綠色行銷觀念認為，企業在行銷活動中，要順應可持續發展戰略的要求，注重地球生態環境保護，促進經濟與生態協調發展，以實現企業利益、消費者利益、社會利益及生態環境的統一。首先，企業在行銷中，要以可持續發展為目標，注重經濟與生態的協同發展，注重可再生資源的開發利用，減少資源浪費，防止環境污染。其次，綠色行銷強調消費者利益、企業利益、社會利益和生態環境利益四者的統一，在傳統的社會行銷觀念強調消費者利益、企業利益與社會利益三者有機結合的基礎上，進一步強調生態環境利益，將生態環境利益的保證看成前三者利益持久地得以保證的關鍵所在。

2. 綠色行銷觀念更注重企業的社會責任和社會道德

綠色行銷觀念要求企業在行銷中不但要考慮消費者利益和企業自身的利益，而且要考慮社會利益和環境利益，將四個利益結合起來，遵循社會的道德規範，實現企業的社會責任。

（1）注重企業的經濟責任。實施綠色行銷的企業通過合理安排企業資源，有效利用社會資源和能源，爭取以低能耗、低污染、低投入取得符合社會需要的高產出、

第十二章　國際市場行銷的發展與展望

高效益,在提高企業利潤的同時,提高全社會的總體經濟效益。

(2) 注重企業的社會責任。企業通過綠色行銷的實施,保護地球生態環境,以保證人類社會的可持續發展;通過綠色產品的銷售和宣傳,在滿足消費者綠色消費需求的同時,促進全社會的綠色文明的發展。

(3) 注重企業的法律責任。企業實施綠色行銷,必須自覺地以國際組織和目標市場所在地所制定的、包括環境保護在內的有關法律和法規為約束,規範自身的行銷行為。

(4) 遵循社會的道德規範。企業實施綠色行銷,必須注重社會公德,杜絕以犧牲環境利益(如對能源的無遏止的使用、對生態環境的污染等)為代價來取得企業的經濟利益。

3. 綠色行銷觀念更注重社會效益

企業作為社會的一個組成部分,不僅要注重自身的經濟效益,還要注重整個社會的經濟效益和社會效益。

綠色行銷觀要求企業注重以社會效益為中心,以全社會的長遠利益為重點,要求企業行銷中不但要考慮消費者慾望和需求的滿足,而且要考慮消費者和全社會的最長遠利益,變「以消費者為中心」為「以社會為中心」。一方面,企業要搞好市場研究,不但要調查、瞭解市場的現實需求和潛在需求,而且要瞭解市場需求的滿足情況,以避免重複引進、重複生產帶來的社會資源的浪費;另一方面,企業要通過競爭對手的優劣勢分析,揚長避短,發揮自身的優勢,以改善行銷的效果,增加全社會的累積。同時,企業還要注重選擇和發展有益於社會和人的身心健康的業務,放棄那些高能耗、高污染、有損人的身心健康的業務,為促進社會的發展做出貢獻。

(二) 經營目標的差異

在傳統行銷方式下,無論以產品為導向還是以顧客為導向,企業經營都是以取得利潤為最終目標。傳統行銷主要考慮企業利益,往往忽視了全社會的整體利益和長遠利益。其研究焦點是由企業、顧客與競爭者構成的「魔術三角」,通過協調三者間的關係來獲取利潤。傳統行銷不注意資源的有價性,將生態需要置於人類需求體系之外,視之為可有可無,往往不惜以破壞生態環境來獲得企業的最大利潤。

綠色行銷的目標是使經濟發展目標同生態發展和社會發展的目標相協調,促進總體可持續發展戰略目標的實現。綠色行銷不僅考慮企業自身利益,還應考慮全社會的利益。

企業實施綠色行銷往往在從產品的設計開始,到材料的選擇、包裝材料和方式的採用、運輸倉儲方式的選用,直至產品消費和廢棄物的處理等整個過程中都時刻考慮到對環境的影響,做到安全、衛生、無公害,以維護全社會的整體利益和長遠利益。

(三) 經營手段的差異

傳統行銷通過產品、價格、渠道、促銷的有機組合來實現自己的行銷目標。綠

國際市場行銷

色行銷強調行銷組合中的「綠色」因素：注重綠色消費需求的調查與引導，注重在生產、消費及廢棄物回收過程中降低公害，開發和經營符合綠色標誌的綠色產品，並在定價、渠道選擇、促銷、服務、企業形象樹立等行銷全過程中考慮以保護生態環境為主要內容的綠色因素。

1. 產品比較

傳統行銷生產經營的產品具有下列三個特徵：①實用性：核心產品符合消費者的主要需求；②安全性：產品符合各種技術及質量標準；③競爭性：產品在市場上具有競爭力而且有利於企業實現贏利。

而實施綠色行銷的企業所生產經營的綠色產品除具有上述三種特徵外，更重要的是其綠色特徵，即可以從以下幾個方面來評價產品維持環境可持續發展的可能性。

（1）企業在選擇生產何種產品及應用何種技術時，必須考慮盡量減少對環境的不利影響。

（2）在產品的生產過程中要考慮安全性，在消費中要考慮減少對環境的負面影響。

（3）企業設計產品及包裝時，要減低原材料消耗，並減少包裝對環境的不利影響。

（4）從產品整體概念考慮產品的設計、產品形體及售後服務，要節約及保護環境資源。

2. 價格比較

傳統產品的價格主要包含產品的生產成本及行銷費用，而綠色產品的價格還必須反應環境成本，即企業為保護環境及改善環境所支出的成本，並將這些費用計入綠色價格。

3. 渠道比較

綠色分銷注重控制分銷過程中對環境造成的污染，以節約環境資源。首先，使用綠色通道，並應用無鉛燃料及控制污染裝置的交通工具和節省燃料的交通工具。其次，減少分銷過程中的浪費，即對產品處理及儲存方面的技術進行革新，以減少對資源的耗費。最後，在分銷環節上，簡化供應環節，以減少資源的消耗。

4. 促銷比較

綠色促銷是通過綠色媒體傳遞綠色產品及綠色企業的信息，引發消費者購置綠色產品的興趣。在綠色促銷中，要運用綠色廣告、綠色公關、綠色人員推銷等促銷手段。

此外，從影響行銷的環境因素來看，傳統行銷受到人文環境、經濟環境、自然環境、技術環境、政治環境、文化環境的制約；而綠色行銷除受到以上因素的制約外，還受到環境資源政策及環境資源保護法規的約束。

第十二章　國際市場行銷的發展與展望

三、綠色行銷的意義

（一）宏觀層面上的意義

綠色行銷有利於生態社會的建立，有利於社會全面、穩步、長遠的發展。眾所周知，社會可持續發展的前提是社會與自然能夠和諧互動，而企業開展綠色行銷，有利於保護環境，有利於社會與自然環境的和諧，從而實現社會的持續發展。

綠色行銷能促進資源的合理配置，提高資源的使用效率，促進經濟發展。自然資源是有限的，即具有稀缺性。綠色行銷在某種意義上有利於實現稀缺資源的有效利用和合理配置，把有限的自然資源和生存環境高效率地結合，用於改善人類的經濟和社會環境，從而達到促進經濟發展的效果。

綠色行銷亦促進「綠色政治」。各國綠黨的出現使政治活動亦帶有「綠色」意味，從而促進環保事業的發展。一方面，綠色政治對綠色行銷有促進作用；另一方面，企業的綠色行銷活動亦影響和反作用於「綠色政治」，二者相輔相成。此外，「綠色」這個共同問題使國際關係發生了變化。不同國家的人們為了大家共同的地球居住村而同舟共濟，通力合作。而無國界的全球共同的市場行銷的綠色趨勢，則是其中的一種趨勢。

綠色行銷推動了新興的綠色文化的大力發展。人們通過綠色行銷活動更直接和更明確地實踐「企業—環保—社會發展」三者協同的模式，這亦影響到文化領域，有利於綠色文明下綠色文化形態的形成。

（二）微觀層面上的意義

對於政府而言，企業實施綠色行銷一方面有助於減少環保公眾由於企業的環境破壞問題而對政府施加的壓力，另一方面使政府治理環境事業有了分擔者。此外，企業的綠色行銷也有利於政府政策和法令的順利實施。

對於企業自身而言，綠色行銷有利於企業更好地佔有市場和拓展市場銷路。一方面，消費者綠色意識增強，綠色消費成為一種時尚，從而形成市場潛力巨大的綠色消費市場，吸引企業進入。另一方面，面對競爭對手的壓力，企業不如早走一步佔據有利的先導地位。此外，綠色行銷的實踐亦有利於降低成本，從而可以以高的功能價格比擴大銷路。以上三點均有利於企業擴大市場份額。另外，綠色行銷有助於企業樹立良好的大眾形象，對企業的長遠發展具有重要的推動作用。而所有這些的結果本質上就是企業經濟效益的提升。

對於公眾而言，企業的綠色行銷行為有利於環保的發展，有利於社會利益的增加，有利於社會生存環境和生活品質的提高。公眾將從中大大受益。

對於具體消費者而言，從綠色行銷中也能獲益不少。一方面，消費者的綠色消費需求得到滿足；另一方面，消費綠色產品也有利於其身體健康。同時，綠色產品和服務的高功能價格比從本質而言使消費者以相對較少的付出獲得相對高質的消費，

國際市場行銷

這亦有利於其心理需求的滿足。

正如我們所看到的，今天，無論是理論界還是企業界，綠色行銷都成為關注的焦點。綠色行銷將呈現出一種迅速發展的趨勢並將成為未來國際市場行銷發展的主流。

第三節 網路行銷

21世紀初期，網路行銷得到快速發展，諸如電子郵件、搜索引擎、網站推廣、網站廣告、網上商店等一系列新的網路行銷形勢湧現。市場行銷領域發生重大變革。

一、網路行銷的發展

當今，眾多廠商都在利用網路進行客戶調查，尋找合作夥伴及分銷商，發布產品信息，與客戶溝通，提供服務信息以及獲取市場分析的數據等。因此，網路行銷已經成為當前國際行銷的重要方式。網路行銷以顧客為中心，其核心是強調買賣之間的互動、分享與關係，以最大限度地滿足顧客的需要。

在這樣一種新媒介孕育的新的行銷理念中，如果企業還固守傳統的行銷觀念，不與時俱進，不積極主動地融入「互聯網+」，那麼企業遲早面臨市場機會的喪失，從而在新一輪競爭中被淘汰。在當下，網路行銷的地位越來越重要，並且在以後的幾十年裡這將是主流趨勢。

二、網路行銷的特點

隨著互聯網技術的日益發展以及聯網成本的低廉，互聯網像一種「萬能膠」將企業、團體、組織以及個人跨時空地聯結在一起，使得它們之間信息的交換變得「唾手可得」。市場行銷最重要及最本質的交換是組織和個人之間進行信息傳播和交換。如果沒有信息交換，交易就成為無本之木。正因為如此，網路行銷具有以下嶄新的特點。

1. 跨時空

行銷的最終目的是佔有市場份額。互聯網能超越時間約束和空間限制進行信息交換，這使企業脫離時空限制達成交易成為可能，企業能在更大的空間進行行銷，可24小時隨時隨地地提供全球性行銷服務。互聯網的開放性決定了以互聯網技術為基礎的電子商務的根本屬性為開放性。海量的信息在互聯網上無國界的交流，為電商企業提供了廣闊的市場空間與大量行銷對象，因此電子商務市場是實現行銷效應最大化的最快途徑。

第十二章　國際市場行銷的發展與展望

2. 多媒體

互聯網被設計成可以傳輸多種媒體的信息，如文字、聲音、圖像等信息，因而使企業能夠採用多種媒體進行信息交換以達成交易，並可以充分發揮行銷人員的創造性和能動性。

3. 交互式

互聯網可以展示商品目錄，聯結資料庫，提供有關商品信息的查詢，可以和顧客做互動雙向溝通，可以收集市場情報，可以進行產品測試與消費者滿意調查等。這是產品設計、商品信息提供、以及服務的最佳工具。在網路環境下，消費者能直接參與到生產和流通中來，與生產者進行直接溝通，減少了市場的不確定性。互聯網成為新的溝通和傳播信息的渠道。電子商務環境下的信息溝通是雙向溝通，即既有信息源向受眾的信息傳播，又有受眾向信息源的信息反饋。

4. 擬人化

溝通和傳播渠道的擬人化是指互聯網上的促銷是一對一的、理性的、消費者為主導的、非強迫性的、循序漸進式的、低成本與人性化的促銷，避免推銷員強勢推銷的干擾，並通過信息提供與交互式交談，與消費者建立長期、良好的關係。

5. 整合性

互聯網上的行銷可使商品信息的傳遞、交易、收款、售後服務在網上完成。同時，企業可以借助互聯網將不同的傳播行銷活動進行統一設計規劃和協調實施，以統一向消費者傳達信息，避免不同傳播中由不一致性導致的消極影響。在電子商務的流程裡，企業能夠直接面對客戶和終端消費者，通過互聯網進行交易，實現了全天候的交易，還能夠省略其他的中間環節。由於中間環節的減少導致銷售成本的降低，進而降低了產品的最終銷售價格。

6. 高效性

由於計算機可儲存大量的信息，因此計算機可代消費者查詢，可傳送大量精確的信息，並能適應市場需求，及時更新產品或調整價格。

7. 經濟性

在電子商務中，通過網路平臺與顧客進行直接交易，利用網上銀行使用電子貨幣進行支付，為保證交易的安全也可以使用第三方金融平臺對交易活動進行保護。這種交易方式實現了交易的無紙化、貨幣虛擬化、無視時間與距離，大幅度降低了交易成本，方便了買賣雙方及參與交易單位，必將成為未來交易支付的主流形式。

8. 技術性

網路行銷是建立在以高技術作為支撐的互聯網的基礎上的，因此需要巨額的技術投入，並需要引進操作互聯網的高級複合型人才。

三、網路對國際市場行銷的作用

知識經濟時代要求企業的發展必須以服務為主，以顧客為中心，為顧客提供適

時、適地、適情的服務,最大限度地滿足顧客需求。同時,企業通過互聯網的交互性可以瞭解不同市場顧客的特定需求並有針對性地提供服務。因此,互聯網可以說是國際行銷中滿足消費者需求最具魅力的行銷工具。互聯網對國際行銷的影響主要體現在以下幾個方面:

1. 以顧客為中心提供產品和服務

針對國際市場顧客需求差異性大,利用互聯網具有很好的互動性和引導性,企業可以引導用戶對產品或服務進行選擇或提出具體要求,並根據顧客的選擇和要求及時進行生產並提供服務。在電子商務模式中,中間商環節被削減,企業將通過網絡平臺直接與顧客交流。此時,大量顧客的個性化需求將直接呈現在企業面前,企業能否快速回應客戶的個性化需求變化決定了企業在競爭激烈的市場中能否生存和發展。所以,電子商務對於企業來講不僅是一種新技術,更是一種全新的經營方式和經營理念。如美國計算機銷售公司戴爾公司,在 1995 年還是虧損的,但到 2012 年,該公司銷售額已達 621 億美元。由於顧客通過互聯網可以在公司設計的主頁上進行選擇和組合,公司能夠馬上根據顧客要求組織生產,通過郵遞公司寄送,可以實現零庫存生產,降低庫存成本。戴爾每日的網路銷售額在 2001 年曾達到峰值的 4,000 萬美元。

2. 以顧客能接受的成本進行定價

在當代經濟全球化、全球競爭日益激烈的市場格局下,以成本為導向的傳統定價應當轉變為以市場為導向的定價方法。以市場需求為導向定價,除考慮顧客的價值觀念外,還要考慮顧客能接受的成本,並依據該成本來組織生產和銷售。企業以顧客為中心定價,必須能測定市場中顧客的需求以及對價格認同的標準。在電子商務模式中,企業銷售模式的扁平化一定程度上降低了企業的成本,顧客購買產品時也存在購買成本,只有當雙方成本達到一個最優水準,企業才能實現利潤最大化。顧客總成本包括貨幣成本、時間成本、精神成本和體力成本等。這要求企業不僅要在價格上做出讓步,更要在網路營運平臺建設、品牌廣告宣傳、交易方式選擇、第三方物流選擇、售後服務等方面下功夫,最大限度地減輕消費者購買成本,以此來獲得銷售量的突破。例如,美國通用汽車公司允許世界各地顧客在互聯網上,通過公司的有關導引系統,自己設計和組裝滿足自己需要的汽車。用戶首先確定接受價格的標準,然後根據價格的限定顯示出滿足要求的汽車,用戶還可以進行適當的修改,最後公司生產出能滿足顧客在價格和性能方面的要求的產品。

3. 產品實行直接的銷售

網路行銷是一對一的分銷渠道,是跨時空進行銷售,顧客可以隨時隨地利用互聯網直接訂貨和購買產品。以法國鋼鐵製造商猶齊諾—洛林公司為例,由於採用了電子郵件和世界範圍的訂貨系統,因此把加工時間從 15 天縮短到 24 小時。目前,該公司正在使用互聯網,提供比競爭對手更好、更快的服務。該公司通過內部網與汽車製造商建立聯繫,從而根據對方提出的需求及時把鋼材送到對方的生產線上。

第十二章　國際市場行銷的發展與展望

4. 從強迫式促銷轉向加強與顧客直接溝通的交互式的促銷方式

傳統的促銷是以企業為主體，通過一定的媒體或工具對顧客進行強迫式、單向式的促銷。在傳統促銷中，顧客被動接受，企業缺乏與顧客的直接溝通，促銷成本很高。顧客體驗與溝通將成為未來市場行銷的關鍵。互聯網上的行銷是一對一、交互式的，可提高顧客對公司和產品的接受度和忠誠度，使顧客參與到公司的行銷活動中來，因此互聯網更能加強企業與顧客的溝通和聯繫，使企業直接瞭解顧客的需求，引起顧客的認同。企業應充分利用電子商務快捷方便、全天候、交互方式不受地域限制、更容易獲得用戶的反饋信息等特點，在更高層次上以更有效的方式在企業與顧客之間建立有別於傳統的、新型的溝通互動關係。消費者可以直接向企業表達自己獨特的要求，甚至可以參與新產品的開發和研究，這樣更易於企業把握市場需求，更好地服務於消費者。未來電子商務的競爭是顧客體驗與溝通的競爭。在《第三次浪潮》中，托夫勒曾經指出，消費者將對消費品的生產過程施加更多的影響，從而演變成「生產消費者」。Web2.0 的發展讓這一預言成為現實中的眾包策略。星巴克的 My Starbucks Idea 社區調動起大多數消費者的興趣來為其產品提供創意和思路，因為沒有人比消費者自己更瞭解自己。星巴克不僅僅獲得了所需要的用戶反饋，還把最瞭解它的用戶變成了其產品設計師。

正如我們所看到的，互聯網技術仍然在飛速地發展著，這就使得網路行銷在以後會有突破性的進展。網路行銷呈現出一種迅速發展的趨勢並將成為未來國際市場行銷發展的主流。

本章小結

本章主要闡述國際市場行銷未來的發展趨勢以及圍繞發展趨勢產生的全新的行銷理念。未來國際市場行銷將呈現網路化與信息化、服務個性化、競爭共贏化、策略高新化四大趨勢。在新的行銷理念中又著重闡述綠色行銷與網路行銷。

關鍵術語

網路行銷　關係行銷　綠色行銷

復習思考題

1. 國際市場行銷未來的發展趨勢有哪些？
2. 綠色行銷與傳統行銷的差異表現在哪些方面？
3. 請說明互聯網對網路行銷發展的意義。

國家圖書館出版品預行編目（CIP）資料

國際市場行銷 / 曾海　主編. -- 第一版.
-- 臺北市：崧博出版：崧燁文化發行, 2019.05
　　面；　公分
POD版

ISBN 978-957-735-829-5(平裝)

1.行銷學

496　　　　　　　　　　　　　　108006277

書　　名：國際市場行銷
作　　者：曾海 主編
發 行 人：黃振庭
出 版 者：崧博出版事業有限公司
發 行 者：崧燁文化事業有限公司
E - m a i l：sonbookservice@gmail.com
粉絲頁：　　　　　網　址：
地　　址：台北市中正區重慶南路一段六十一號八樓 815 室
8F.-815, No.61, Sec. 1, Chongqing S. Rd., Zhongzheng
Dist., Taipei City 100, Taiwan (R.O.C.)
電　　話：(02)2370-3310　傳　真：(02) 2370-3210
總 經 銷：紅螞蟻圖書有限公司
地　　址：台北市內湖區舊宗路二段 121 巷 19 號
電　　話：02-2795-3656　傳真：02-2795-4100　　網址：
印　　刷：京峯彩色印刷有限公司（京峰數位）

本書版權為西南財經大學出版社所有授權崧博出版事業股份有限公司獨家發行電子書及繁體書繁體字版。若有其他相關權利及授權需求請與本公司聯繫。

定　　價：450元
發行日期：2019 年 05 月第一版
◎ 本書以 POD 印製發行